材料的生物腐蚀与防护

吴进怡　柴　柯　编著

北　京
冶　金　工　业　出　版　社
2012

内 容 提 要

本书介绍了材料生物腐蚀的研究进展、机理、研究方法及不同环境下材料微生物腐蚀及防护方法；详细分析了在海洋环境中碳钢的微生物腐蚀及对其力学性能的影响；最后介绍了金属在海洋环境中的生物污损及防护。

本书可作为从事生物腐蚀、涂料领域的工程设计人员、科研人员和管理人员的参考书，也可作为高等院校、科研院所材料腐蚀与防护专业的研究生教材及本科相关方向的毕业设计指导用书。

图书在版编目(CIP)数据

材料的生物腐蚀与防护/吴进怡，柴柯编著. —北京：冶金工业出版社，2012.6

ISBN 978-7-5024-6033-4

Ⅰ.①材… Ⅱ.①吴… ②柴… Ⅲ.①材料—生物腐蚀—防腐 Ⅳ.①TB304

中国版本图书馆 CIP 数据核字(2012)第 208580 号

出 版 人　曹胜利
地　　址　北京北河沿大街嵩祝院北巷 39 号，邮编 100009
电　　话　(010)64027926　电子信箱　yjcbs@cnmip.com.cn
责任编辑　杨盈园　美术编辑　彭子赫　版式设计　葛新霞
责任校对　李　娜　责任印制　李玉山
ISBN 978-7-5024-6033-4
三河市双峰印刷装订有限公司印刷；冶金工业出版社出版发行；各地新华书店经销
2012 年 6 月第 1 版，2012 年 6 月第 1 次印刷
850mm×1168mm　1/32；8.625 印张；230 千字；265 页
28.00 元

冶金工业出版社投稿电话：(010)64027932　投稿信箱：tougao@cnmip.com.cn
冶金工业出版社发行部　电话：(010)64044283　传真：(010)64027893
冶金书店　地址：北京东四西大街 46 号(100010)　电话：(010)65289081(兼传真)

前　言

材料与介质接触的表面往往会因生物附着而形成生物膜。由生物膜内微生物的存在和其生命活动而引起的腐蚀称为微生物腐蚀（microbially influenced corrosion，MIC）。当金属表面存在微生物膜时，金属表面/微生物膜界面的pH值、溶解氧浓度、有机物和无机物的种类和浓度都与本体溶液有很大差别，生物膜内的反应会引起金属的腐蚀破坏，导致金属表面状态、局部微环境、材料/介质的界面特性等发生变化，从而影响腐蚀速度。细菌的存在既可能造成点蚀、缝隙腐蚀和合金选择性腐蚀等局部腐蚀，也可能使宏观腐蚀率提高，还会造成高分子材料的老化。但菌膜隔绝空气的作用也可能阻碍材料的吸氧腐蚀。细菌对材料腐蚀的加速或抑制作用决定于菌群的组成和浓度。宏观生物也会产生污损和腐蚀。本书首先介绍了材料生物腐蚀的机理、研究方法及不同环境下的微生物腐蚀及防护方法，然后详细分析了碳钢在热带海洋环境中的微生物腐蚀及对材料力学性能的影响；最后介绍了金属在海洋环境中的生物污损及防护。

本书是作者在研究时所发表文章和申请专利的基础上，经总结并参阅了大量参考文献后编写而成。

本书可作为从事生物腐蚀、石油化工、电厂、海洋设计、涂料等领域的工程设计人员、研究人员和管理人员的参考书，也可作为高等院校、科研院所材料腐蚀与防护专业的研究生教材及本科相关方向的毕业设计指导用书。

由于作者水平有限，书中出现的不妥之处，恳请读者批评指正。

作　者

2012 年 3 月

目　录

1 材料的微生物污损与防护

1.1 微生物腐蚀

由材料表面生物膜内的微生物生命活动引起或促进材料的腐蚀和破坏称为微生物腐蚀（MIC）。微生物腐蚀并非其本身对金属的侵蚀作用，而是微生物生命活动的结果。微生物附着在金属表面一段时间后会形成一层生物膜，生物膜内微生物的新陈代谢活动使得生物膜内的环境与本体溶液不同，包括电解质组成、浓度、温度、pH 值、溶解氧等，从而影响了材料表面的阴、阳极分布和阴、阳极反应过程，导致材料腐蚀速度的变化和局部腐蚀的产生。

几乎所有常用材料都会产生由微生物引起的腐蚀。据统计，在金属材料、建筑材料等由微生物引起的腐蚀破坏就占到20%。根据 2003 年发表的中国腐蚀调查报告，我国年腐蚀损失约占国民生产总值的 5%，腐蚀所造成的经济损失约为每年 5000 亿元人民币，其中微生物腐蚀损失巨大。与海洋微生物附着有关的材料破坏占到涉海材料总量的 70% ~80%，每年因微生物腐蚀造成的损失约为 30 亿 ~50 亿美元，如海上油田气、水系统、深水泵、循环冷却系统、海上采油平台、海底输送管线、海底采矿设备、海上栈桥、码头等一系列装置都发现受到 MIC 的危害，这使材料的使用寿命和应用范围都受到了很大的影响和限制。

1.1.1 微生物腐蚀的研究进展

微生物腐蚀研究主要是海洋微生物腐蚀、土壤微生物腐蚀、石油管道微生物腐蚀、冷却水微生物腐蚀等几方面。

1891 年由加勒特（Garrett）首次报道了微生物腐蚀的例子，

即细菌代谢产物的铅电缆腐蚀。约 20 年后，盖恩斯（Gaines）认为硫酸盐还原菌（SRB）、硫氧化细菌和铁细菌是导致土壤中铁腐蚀的部分原因。但真正引起科技界重视的是沃利尔根·库恩尔（Wolyogen Kunr）等人在 1934 年提出阴极氢去极化理论之后才开始的，他们假设 SRB 能够吸附金属表面的氢从而促进了金属的腐蚀。1949 年，巴特林（Butlin）和弗农（Vernon）在微生物腐蚀领域提出了一些经典的概念。自此，关于金属和非金属材料在各种环境下的 MIC 报道不断增加。微生物腐蚀存在的广泛性和腐蚀的严重性，引起了国际工程界专家们的关注。自 20 世纪 30 年代中期美国建立拉奎海水腐蚀实验站以来，许多国家也先后建立了实验站，进行材料海水腐蚀实验研究，其中欧洲 7 个研究所联合进行了一项高合金不锈钢上的海洋微生物膜的性质和作用的研究计划。

目前国内外对微生物腐蚀的作用及腐蚀机理已有一定的研究，研究内容主要集中在实海挂样和单种细菌的腐蚀方面。实海挂样的研究结果与实际情况较为接近，但受多种因素影响，包括海水理化指标、海水流速、气泡冲击、宏观生物等，很难由其判断微生物的单因素影响程度；单种细菌的腐蚀研究可以在一定程度上揭示各种细菌对腐蚀过程的影响以及微生物腐蚀过程的机制。目前，关于单种细菌对材料腐蚀的影响，已经有了较多的报道。

单种细菌腐蚀中研究较多的为 SRB 所引起的腐蚀。SRB 是一种对多种金属的腐蚀有重要影响的细菌。研究发现，SRB 对铜的毒性有一定的适应性，且对铜的腐蚀产物主要为 Cu_2S；在存在 SRB 的介质中 N-80 钢的腐蚀速度约为无 SRB 活性时的 6 倍以上；1Cr13 不锈钢在 SRB 菌泥中的自然腐蚀速度与在灭菌泥中比较，两者相差 5.1 倍，说明海泥中 SRB 增大了 1Cr13 不锈钢的腐蚀速率；304 不锈钢在无菌海水和加入 SRB 的海水中的腐蚀行为表明，SRB 参与了不锈钢的电化学腐蚀，加速了腐蚀速度，破坏了不锈钢的钝化层，诱导了不锈钢点蚀的发生；在有 SRB 菌的培养基中，B10 合金的腐蚀电位剧烈负移，腐蚀速率显著增加，电子探针测量表明合金发生了镍和铁的选择性溶解，腐蚀形貌呈海绵状；SRB 对碳钢腐蚀也起到加速作用。氢化酶阴极去极化理论认为 SRB 本身含有一种氢化酶，它能利用在阴极区产生的氢将硫酸盐还原成 H_2S，因此，在厌氧电化学腐蚀过程中，它可以起到一种阴极去极化剂的作用，从而加速金属的腐蚀；细菌代谢产物去极化理论提出在厌氧情况下，SRB 对金属的腐蚀速度由于阴极产生 H_2S 而上升，并且因形成 FeS 而加速了阳极反应；Miller 认为 SRB 对钢铁腐蚀不仅是因为 H_2S 的侵蚀性，也是由于氢化酶活性和代谢产物促进阴极去极化作用；艾弗森（Iverson）认为在厌氧情况下，SRB 会产生挥发性磷化合物，与基体铁反应生成磷化铁从而导致金属腐蚀。

一系列的证据表明，铁细菌是导致钢铁材料微生物腐蚀的主要因素之一。研究发现核反应堆冷却水系统中的碳钢受到铁细菌的严重腐蚀后，表面形成了大量的结核，扫描电镜（SEM）观察显示这种结核是由鞘丝状的铁细菌与腐蚀产物结合在一起形成的，腐蚀产物主要是铁细菌腐蚀碳钢形成的铁氧化物；316L 不锈钢在含有铁细菌培养基和无菌培养基中腐蚀电位的比较表明，铁细菌导致了腐蚀电位的下降，造成 316L 不锈钢抗腐蚀性能的降低，使得不锈钢表面出现了点蚀；碳钢热交换器中冷却水和沉积物的化学分析及沉积物中细菌分离的结果显示，热交换器失效的原因是冷却水中铁细菌对碳钢的腐蚀；通过研究输油管道中的石油分解产物及腐蚀输油管道的微生物，穆瑟库玛（N. Muthukumar）等人发现铁细菌不但分解石油中的脂肪烃，而且还会腐蚀输油管道。铁细菌获取能量的方式是将亚铁离子氧化为高铁离子，继而高铁离子形成一种低密度的水合铁氧化物，大量的水合铁氧化物集聚在钢铁的表面，构成了结核，这样，铁细菌就创造了一种有助于自身生长的环境，这种环境同时也加速了钢铁的腐蚀，因此铁细菌自身的氧化能力和水合铁氧化物结核是钢铁腐蚀的关键因素。

硫杆菌是另一种能严重腐蚀金属材料的细菌。氧化亚铁硫杆菌对A3钢的腐蚀研究表明，在氧化亚铁硫杆菌的影响下，A3钢的腐蚀电流密度有了明显升高，SEM观察显示，A3钢在浸泡于氧化亚铁硫杆菌溶液中7天后，表面出现了点蚀坑，并且在浸泡时间达到20天时，点蚀坑的深度增加了；非电镀镍低碳钢板在纯培养的氧化亚铁硫杆菌溶液中浸泡后，经显微观察发现涂层遭到了分解破坏，钢板表面出现了点蚀坑，运用失重法，同时检测到了较高的腐蚀速率；对水处理工厂储水罐钢材表面的大型锈色结节的分析揭示水中的硫杆菌使得钢材产生了强烈的锈蚀。常见的硫杆菌有氧化硫硫杆菌、排硫硫杆菌、氧化亚铁硫杆菌，硫杆菌能将硫及硫化物氧化成硫酸，造成金属材料的严重腐蚀。

假单胞菌和弧菌对金属材料的腐蚀也有一定研究，但研究结果存在较大差异，有研究结果表明假单胞菌和弧菌能加速碳钢的腐蚀，还有研究表明假单胞菌和弧菌对金属有缓蚀作用。还有待对其进一步探索。

我国这方面的工作起步较晚，在20世纪50年代中国科学院微生物所建立了微生物腐蚀研究课题，对全国的腐蚀网站的微生物腐蚀情况进行调查，分离和鉴定了一些硫酸盐还原菌、铁细菌的种类，并且对防腐措施做了相关研究。80年代以来，国家设立了“材料海水腐蚀数据积累及其规律研究”项目，至今已积累了70多种材料在典型海域内腐蚀数据四万多个，并对这些数据进行了大量分析研究，同时微生物腐蚀及污损生物引起局部腐蚀方面也开展了一些工作。

MIC由于复杂多变的海生物因素难以控制和定量描述，实验周期长且研究难度大，基础研究方面相对较少，对于微生物影响金属材料腐蚀程度、腐蚀机制等还缺乏系统深入的认识。

1.1.2 微生物对材料腐蚀的作用

微生物既有加速腐蚀作用，又有缓蚀作用。微生物在金属表面的生长繁殖能够影响其腐蚀速度和电化学反应的机理。按照当前的观点，主要是微生物的代谢产物或者说其分泌物直接影响着金属的腐蚀。文献中关于微生物与金属的相互作用主要以微生物加速腐蚀或微生物影响的缓蚀为主。大部分 MIC 是局部腐蚀，如孔蚀、缝隙腐蚀、沉积层下腐蚀、脱合金腐蚀，还能增强电偶腐蚀、环境敏感断裂和腐蚀磨蚀。也有很多关于生物膜腐蚀缓蚀的报道，大部分认为生物膜能够减缓均匀腐蚀。较均匀分布的生物膜由于形成界面传质障碍或表层有机体生命活动耗氧从而对一些材料起缓蚀作用。但自然附着生长的生物黏膜往往是结构复杂而且分布不均匀的，一些条件下降低均匀腐蚀速度，但却造成局部腐蚀破坏。

一个明显的矛盾是，生物膜内某些微生物能够引起局部腐蚀，而另一些微生物却缓蚀了均匀腐蚀。与灭菌条件比较，假单胞菌 Pseudomonas 和沙雷氏菌属 Serratia 能够增加铁和镍的腐蚀速度，但维德拉（H. Videla）等人的研究却显示假单胞菌 Pseudomonas 和沙雷氏菌属 Serratia marcescens 对铝及其合金在某些环境下具有保护作用。还有不同研究人员发表假单胞菌和弧菌在海水中对碳钢的腐蚀，但研究结果存在较大差异，有研究结果表明假单胞菌和弧菌能加速碳钢的腐蚀，还有研究表明假单胞菌和弧菌对金属有缓蚀作用。吴进怡研究小组经过研究发现研究结果的相反可能来自于腐蚀介质的选取。目前国内外海水单菌腐蚀研究所采用的腐蚀介质基本为海水培养基。培养基中大量的蛋白胨、牛肉膏、琼脂等营养物质对金属表面有强的缓蚀作用，可将碳钢的腐蚀速率下降 1 ~ 2 个数量级，而微生物腐蚀所增加的腐蚀速率只有几倍，腐蚀介质远离自然状态所带来的误差有可能是结果矛盾的主要原因。吴进怡研究小组对比同种细菌接种于海水培养基中和自然海水中的生长浓度，发现由于海水中的一些限制性因素，细菌在两种介质中的最高浓度实际上较为接近，如假单胞菌在两种介质中的最高浓度均可达 10^{10}CFU/mL，只是细菌在海水培养基中达到浓度最大值的时间稍短，因此，实验室模拟微生物腐蚀实验的实验方法还值得探讨。

SRB 生物膜与同等 S^{2-} 比较，具有较低的腐蚀性，降低了孔蚀电位。

所有黏附于金属表面的微生物都会产生高分子并在其上形成一凝胶基质层（简称 EPS），EPS 对金属的俘获作用已经被作为 MIC 的一个机理和腐蚀缓蚀而被报道，曼斯菲尔德（Mansfeld）首先提出了“使用再生生物膜进行腐蚀控制（CCURB）”的概念和理论，即使用再生细菌控制腐蚀。一些微生物，能够分泌一些胞外聚合物质，诸如多天（门）冬氨酰苯丙氨酸甲酯（polyasparate）、γ-聚谷氨酸盐（γ-polyglutamate），黏附于金属表面，能够降低腐蚀电流密度。

杰亚罗曼（Jayaraman）等人认为腐蚀缓蚀是因为薄层活性生物膜的存在或其分泌的腐蚀缓蚀性化学物质使其具有缓蚀性。在好氧的包含有多种细菌的复杂培养基中，失重损失比无菌对照试样降低 2～15 倍。腐蚀缓蚀及其程度随细菌的种类和其生物膜的性质而变化，活性细菌在生物膜内的增加使缓蚀效果增加。

伊希瓦尔（Eashwar）等人综述了金属在海洋环境下变正即自然腐蚀电位（OCP）正移的一些文献。正移为微生物的代谢活动所控制，而不是因为微生物在生物膜内物理上的存在。正移的主要机制是微生物代谢产生的缓蚀物质增强了不锈钢的钝化。阳极极化曲线和循环伏安表明在电位正移的同时钝化电流降低，钝化区和临界孔蚀电位增加。不锈钢钝化膜的增强为含铁细胞（Siderophores）所协助。Siderophores 是细菌在近中性 pH 值下所分泌的铁络合剂。其他人也报道了 Siderophores 的缓蚀性能。

然而，许多研究者也发现，在 OCP 发生正移时，阴极电流密度增加。莫利卡（Mollica）和特里维斯（Trevis）的报道 OCP 从 30mV 增加到 450mV，阴极电流密度从 10^{-9}～$10^{-7}A/cm^2$，其他人也有类似的结果。通常认为正移是由于细菌在金属表面的生长发展引起的。

实际上，研究者早已观察到许多好氧微生物在某些环境下能够降低腐蚀速度。不过，控制并利用生物膜对工业设施进行腐蚀缓蚀的想法是新的。但必须指出的是，导致腐蚀缓蚀的原因很复杂，大部分研究都是在富含培养基的介质中进行的，而培养基本身也可能起到缓蚀作用。利特尔（B. Little）等人认为，在生物膜被作为缓蚀物质前，还需要做进一步的研究工作。生物膜的形成是十分复杂的生物学/化学过程，还从未被成功的明晰化和模型化，它们对腐蚀的影响是很难预测和控制的。

其他环境因素对腐蚀速度也会产生影响。许立铭和刘宏芳等人对未接种与接种 SRB 的 SRB 的介质中 Fe^{2+} 对 A3 钢的腐蚀影响进行了比较，发现当铁离子浓度较低时（小于 50mg/L），SRB 的存在对碳钢起保护作用，其腐蚀产物膜致密，阻碍了介质与铁的作用，而且生物膜中的细菌数少于介质中的菌量；当铁离子浓度较高时，SRB 腐蚀产物膜厚且疏松，FeS 成为腐蚀微电池的阴极，对碳钢的腐蚀起促进作用。

1.1.3 微生物对材料局部腐蚀的作用

美国的一些学者在研究厌氧菌生物膜下细菌腐蚀时发现，移去试片表面生成的生物膜和腐蚀产物后，点蚀电位移到活性区，在此种情况下随着生物膜的积累，就会发生点蚀。去除表面腐蚀产物，通过电子探针研究发现蚀孔中含有 SRB 和 FeS 晶体。据推测，点蚀的发生是合金基体的金相不均匀性引起的，其次才是 SRB 的作用。因此可以认为，生物膜下的 SRB 腐蚀被加速的机理可能有以下几个方面：

（1）腐蚀速率被加速是通过阴极去极化，但又受通过腐蚀产物层的硫化氢气体的扩散所控制（浓差极化），与没有 SRB 存在时的腐蚀一样。

（2）腐蚀速率被阴极去极化加速，但不受浓差极化限制。

在这种状况下，SRB 沉积在疏松的 FeS 膜中而促进腐蚀（假设是通过减小细菌所产生的硫化物到达金属表面的扩散距离来实现的）。

（3）SRB 腐蚀产生的 FeS 膜所起的作用比细菌更重要，FeS 充当阴极，但又不是永久阴极，只有溶液中存在 SRB（产生 FeS）或有悬浮的 FeS 时才能充当阴极。在厌氧条件下，SRB 与腐蚀产物的混合物起着提供 H_2S 使得 FeS 膜保持阴极活性的作用。

（4）微量氧的存在可能是 SRB 充当阴极去极化剂的前提，其原因则可能是氧与硫化物作用生成氧化性的中间产物而促进腐蚀。

（5）微生物酶的生物电化学催化作用加速腐蚀。

（6）海水中不锈钢的微生物腐蚀是由于生物膜中 H_2O_2 的累积、释放参与了不锈钢的电极反应，引起电位升高，从而产生局部腐蚀。

（7）一些学者认为细菌新陈代谢的活性是导致产生局部腐蚀的基础。

（8）SRB 产生的胞外高聚物（EPS）与铁相互作用产生 Fe^{2+}，以及 EPS 将 Fe^{2+} 氧化成 Fe^{3+}，均加速腐蚀。

（9）胞外含磷的高腐蚀性腐蚀产物促进基体钢的腐蚀。

（10）生物膜下钢铁的腐蚀与腐蚀产生的铁硫化合物的分布有关。

在腐蚀介质中，生物膜的存在减小了腐蚀诱导期，若基体上有缝隙或小孔等，生物膜的存在将增加裂纹的扩展速度。细菌与腐蚀产物的混合物阻止连续的有保护性的钝态层的形成。

微生物的腐蚀并不局限于其一种形式的局部腐蚀，而是点蚀、缝隙腐蚀、垢下腐蚀、电化锈蚀和冲刷腐蚀等多种形式的腐蚀。近来的研究表明不能用纯粹的因果关系来解释微生物引起的腐蚀，因为细菌的存在并不改变腐蚀产物的分布和成分，而外加的阴极极化可增加能在基体（不锈钢）表面生存的海洋细菌的数量、种类及泡沫状的有机残渣；细菌新陈代谢能固定阴极和阳极。

1.1.4 微生物腐蚀机制

材料微生物腐蚀过程涉及材料、化学、电化学、微生物学等多种学科，加之微生物生长繁殖和衰亡过程直接和间接造成材料表面状态始终处于非稳定状态，材料微生物腐蚀是一个相当复杂的过程。海洋微生物对金属造成的腐蚀并不是微生物直接食用金属，而是微生物生命活动直接或间接参与和影响了金属的腐蚀过程。对于材料微生物腐蚀的认识仍存在多种不同看法，许多细节仍需深层次的研究，目前认为微生物主要从以下几方面影响金属的腐蚀过程。

1.1.4.1 氧浓度差电池腐蚀

由于微生物在金属表面不均匀的附着，材料表面不可避免地形成不规则的聚集地。微生物胞外聚合物（EPS）的扩散屏障作用和腐蚀产物的局部堆积阻碍氧向材料表面的扩散，这就导致了局部氧浓度差电池的形成，生物膜下氧浓度较高的区域形成阳极，阳极周围成为阴极。另外，海藻和光合作用细菌利用光产生氧气，积聚于生物膜内，氧浓度的增加，加速了阴极反应过程，也就加快了腐蚀速度。

微生物膜阻止氧气向阴极区扩散，当氧气向膜内扩散的速率小于微生物新陈代谢活动消耗氧气的速率时，阴极反应的机理就要发生改变。氧浓度差异的存在满足了局部腐蚀的初始条件，腐蚀产物及代谢物堆积使得局部腐蚀得以发生和发展，氧浓度差电池的形成，大大加速了金属的腐蚀。

1.1.4.2 微生物的代谢过程及代谢产物对腐蚀的影响

生物膜的存在及微生物的新陈代谢活动影响金属腐蚀过程，改变腐蚀机理、腐蚀形态，一方面代谢过程改变腐蚀机制，另一方面代谢产物具有腐蚀性，恶化金属腐蚀的环境。

A 新陈代谢过程对腐蚀行为的影响

生物的新陈代谢活动影响了电化学过程，生物膜内生物的呼吸频率高于氧的扩散速率，则腐蚀的阴极过程机理就发生了变化，在贫氧的生物膜与金属界面上不可能再消耗氧，阴极反应可能转变为消耗水或微生物产生的 H_2S。一些细菌，如嗜铁菌、锰沉积菌，其代谢过程本身就是去极化反应，加速金属材料的腐蚀。托马斯（Thomas）等人认为生物膜的存在起到弥散屏障作用，减缓了钢在海水中的腐蚀。较均匀分布的微生物 EPS 膜由于形成界面传质障碍或表层有机体生命活动消耗溶解氧从而对一些材料起缓蚀作用，但生物黏膜往往是分布不均匀的，一些条件下降低了材料的均匀腐蚀速度，但往往造成严重的局部腐蚀破坏。佩德森（Pedersen）和赫曼森（Hermansson）验证了细胞浓度、含氧量和腐蚀速度间的关联作用。

B　酸的产生

细菌代谢有机物时会分泌酸，产生的酸的种类和数量依赖于微生物的类型。通常无机酸对材料的腐蚀影响大，如铁细菌、硫氧化菌（SOB Thiobacillus）产生的硫酸对腐蚀有明显的促进作用。铁细菌能使 Fe^{2+} 氧化成 Fe^{3+}，加速了电化学腐蚀的阳极过程，Fe^{3+} 有很强的氧化性能，它可把硫化物氧化成硫酸而加速钢铁的腐蚀。硫氧化细菌主要是能氧化硫和低价硫的盐产生硫酸，使细菌周围环境的 pH 值降低。张英等人研究了两种 SOB 诱导的几种材料的腐蚀行为。有机酸可能会使腐蚀趋势发生转变，沉积物下的酸腐蚀机理认为，由于大多数微生物腐蚀的终产物是低碳链的脂肪酸（如醋酸），它们浓缩在沉积物下，会对碳钢产生侵蚀。在首届网上腐蚀会议上相关学者报道了醋酸（模拟生物环境）对含 Mo 不锈钢腐蚀行为的影响。

C　硫化物的产生

无氧区的厌氧菌代谢活动生成破坏性极强的硫、硫化物、硫代硫酸盐等，加速局部腐蚀。金（King）和迈克尔（Miker）认为铁硫化物对金属基体的腐蚀依赖于良好的导电性，释放出氢的过电位，高的电极电位和结构缺陷的铁硫化物在腐蚀微电池中作阴极，铁作阳极。钢样表面疏松堆积的硫化物可吸附氢，它是阴极表面氢原子结合生产氢气的催化剂，引起阴极去极化，即使在无硫化氢的溶液中，铁硫化物都可引起阴极或阳极去极化。铁硫化物引起阴极表面氢原子的结合，还导致氢原子浓聚在金属基体表面而引起氢脆，使材料的强度大大降低。

代谢产物 H_2S 能对钢铁腐蚀产生催化和激发作用，在厌氧情况下，腐蚀速度由于阴极产生硫化氢而上升，并且因形成 FeS 而加速阳极反应：

$$H_2S + 2e^- \longrightarrow H_2 + S^{2-} \tag{1-1}$$

$$Fe + S^{2-} \longrightarrow FeS + 2e^- \tag{1-2}$$

许多作者报道钢铁表面有一多孔的 FeS 层而使腐蚀速度增加。

1.1.4.3　金属沉积菌作用造成闭塞电池腐蚀

金属沉积菌的作用是使金属表面局部沉积，催化金属氧化为腐蚀产物（如 FeS、MnO_2 等），沉积物下金属成为阳极，微区可能形成闭塞电池腐蚀，腐蚀产物水解及扩散壁垒的存在使闭塞区内 pH 值降低和 Cl^- 的富集，这种自催化腐蚀破坏性极强，同时腐蚀产物沉积还可能导致结瘤腐蚀。研究发现天然海水中金属沉积菌改变金属/生物膜界面环境，使钝化金属的开路电位向贵金属化电位方向移动，相应伴随着阴极极化电流密度容量的增加，这种正移现象可以用酸度、溶解氧、金属沉积菌代谢产物 MnO_2、Fe_2O_3 及微量双氧水等来解释。

1.1.4.4　细胞外周高分子物质凝胶层形成

EPS 对生物膜结构的完整性起主要作用。凝胶对界面过程有多方面影响：（1）在生物膜/金属界面上滞留水；（2）捕获界面上的金属离子和腐蚀产物；（3）降低扩散速度，使金属/生物膜/海水界面溶解氧及电解质扩散复杂化。这类高分子多为带羧酸官能团的多糖，其可以捕获金属离子从而加速金属腐蚀。吉尔·吉谢（Gill G. Geesey）报道铜与生物高分子的螯合作用。陈（G. Chen）研究了含钼不锈钢在天然海水中的微生物腐蚀，

观察到 MoO_2^{4-} 与 EPS 中蛋白质及氨基酸发生作用被还原为 Mo^{5+} 和 MoO_2。EPS 结构中的特征官能团与金属离子的作用是 MIC 研究的新课题。

1.1.4.5 微生物产生的有机和无机酸的影响

对于无机酸的腐蚀，仍遵循酸腐蚀的反应机理——Heyrowsky 机理。即第一步形成吸附的氢，随之，解吸附形成原子氢产生氢气。张英等人研究了两种硫氧化细菌 *Thiobacillus thioparus* 和 *Thiobacillus ferrooxidans* 对不锈钢腐蚀行为的影响。前者使 316L SS 点蚀敏感性增大，极化曲线出现活化峰，OCP 增加，钝化区缩小；后者对 316L SS 影响不大。微生物形成的弱酸如碳酸对于碳钢的腐蚀也是很重要的。在这种情况特别是厌氧情况下，CO_2 对铁的腐蚀也有重要影响。

金属阴极反应的有机酸腐蚀类似于无机酸的腐蚀。这些有机酸一般属于弱酸，同样遵循 Heyrowsky 机理。但是，这些有机酸的阴离子会与阳极反应产生的阳离子络合而加速阳极反应。有机酸螯合阳离子形成稳定的复杂化合物，金属原子可能会从晶体点阵中溶解，导致结构的弱化。如铁在醋酸中的腐蚀。因为如此，有机酸比无机酸更具有腐蚀性。

沉积物下的酸腐蚀理论的依据主要是绝大多数 MIC 的最终产物是低碳链的脂肪酸，其中较常见的是醋酸。当醋酸在微生物腐蚀沉积物下浓缩时，对碳钢有很强的侵蚀性。在含氧环境中，紧靠沉积物下面的区域相对于周围的大阴极成为小阳极。氧的阴极还原反应导致金属周围溶液的 pH 值变大，金属在阳极区形成金属阳离子。如果阳极区和阴极区是隔离的，阳极区的 pH 值会下降，阴极区的 pH 值会上升。

1.2 几种典型微生物对碳钢腐蚀的机理

1.2.1 硫酸盐还原菌

硫酸盐还原菌是一类以有机物为养料、广泛存在于土壤、海水、运输管道、油气井等环境中的厌氧性细菌。脱硫弧菌属（*Desul fouibrio*）、脱硫肠状菌属（*Desul fotomaculum*）等厌氧菌统称为硫酸盐还原菌。这些厌氧菌多存在于海底沉积物、大型附着物堆积的闭塞区或钢铁腐蚀相对闭塞区（如内锈层、隙缝以及海上金属构筑物缺氧的部位）对金属造成腐蚀。

1.2.1.1 SRB 生长规律

SRB 的生理特征：SRB 属于厌氧菌。在无氧状态下，用乳酸或丙酮酸等有机物作为电子供给体，用硫酸盐作为末端电子接受体，将 SO_4^{2-} 还原为 S^{2-} 而生存的厌氧菌。

SRB 呼吸总反应为：

$$2CH_3CHOHCOOH + SO_4^{2-} + 4H^+ \longrightarrow$$
$$2CH_3COOH + 2CO_2 + S^{2-} + 2H_2O \quad (1\text{-}3)$$

或
$$H_2 + SO_4^{2-} \longrightarrow S^{2-} + H_2O \quad (1\text{-}4)$$

自然环境中常见 SRB 大多数为脱硫弧菌属。脱硫弧菌属大部分呈 0.5 ~ 1.0μm，稍微弯曲的圆筒状。属于革兰氏阴性菌，有鞭毛能形成孢子，具有细胞色素。

SRB 适宜生长的环境参数为：pH 值为 6 ~ 9.5，温度为 5 ~ 50℃。但有些 SRB 能在 100℃高温，50MPa 高压，甚至更高的条件下生长。SRB 旺盛繁殖所需要的还原条件比仅仅简单地通过排氧所需要的条件严格，为了使 SRB 生长旺盛，培养基的氧化还原电位应在 -100mV 左右（相对于标准电极 SHE）。在无干扰情况下，少量 SRB 的生长产生的 H_2S 可使介质氧化还原电位降低至适合 SRB 生长的范围，一旦条件合适，SRB 趋向加速生长。

SRB 在微量氧的存在下也能够存活，研究表明氧溶解量为 4×10^{-6} 时也可生长，如未经除氧的海水和淡水中也可以培养出 SRB。SRB 的生长还需要合适的盐含量，一般对 SRB 生长合适的盐含量为 2% ~6%。

SRB 的生长繁殖规律：SRB 在正常的生长条件下，呈几何级数增加。在实验条件下，SRB 的生长分为 4 个阶段：滞留期、对数生长期、稳定生长期、衰亡期。在接种培养初期，由于环境的变化，细菌需要一定时间适应，表现为滞留适应期。适应期过后，SRB 呈快速繁殖状态，表现为几何级数增加。细菌增长到一定数量后，因培养基中营养有限，营养物质中的营养物质消耗殆尽，SRB 生长停止。大量研究人员对在培养基中的 SRB 生长规律进行了大量的实验，得到了相应的生长曲线。但在实验人员做微生物实验时仍应在做相应电化学、失重、表面观察等实验前测定微生物的生长曲线。因为微生物的生长受到微生物种类、环境等多方面影响，其变化规律相差较大，因此研究人员应针对自己所研究菌种和环境重新测定，使实验数据更加准确可靠。

1.2.1.2 SRB 腐蚀机制

目前，关于 SRB 腐蚀机制的解释有如下理论：

（1）阴极去极化理论。1934 年库尔（Kuehr）率先提出了 SRB 腐蚀的经典机理，他认为阴极去极化作用是金属材料腐蚀过程中的关键步骤，SRB 的作用是使氢原子从金属表面除去，加快析氢腐蚀反应，从而使腐蚀过程继续下去。反应如下：

阳极反应：$$4Fe \longrightarrow 4Fe^{2+} + 8e^- \quad (1\text{-}5)$$

水离解：$$8H_2O \longrightarrow 8H^+ + 8OH^- \quad (1\text{-}6)$$

阴极反应：$$8H^+ + 8e^- \longrightarrow 8H \quad (1\text{-}7)$$

阴极去极化：$$SO_4^{2-} + 8H \longrightarrow S^{2-} + 4H_2O \quad (1\text{-}8)$$

腐蚀产物：$$Fe^{2+} + S^{2-} \longrightarrow FeS \quad (1\text{-}9)$$

$$3Fe^{2+} + 6OH^- \longrightarrow 3Fe(OH)_2 \quad (1\text{-}10)$$

总反应：

$$4Fe + SO_4^{2-} + 4H_2O \longrightarrow 3Fe(OH)_2 + FeS + 2OH^- \quad (1\text{-}11)$$

根据库尔的理论，布斯（Booth）等人测定了低碳钢在 SRB 存在的介质中的阴极特征，证实了 SRB 对金属材料腐蚀的阴极去极化理论。

（2）代谢产物去极化理论。细菌代谢产物去极化理论，又可分为硫化氢去极化和硫化亚铁去极化理论，在厌氧情况下，腐蚀速度由于阴极产生的 H_2S 而上升，并且 FeS 的生成加速了阳极反应。

$$H_2S + 2e^- \longrightarrow H_2 + S^{2-} \tag{1-12}$$

$$Fe + S^{2-} \longrightarrow FeS + 2e^- \tag{1-13}$$

佐佐木等人发现软钢腐蚀速度随 SRB 产生的 H_2S 浓度而发生改变。艾弗森（Iverson）等人认为，SRB 代谢产物磷化物对厌氧腐蚀也有重要作用，在厌氧条件下产生的具有较高活性及挥发性的磷化物，与基体铁产生了磷化铁。SRB 产生的 H_2S、代谢产物产生的磷化物、硫化物等都可与铁作用，从而加速了金属材料的腐蚀速率，也加速了金属的局部腐蚀。

此外，一些学者还提出了硫铁化合物和氢化酶共同作用去极化理论。氢化酶的阴极去极化理论认为 SRB 含有一种氢化酶，它能利用在阴极区产生的氢将硫酸盐还原成 H_2S，因此，在厌氧电化学腐蚀过程中，它可以起到一种阴极去极化剂的作用，从而加速金属的腐蚀。另外，还有细菌代谢产物去极化理论，又可分为 H_2S 去极化和 FeS 去极化。艾弗森提出的磷化合物去极化理论，认为在厌氧条件下，SRB 会产生胶状的磷酸铁，产生挥发性磷化物，与基体铁反应生成磷化铁而导致金属的腐蚀。锡德（Seed）进一步证实在出现 SRB 时，磷酸盐增加了碳钢的腐蚀速度。在含硫化物的环境中，还原性的磷是具有高度活性的，形成的磷化铁与硫化物反应生成 $FePS_3$ 化合物。密勒（Miller）认为 SRB 对钢铁腐蚀不仅是因为 H_2S 的侵蚀性，也是由于氢化酶活性和代谢产物促进阴极去极化作用。利特尔（B. Little）等人采用双区生物电池技术证实了氢化酶的作用。

SRB 对多种金属均有腐蚀作用。刘宏芳等人发现生物膜在不同材料上形成难易，以及能否从改变材料表面状态出发延缓或阻止生物膜的形成，在 API 培养基中有 SRB 存在的条件下，不锈钢、Q230 钢、工业纯铝易发生微生物腐蚀点蚀穿孔，黄铜较耐 SRB 腐蚀。SRB 引起微生物腐蚀以点蚀为主，多出现于材料有缺陷及残余应力处。Q230 钢经化学镀 Ni-P，可以延缓或阻碍 SRB 生物膜的形成，从而提高 Q230 钢抗微生物腐蚀的能力。

1.2.2 硫氧化菌

硫氧化菌是能氧化硫元素、硫代硫酸盐以及亚硫酸盐等产生硫酸的一类好氧菌，这类菌常见的有硫杆菌属中的排硫硫杆菌、氧化亚铁硫杆菌和氧化硫硫杆菌。硫氧化菌利用还原无机硫化物作为能源，包括许多硫酸盐和硫化物，将它们氧化成 SO_4^{2+}，或是将硫化氢氧化成高价态硫化物，使周围环境变酸导致腐蚀；在厌氧条件下需要硝酸盐和溶解气态氮，NO_3^- 作为电子受体被还原成 N_2，反应式为：

$$5HS^- + 8NO_3^- + 3H^+ \longrightarrow 5SO_4^{2-} + 4N_2 + 4H_2O \quad (1\text{-}14)$$

1.2.3 腐生菌

腐生菌是异养型细菌，它们从有机物质中得到能量，产生黏性物质，与代谢产物积累可造成腐蚀和堵塞。常见的腐生菌有产气杆菌、黄杆菌、荧光假单胞菌、巨大芽孢杆菌等，它们是一个混合体。腐生菌产生的黏液与铁细菌、藻类原生动物等一起附着产生污垢，产生浓差电池而引起腐蚀，同时还会促进硫酸盐还原菌等厌氧微生物的生长繁殖，进一步加剧材料的腐蚀。

1.2.4 铁细菌

铁细菌是好气异养菌，也有兼性异养和严格自养型，大量存在于冷凝水及部分腐蚀沉淀物中。介质中铁的浓度对铁细菌的生长极为重要，一般在总铁量为 6mg/L 的水中，铁细菌旺盛繁殖。铁细菌通过把二价铁氧化成三价的铁而获得能量，铁细菌的腐蚀通过缝隙腐蚀机理而发生，如铁细菌在水管内壁形成氧浓差电池，发生的反应为：

阳极过程：$$2Fe \longrightarrow 2Fe^{2+} + 4e^- \quad (1\text{-}15)$$

阴极过程：$$O_2 + 2H_2O + 4e^- \longrightarrow 4OH^- \quad (1\text{-}16)$$

腐蚀产物：$$2Fe^{2+} + 4OH^- \longrightarrow 2Fe(OH)_2 \quad (1\text{-}17)$$

$$4Fe(OH)_2 + O_2 + 2H_2O \longrightarrow 2Fe(OH)_3 \quad (1\text{-}18)$$

总反应式：$$4Fe + 6H_2O + 3O_2 \longrightarrow 2Fe(OH)_3 \quad (1\text{-}19)$$

铁细菌往往和其他微生物共同作用，例如铁细菌产生富含铁的厌氧环境，使 SRB 得以增殖，SRB 与铁细菌相互作用，可加速不锈钢的腐蚀进程。

1.3 微生物腐蚀的研究方法

MIC 是一门交叉性很强的学科分支，涉及微生物、环境、材料、化学等多个学科内容，基于不同的学科背景和研究目的，材料与微生物的相互作用研究显示出广泛的和不同的研究方向。研究 MIC 的方法有很多，下面对几种主要的研究方法进行介绍。

1.3.1 传统生物学技术研究法

作为交叉学科，微生物的分离培养与鉴定是材料科学研究人员的难点与薄弱环节，在此详细论述以便材料生物腐蚀研究人员与学生参阅。

1.3.1.1 微生物的形态观察

微生物需染色后才能使用显微镜进行观察。用于生物染色的染料主要有碱性染料、酸性染料和中性染料三大类。碱性染料的离子带正电荷，能和带负电荷的物质结合。因细菌蛋白质等电点较低，当它生长于中性、碱性或弱酸性的溶液中时常带负电荷，所以通常采用碱性染料（如美蓝、结晶紫、碱性复红或孔雀绿等）使其着色。酸性染料的离子带负电荷，能与带正电荷的物质结合。当细菌分解糖类产酸使培养基 pH 值下降时，细菌所带正电荷增加，因此易被伊红、酸性复红或刚果红等酸性染料着色。中性染料是前两者的结合物又称复合染料，如伊红美蓝、伊红天青等。

简单染色法是只用一种染料使细菌着色以显示其形态的方法，简单染色一般难以辨别细菌细胞的构造。

革兰氏染色法是 1884 年由丹麦病理学家 C. Gram 所创立的。革兰氏染色法可将所有的细菌区分为革兰氏阳性菌（G^+）和革兰氏阴性菌（G^-）两大类，是细菌学上最常用的鉴别染色法。

该染色法之所以能将细菌分为 G^+ 菌和 G^- 菌，是由这两类的细胞壁结构和成分的不同决定的。G^- 菌的细胞壁中含有较多易被乙醇溶解的类脂质，而且肽聚糖层较薄、交联度低，故用乙醇或丙酮等有机溶剂脱色溶解了类脂质，增加了细胞壁的通透性，使初染的结晶紫和碘的复合物易于渗出，结果细菌就被脱色，再经番红复染后就成红色。G^+ 菌细胞壁中肽聚糖层厚且交联度高，类脂质含量少，经脱色剂处理后反而使肽聚糖层的孔径缩小，通透性降低，因此细菌仍保留初染时的紫色。

1.3.1.2 纯培养技术

细菌培养首先要选择合适的培养基。培养基使用人工的办法将多种营养物质按微生物生长代谢的需要配制成的一种营养物质。由于微生物种类繁多，对营养物质的要求各异，加之实验和研究的目的不同，所以培养基在组成成分上也各有差异。但是，不同种类或不同组成的培养基中，均应含有满足微生物生长发育且比例合适的水分、碳源、氮源、无机盐、生长因素以及某些特需的微量元素等。配制培养基时不仅需要考虑满足这些营养成分的需求，而且应该注意各营养成分之间的协调。此外，培养基还应具有适宜的酸碱度（pH 值）、缓冲能力、氧化还原电位和渗透压。培养基营养物质的来源包括水（自然淡水、海水、蒸馏水、双蒸水等）、碳源（葡萄糖、蔗糖、麦芽糖、甘露醇淀粉、纤维素、脂肪、有机酸、醇类、烃等）、氮源

(铵盐、硝酸盐、蛋白胨、牛肉膏、牛肉浸汁、多肽及各种氨基酸等)、矿质营养(含磷、钾、钙、镁、硫、钠等元素的盐类)、生长因素或生长因子(如硫胺素、核黄素、烟酰胺、泛酸和叶酸等)。

培养基按照配制培养基的营养物质来源,可将培养基分为天然培养基、合成培养基和半合成培养基三类。使用培养基时,应根据不同微生物种类和不同的实验目的,选择需要的培养基。按培养基外观的物理状态可将培养基分成三类,即液体培养基、固体培养基和半固体培养基。按照培养基的功能和用途,可将其分为基础培养基、加富培养基、选择培养基、鉴别培养基等。

1.3.1.3 灭菌技术

微生物实验前要将所用器材和培养基灭菌。采用强烈的理化因素使任何物体内外所有的微生物永远丧失其生长繁殖能力的措施称之为灭菌(sterilization)。消毒(disinfection)则是用较温和的物理或化学方法杀死物体上绝大多数的微生物(主要是病原微生物和有害微生物的营养细胞),实际上是部分灭菌。

在微生物学实验、生产和科学研究工作中,需要进行微生物纯培养,不能有任何外来杂菌。因此,对所用器材、培养基要进行严格灭菌,对工作场所进行消毒,以保证工作顺利进行。

实验室最常用的灭菌方法是利用高温处理达到杀菌效果。高温的致死作用,主要是使微生物的蛋白质和核酸等重要生物大分子发生变性。高温灭菌分为干热灭菌和湿热灭菌两大类。湿热灭菌的效果比干热灭菌好。这是因为湿热下热量易于传递,更容易破坏保持蛋白质稳定性的氢键等结构,从而加速其变性。此外,过滤除菌、射线灭菌和消毒、化学药剂灭菌与消毒等也是微生物学操作中不可缺少的常用方法。

A 干热灭菌

a 火焰灭菌

微生物接种工具,如接种环、接种针,锈层的刮取工具及其他金属用具等,可直接在酒精灯火焰上烧灼进行灭菌。这种方法灭菌迅速彻底。此外在接种过程中，试管或三角瓶口等也可通过火焰烧灼灭菌。

b　干燥热空气灭菌

用干燥热空气杀死微生物的方法也为干热灭菌的一种方法。通常将灭菌物品置于鼓风干燥箱内，在160～170℃加热1～2h。灭菌时间可根据灭菌物品性质与体积作适当调整，以达到灭菌目的。玻璃器皿（如习惯、培养皿等）、金属用具等凡不适于用其他方法灭菌而又能耐高温的物品都可用此法灭菌。但是，培养基、橡胶制品、塑料制品等不能使用干热灭菌。

B　湿热灭菌

湿热灭菌法比干热灭菌法更有效。湿热灭菌是利用热蒸汽灭菌。在相同温度下，湿热的效力比干热灭菌好的原因是：热蒸汽对细胞成分的破坏作用更强，水分子的存在有助于破坏维持蛋白质三维结构的氢键和其他相互作用的弱键，更易使蛋白质变性，蛋白质含水量与其凝固温度呈反比；热蒸汽比热空气穿透力强，能更加有效地杀灭微生物；蒸汽存在潜热，当气体转变为液体时可放出大量热量，故可迅速提高灭菌物体的温度。

多数细菌和真菌的营养细胞在60℃左右处理15min后即可杀死，酵母菌和真菌的孢子要耐热些，要用80℃以上的温度处理才能杀死，而细菌的芽孢更耐热，一般要在120℃下处理15min才能杀死。湿热灭菌常用的方法有常压蒸汽灭菌和高压蒸汽灭菌。

a　常压蒸汽灭菌

常压蒸汽灭菌是湿热灭菌的方法之一，在不能密闭的容器里产生蒸汽进行灭菌。在不具备高压蒸汽灭菌的情况下，常压蒸汽灭菌是一种常用的灭菌方法。此外，不宜用高压蒸煮的物质如糖液、牛奶、明胶等，可采用常压蒸汽灭菌。这种灭菌方法所用的灭菌器有阿诺氏（Aruokd）灭菌器或特制的蒸锅，也可用普通的蒸笼。由于常压蒸汽的温度不超过100℃，压力为常压，大多数微生物的营养细胞被杀死，但芽孢细菌却不能在短时间内死亡，因此必须采取间歇灭菌或持续灭菌的方法，以杀死芽孢细菌，达到完全灭菌。

（1）巴氏消毒法。巴氏消毒法用于不能进行高温灭菌的液体的一种消毒方法，其主要目的是杀死其中的无芽孢病原菌，而又不影响其特有的成分。巴氏消毒法是一种低温消毒法，具体的处理温度和时间各有不同，一般在 60～85℃下处理 15～30min。具体的方法可分两类，第一类是较老式的，称为低温维持法，例如在63℃下保持30min；另一类是较新式的，称为高温快速法，只要在85℃下保持5min即可。

（2）间歇灭菌法。间歇灭菌法又称分段灭菌法。适用于不耐热培养基的灭菌。方法是：将待灭菌的培养基在100℃下蒸煮30～60min，以杀死其中所有微生物的营养细胞，然后置室温或20～30℃下保温过夜，诱导残留的芽孢萌发，第二天再以同法蒸煮和保温过夜，如此连续重复3天，即可在较低温度下达到彻底灭菌的效果。例如，培养硫细菌的含硫培养基就应用间歇灭菌法灭菌，因为其中的元素硫经常规的高压灭菌（121℃）后会发生融化，而在100℃的温度下则呈结晶状。

（3）蒸汽持续灭菌法。此法在容量较大的蒸锅中进行。从蒸汽大量产生开始，继续加大火力保持充足蒸汽，待锅内温度达到100℃时，持续加热3～6h，杀死绝大部分和全部细菌，达到灭菌目的。

b　高压蒸汽灭菌

高压蒸汽灭菌法是微生物学研究和教学中应用最广、效果最好的湿热灭菌方法。其是在密闭的高压蒸汽灭菌器（锅）中进行的。其原理是：将待灭菌的物体放置在盛有适量水的高压蒸汽灭菌锅内。把锅内的水加热煮沸，并把其中原有的冷空气彻底驱尽后将锅密闭。再继续加热就会使锅内的蒸汽压逐渐上升，从而温度也随之上升到100℃以上。为达到良好的灭菌效果，一般要求温度应达到121℃（压力为0.1MPa），持续维持15～30min。也可采用在较低的温度（115℃，即0.075MPa）下维持35min的方法。此法适合于一切微生物学实验室、医疗保健机构或发酵工厂中对培养基及多种器材、物品的灭菌。

在使用高压蒸汽灭菌器进行灭菌时，蒸汽灭菌器内冷空气的排除是否完全十分重要，因为空气的膨胀大于水蒸气的膨胀压。所以当水蒸气中含有空气时，压力表所表示的压力是水蒸气压力和部分空气压力的总和，不是水蒸气的实际压力，它所相当的温度与高压蒸汽灭菌锅内的温度是不一致的。这是因为在同一压力下的实际温度，含空气的蒸汽低于饱和蒸汽。如不将灭菌锅中的空气排除干净，即达不到灭菌所需的实际温度。

在空气完全排除的情况下，一般培养基只需在0.1MPa下灭菌30min即可。但对某些物体较大或蒸汽不易穿透的灭菌物品，则应适当延长灭菌时间，或将蒸汽压力升到0.15MPa保持1~2h。

C　过滤除菌

在进行水体环境实验时（如模拟湖泊、循环水、海水中金属的微生物腐蚀），需控制液体中微生物的群体，可以通过将微生物从液体中移走而不是用杀死的方式实现。通常所采用的做法就是过滤除菌，即将液体通过某种微孔的材料，使微生物与液体分离。早年曾采用硅藻土等材料装入玻璃柱中，当液体流过柱子时菌体因其所带的静电荷而被吸附在多孔材料上，但现今已基本为膜滤器所替代。

膜滤器采用微孔滤膜做材料，它通常由硝酸纤维素制成，可根据需要使之具有从0.025~25μm不同范围大小的特定孔径。当含有微生物的液体通过孔径为0.2μm的微孔滤膜时，大于滤膜孔径的细菌等微生物不能穿过滤膜而被阻拦在膜上，与通过的滤液分离开来。微孔滤膜具有孔径小、价格低、可高压灭菌、滤速快及可处理大容量的液体等优点。

过滤除菌可用于对热敏感液体的除菌，如海水腐蚀试验中，腐蚀试验进行过程中需要控制水体中的微生物，但如采取加热方式除菌将显著影响金属的腐蚀速率及腐蚀机制，此时过滤除菌就成了唯一可供选择的除菌方法。

有些微生物学研究工作需要收集或浓缩细菌，则需要利用滤膜注射器进行操作。这是一个在隔板中带有0.22μm孔径的微孔滤膜的注射装置。在滤液注射过程中，细菌由于不能通过滤膜而被收集在膜表面。

D 紫外线杀菌

紫外线的波长范围是15~300nm，其中波长在260nm左右的紫外线杀菌作用最强。紫外灯是人工制造的低压水银灯，能辐射出波长主要为253.7nm的紫外线，杀菌能力强而且较稳定。紫外光杀菌作用是因为它可以被蛋白质（波长为280nm）和核酸（波长为260nm）吸收，造成这些分子的变性失活。例如，核酸中的胸腺嘧啶吸收紫外光后，可以形成二聚体，导致DNA合成和转录过程中遗传密码阅读错误，引起致死突变。紫外光穿透能力很差，不能穿过玻璃、衣物、纸张或大多数其他物体，但能够穿透空气，因而可以用作物体表面或室内空气的杀菌处理，在微生物学研究及生产实践中应用较广。紫外灯的功率越大效能越高。紫外线的灭菌作用随其剂量的增加而加强，剂量是照射强度与照射时间的乘积。如果紫外灯的功率和照射距离不变，可以用照射时间表示相对剂量。紫外线对不同微生物有不同的致死剂量。根据照射定律，照度与光源光强成正比而与距离的平方成反比。在固定光源情况下，被照物体越远，效果越差。因此，应根据被照面积、距离等因素安装紫外线灯。由于紫外线穿透能力弱，一薄层普通玻璃或水，均能滤除大量紫外线。因此，紫外线只适用于表面灭菌和空气灭菌。在一般实验室、接种室、接种箱、手术室和药厂包装室等，均可利用紫外灯杀菌。以普通小型接种室为例，其面积若按10m^2计算，在工作台上方距地面2m处悬挂1~2只30W紫外灯，每次开灯照射30min，就能使室内空气灭菌。照射前，适量喷洒石炭酸或煤酚皂溶液等消毒剂，可加强灭菌效果。紫外线对眼黏膜及视神经有损伤作用，对皮肤有刺激作用，所以应避免在紫外灯下工作，必要时需穿防护工作衣帽，并戴有色眼镜进行工作。

E 化学药剂灭菌与消毒

某些化学药剂可以抑制或杀死微生物，因而被用于微生物生长的控制。依作用性质可将化学药剂分杀菌剂和抑菌剂。杀菌剂是能破坏细菌代谢机能并有致死作用的化学药剂，如重金属离子和某些强氧化剂等。抑菌剂并不破坏细菌的原生质，而只是阻抑新细胞物质的合成，使细菌不能增殖，如磺胺类及抗生素等。化学杀菌剂主要用于抑制或杀灭物体表面、器械和周围环境中的微生物。抑菌剂常用于基体表面和防腐作用。杀菌剂和抑菌剂之间的界线有时并不是很严格，如高浓度的石炭酸（3% ~5%）用于器皿表面消毒杀菌，而低浓度的石炭酸（0.5%）则用于生物制品的防腐抑菌。理想的化学杀菌剂和抑菌剂应当是作用快、效力高但对组织损伤小，穿透性强但腐蚀小，配制方便且稳定，价格低廉易生产，并且无异味。

此外，微生物种类、化学药剂处理微生物的时间长短、温度高低以及微生物所处环境等，都影响着化学药剂杀菌或抑菌的能力和效果。微生物实验室常用的化学杀菌剂有升汞、甲醛、高锰酸钾、乙醇、碘酒、龙胆紫、石炭酸、煤酚皂溶液、漂白粉、氧化乙烯、丙酸内酯、过氧乙酸、新洁尔灭等。常用化学杀菌剂的使用浓度和应用范围各有不同，使用时应注意选择。

1.3.1.4 微生物接种技术

微生物接种技术是进行微生物实验和相关研究的基本操作技能。无菌操作是微生物接种技术的关键。由于实验目的、培养基种类及实验器皿等不同，所用接种方法不尽相同。斜面接种、液体接种、固体接种和穿刺接种操作均以获得生长良好的纯种微生物为目的。因此，接种必须在一个无杂菌污染的环境中进行严格的无菌操作。由于接种方法不同，采用的接种工具也有区别，如固体斜面培养体转接时用接种环；穿刺接种时用接种针，液体转接用移液管或移液枪等。

最常用的接种或移植工具为接种环。接种环是将一段铂金丝安装在防锈的金属杆上制成。市售商品多以镍铬丝（或细电炉丝）作为铂丝的代用品。也可以用粗塑胶铜芯电线加镍铬丝自制，简便实用。

接种环供挑取菌苔或液体培养物接种用。环前端要求圆而闭合，否则液体不会在环内形成菌膜。根据不同用途，接种环的顶端可以改换为其他形式如接种针等。

玻璃刮铲是用于稀释平板涂抹法进行菌种分离或微生物计数时常用的工具。将定量（一般为0.1mL）菌悬液置于平板表面涂布均匀的操作过程需要用玻璃刮铲完成。用一段长约30cm、直径5~6mm的玻璃棒，在喷灯火焰上把一端弯成“了”形或倒“△”形，并使柄与“△”端的平面呈30°左右的角度。玻璃刮铲接触平板一侧，要求平直光滑。使之既能均匀涂布，又不会刮伤平板的琼脂表面。

移液管吸管的准备：无菌操作接种用的移液管常为1mL或10mL刻度吸管。吸管在使用前应进行包裹灭菌。

接种方法：

（1）斜面接种技术。斜面接种是从已生长好的菌种斜面上挑取少量菌种移植至另一支新鲜斜面培养基上的一种接种方法。具体为用接种环将少许菌种移接到贴好标签的试管斜面上，操作方法为将灼烧过的接种环伸入菌种管，先使环接触没有长菌的培养基部分，使之冷却，轻轻蘸取少量菌体或孢子，然后将接种环移出菌种管，注意不要使接种环的部分碰到管壁，取出后不可使带菌接种环通过火焰。在火焰旁迅速将沾有菌种的接种环伸入另一支持接斜面试管。从斜面培养基的底部向上部作Z形来回密集画线，切勿划破培养基。有时也可用接种针仅在斜面培养基的中央拉一条直线做斜面接种，直线接种可观察不同菌种的生长特点。取出接种环，烧灼试管口，并在火焰旁将管塞旋上。塞棉塞时，不要用试管去迎棉塞，以免试管在移动过程中纳入不洁空气。

（2）液体接种技术。用斜面菌种接种液体培养基时，有如下两种情况：1）如接种量小，可用接种环取少量菌体移入培养基容器（试管或三角瓶等）中，将接种环在液体表面振荡或在器壁上轻轻摩擦把菌苔散开，抽出接种环，塞好棉塞，再将液体摇动，菌体即均匀分布在液体中；2）如接种量大，可先在斜面菌种管中注入定量无菌水，用接种环把菌苔挂下研开，再把菌悬液倒入液体培养基中，倒前需将试管口在火焰上灭菌。

用液体培养物接种液体培养基时，可根据具体情况采用以下不同方法：1）用无菌的吸管或移液管、移液枪吸取菌液接种；2）直接把液体培养物移入液体培养基中接种；3）利用高压无菌空气通过特制的移液装置把液体培养物注入液体培养基中接种；4）利用压力差将液体培养物接入液体培养基中接种。

（3）固体接种技术。固体接种最普遍的形式是接种固体曲料。因所用菌种或种子菌来源不同，可分为：

1）用菌液接种固体料，包括用菌苔刮洗制成的悬液和直接培养的种子发酵液。接种时可按无菌操作法将菌液直接倒入固体料中，搅拌均匀。注意接种所用菌液量要计算在固体料总加水量之内，否则往往在用液体种子菌接种后曲料含水量加大，影响培养效果。

2）用固体种子接种固体料，包括用孢子粉、菌丝孢子混合种子菌或其他固体培养的种子菌，直接把接种材料混入灭菌的固体料。接种后必须充分搅拌，使之混合均匀。

（4）穿刺接种技术，穿刺接种技术是一种用接种针从菌种斜面上挑取少量菌体并把它穿刺到固体或半固体的深层培养基中的接种方法。经穿刺接种后的菌种常作为保藏菌种的一种形式，同时也是检查细菌运动能力的一种方法，它只适宜于细菌和酵母的接种培养。

1.3.1.5 微生物的计数

测定微生物细胞数量对材料的微生物腐蚀极为重要，微生物浓度对金属腐蚀速率具有决定性的影响。因此进行金属微生物腐蚀实验过程中应同步检测微生物浓度变化，并进行控制。

测定微生物细胞数量的方法很多，通常采用的有显微直接计数法和稀释平板计数法。

A 直接计数法

直接计数法适用于各种单细胞菌体的纯培养悬浮液，如有杂菌或杂质，则难以直接测定。菌体较大的细菌和霉菌孢子可采用血球计数法，一般细菌则采用彼得罗夫·霍泽（Petrof Hausser）细菌计数法。两种计数法的原理和部件相同，只是细菌计数板较薄，可以使用油镜观察。而血球计数板较厚，不能使用油镜，计数板下部的细菌难于区分。

血球计数板是一块特制的厚型载玻片，载玻片上有4条槽所构成的3个平台。中间的平台较宽，其中间又被一短横槽分割成两半，每个半边上面各有一个计数区，计数区的刻度有两种：一种是计数区分为16个大方格（大方格用三线隔开），而每个大方格又分成25个小方格；另一种是一个计数区分成25个大方格（大方格之间用双线分开），而每个大方格又分成16个小方格。但是不管计数区是哪一种构造，它们都有一个共同特点，即计数区都由400个小方格组成。

计数区边长为1mm，则计数区的面积为$1mm^2$，每个小方格的面积为$1/400mm^2$。盖上盖玻片后，计数区的高度为0.1mm，所以计数区的体积为$0.1mm^3$，每个小方格体积为$1/4000mm^3$。

使用血球计数板计数时，先要测定每个小方格中微生物的数量，在换算成每毫升菌液（或每克样品）中微生物细胞的数量。

已知

$$1mL(体积) = 10mm \times 10mm \times 10mm = 1000mm^3$$

所以

1mL体积应含有小方格数为$1000mm^3/(1/4000mm^3) = 4 \times 10^6$个小方格，即系数$K = 4 \times 10^6$。

因此，每毫升菌悬浮中含有细胞数 = 每个小格中细胞平均数(N) × 系数(K) × 菌液稀释倍数(d)。

B　稀释平板测数法

稀释平板测数是根据微生物在高度稀释条件下固体培养基上所形成的单个菌落是由一个单细胞繁殖而成这一培养特征设计的计数方法，即一个菌落代表一个单细胞。计数时，首先将待测样品制成均匀的系列稀释液，尽量使样品中的微生物细胞分散开，使成单个细胞存在（否则一个菌落就不只是代表一个细胞），再取一定稀释度、一定量的稀释液接种到平板中，使其均匀分布于平板中的培养基内。经培养后，由单个细胞生长繁殖形成菌落，统计菌落数目，即可计算出样品的含菌数。此法所计算的菌数是培养基上长出来的菌落数，故又称活菌计数。可用于腐蚀产物或腐蚀液、土壤中细菌浓度的检验。

具体的实验方法为：

（1）样品稀释液的制备。准确称取待测样品10g，放入装有90mL无菌水并放有小玻璃珠的250mL三角瓶中，用手或置摇床上振荡20min，使微生物细胞分散，静置20～30s，即成10^{-1}稀释液；再用1mL无菌吸管，吸取10^{-1}稀释液1mL，移入装有9mL无菌水吸管中，吹吸3次，让菌落混合均匀，即成10^{-2}稀释液；再换一支无菌吸管吸取10^{-2}稀释液1mL，移入装有9mL无菌水试管中，也吹吸3次，即成10^{-3}稀释液；以此类推，连续稀释，制成10^{-4}、10^{-5}、10^{-6}、10^{-7}、10^{-8}、10^{-9}等一系列稀释菌液。

用稀释平板计数时，待测菌稀释度的选择应根据样品确定。样品中所含待测菌数量多时，稀释度应高，反之则低。通常测定细菌菌剂含菌数时，采用10^{-7}、10^{-8}、10^{-9}稀释度，测定土壤细菌数量时，采用10^{-4}、10^{-5}、10^{-6}稀释度，测定放线菌数量时，采用10^{-3}、10^{-4}、10^{-5}稀释度，测定真菌数量时，采用10^{-2}、10^{-3}、10^{-4}稀释度。

（2）平板接种培养。

1）混合平板培养法，将无菌平板编上10^{-7}、10^{-8}、10^{-9}号码，每一号码设置3个重复，用无菌吸管按无菌操作要求吸取

1×10^{-9}稀释度各1mL放入编号10^{-9}的3个平板中，同法吸取10^{-8}稀释度各1mL放入编号1×10^{-8}的3个平板中，再吸取1×10^{-7}稀释度各1mL放入编号1×10^{-7}的3个平板中（由低浓度向高浓度时，吸管可不必更换）。然后在9个平板中分别倒入已熔化并冷却至45～50℃的细菌培养基，轻轻转动平板，使菌液与培养基混合均匀，冷凝后倒置，在30℃下培养。至菌落长出后即可计数。

2）涂抹平板计数法，涂抹平板计数法与混合法基本相同，所不同的是先将培养基熔化后趁热倒入无菌平板中，待凝固后编号，然后用无菌吸管吸取0.1mL菌液对号接种在不同稀释度编号的琼脂平板上（每个编号设3个重复）。再用无菌刮铲将菌液在平板上涂抹均匀，每个稀释度用一个灭菌刮铲，更换稀释度时需将刮铲灼烧灭菌。在由低浓度向高浓度涂抹时，也可以不必更换刮铲。将涂抹好的平板平放于桌上20～30min，使菌液渗透入培养基内，然后将平板倒转，保温培养，至菌落长出后即可计数。

C　稀释培养测数法

最大或然数（most probable number，MPN）计数又称稀释培养测数，适用于测定在一个混杂的微生物群落中虽不占优势，但却具有特殊生理功能的类群。其特点是利用待测微生物的特殊生理功能的选择性来摆脱其他微生物类群的干扰，并通过该生理功能的表现来判断该类群微生物的存在和丰度。本法特别适合于测定土壤微生物中的特定生理群（如氧化、硝化、纤维素分解、固氮、硫化和反硫化细菌等）的数量和测量污水、海水、锈层、牛奶及其他食品中特殊微生物类群（如大肠菌群）的数量，缺点是只适于进行特殊生理类群的测定，结果也比较粗放，只有在因某种原因不能使用平板计数法时才采用。

MPN测数是将待测样品做一系列稀释，一直稀释到将少量（如1mL）的稀释液接种到新鲜培养基中没有或极少生长繁殖。根据没有生长的最低稀释度与出现生长的最高稀释度，采用最大或然数理论，可以计算出样品单位体积中细菌数的近似值。具体地说，菌液经多次10倍稀释后，一定量菌液中细菌可以极少或没有，然后每个稀释度取3～5次重复接种于适宜的液体培养基中。培养后，将有菌液生长的最后3个稀释度（即临界级数）中出现细菌生长的管数作为数量指标，从最大或然数表中查出近似值，再乘以数量指标第一位数的稀释倍数，即为原菌液中的含菌数。

某一细菌在稀释法中的生长情况见表1-1。

表1-1　某一细菌在稀释法中的生长情况

稀释度	10^{-3}	10^{-4}	10^{-5}	10^{-6}	10^{-7}	10^{-8}
重复数	5	5	5	5	5	5
出现生长的管数	5	5	5	4	1	0

根据以上结果，在接种10^{-3}～10^{-5}稀释液的试管中5个重复都有生长，在接种10^{-6}稀释度的试管中有4个重复生长，在接种10^{-7}稀释度的试管中只有1个重复生长，而接种10^{-8}稀释度的试管全无生长。由此可得出其数量指标为“541”，查最大或然数表得近似值17，然后乘以第一位数的稀释倍数（10^{-5}的稀释倍数为100000）。那么，1mL原菌液中的活菌数 $= 17 \times 100000 = 17 \times 10^5$。即每毫升原菌液含活菌数为1700000个。

在确定数量指标时，不管重复次数如何，都是3位数字，第一位数字必须是所有试管都生长的某一稀释度的培养试管数，后两位数字依次为以下两个稀释度的生长管数，如果再往下的稀释仍有生长管数，则可将此数加到前面相邻的第三位数上即可。

某一微生物生理群稀释培养记录见表1-2。

表1-2　某一微生物生理群稀释培养记录

稀释度	10^{-1}	10^{-2}	10^{-3}	10^{-4}	10^{-5}	10^{-6}
重复数	4	4	4	4	4	4
出现生长的管数	4	4	3	2	1	0

根据以上情况，可将最后一个数字加到前一个数字上，即数量指标为“433”，查表得近似值为30，则每毫升原菌液中含活菌 30×10^2 个。按照重复次数的不同，最大或然数表又分为三管最大或然数表、四管最大或然数表和五管最大或然数表。

应用 MPN 法测数应注意两点：一是菌液稀释度的选择要合适，其原则是最低稀释度的所有重复都应有菌生长，而最高稀释度的所有重复都无菌生长。对土壤样品而言，分析每个生理群的微生物需 5 ~ 7 个连续稀释度液分别接种。微生物类群不同，其起始稀释度不同。二是每个接种稀释度必须有重复，重复次数可根据需要和条件而定，一般 3 ~ 5 个重复，个别也有采用 2 个重复的，但重复次数越多，误差就会越小，相对地说结果就会越正确。不同的重复次数应按其相应的最大或然数表计算结果。

若要求出碳钢土壤腐蚀产物中每克干腐蚀产物所含活菌数，则要将前述两例中所得的每毫升菌数除以干腐蚀产物在腐蚀产物中所占质量分数（烘干后的腐蚀产物质量/原腐蚀产物的质量）。

计算式为：

$$\frac{\text{活菌数}}{\text{每克干腐蚀产物}} = \frac{\text{菌数近似值} \times \text{数量指标第一位数的稀释度}}{\text{腐蚀产物中干腐蚀产物所占质量分数}} \tag{1-20}$$

工业循环冷却水中硫酸盐还原菌的测定 MPN 法和工业循环水中铁细菌的测定 MPN 法见本书附录 1 和附录 2。

D　比浊法测定生长曲线

将一定数量的细菌，接种于适宜的液体培养基中，在适温下培养，定时取样测数，以菌数的对数为纵坐标，生长时间为横坐标，作出的曲线称为生长曲线。该曲线表明细菌在一定的环境条件下群体生长与繁殖的规律。一般分为延缓期、对数期、稳定期及衰亡期 4 个时期，各时期的长短因菌种本身特征、培养基成分和培养条件不同而异。

比浊法是根据细菌悬浮液细胞数与混浊数成正比，与透光度成反比关系，利用光电比色计测定细胞悬液的光密度（即OD值），用于表示该菌在本实验条件下的相对生长量。

实验设正常生长、加酸抑制和加富培养三种处理，以了解细菌在不同生长条件下的生长情况。

1.3.1.6 微生物的分离纯化

自然条件下，微生物常以群落状态存在，这种群落往往是不同种微生物的混合体。为了研究某种微生物的特性或者要大量培养和使用某种微生物，必须从这些混杂的微生物群落中获得纯培养，这种获得纯培养的方法称为微生物的分离与纯化。

在自然界中，土壤、海水、江河湖泊均是微生物生活的良好环境，其中生活微生物的种类和数量都是极其丰富的，因此也是微生物腐蚀的重要场所。分离微生物时，一般是根据微生物对营养、pH值、氧气、温度等要求的不同，供给它们适宜的生活条件，或加入某种抑制剂造成只利于该菌种生长，不利于其他菌种生长的环境，从而淘汰不需要的菌种。分离微生物常用的方法有稀释平板分离法和画线分离法，根据不同的材料，可采用不同方法，其最终目的是要在培养基上出现欲分离微生物的单个菌落，必要时再对单菌落进一步分离纯化。在用稀释平板分离微生物时，还可以同时测定待分离的微生物的数量。

如碳钢在土壤微生物腐蚀中好气性细菌的分离与计数方法如下：

（1）培养基。牛肉膏蛋白胨琼脂培养基（又称肉汤培养基），见表1-3。

表1-3 牛肉膏蛋白胨琼脂培养基

成 分	牛肉膏	蛋白胨	NaCl	水	pH值
含量/g	5.0	10.0	5.0	1000mL	7.2~7.4

（2）实验器材。研碎的碳钢在土壤中的腐蚀产物、90mL无菌水（内装玻璃珠15~20个）1瓶、9mL无菌水6支、1mL无

菌吸管、直径 9cm 的无菌平皿、天平、试管架、无菌称量纸、酒精灯、火柴、接种环、玻璃刮铲、记号笔等。

(3) 实验方法。

1) 碳钢土壤腐蚀产物稀释液的制备：按稀释平板测数法的相同步骤进行，按无菌操作法将腐蚀产物稀释至 10^{-6}即可。

2) 分离方法：

混菌法：按稀释平板测数法中的混合平板培养法进行，使用的稀释度为 10^{-4}、10^{-5}、10^{-6} 3 个，各做 3 个重复。

涂抹法：按稀释平板测数法中的涂抹平板测数法进行，使用的稀释度为 10^{-3}、10^{-4}、10^{-5} 3 个，各做 3 个重复。

上述两种方法又称为稀释平板分离法，可同时用于所分离菌的计数。

画线法：用灭菌接种环蘸取 10^{-1}稀释液 1 环于已凝固的平板上进行画线。画线可按以下两种方式进行：一种为交叉画线法，是在平板的一边做第一次“Z”形画线。转动培养皿约 70°，将接种环在火上烧过并冷却后，通过第一次画线部分，做第二次“Z”形画线。同法进行第三次、第四次画线。另一种为连续画线法，是从平板边缘的一点开始，连续作紧密的波浪式画线，直至平板中央。转动培养皿 180°，再从平板另一边（不烧接种环）同样画线至平板中央。

画线法在实质上属于一种“由线到点”的稀释法，较适用于含菌比较单一的材料的纯化，对于微生物高度混杂的样品则较少使用。

3) 培养：将上述接种过腐蚀产物悬液的平板倒置，于 28 ~ 30℃培养，至长出菌落为止（24 ~ 36h）。

4) 挑菌纯化：在平板上选择分离较好的有代表性的单菌落接种斜面，同时作涂片检查，若发现不纯，应挑取此菌落做进一步画线分离，或制成菌悬液再做稀释分离，直至获得纯培养体。

5) 计数：选取混菌法和涂抹法中每皿菌落数在 30 ~ 300 的

平板，分别按稀释平板测数法中的混合平板测数法和涂抹平板测数法中的公式计数。这样求得的是每克原始碳钢在土壤细菌腐蚀产物中的活菌数。由于土壤腐蚀产物含水，若要折算为每克干腐蚀产物中的含菌数，还应用此数值除以干腐蚀产物在腐蚀产物中的质量分数（烘干腐蚀产物的质量/原腐蚀产物的质量）。

注：腐蚀产物含水量的测定是将一定量的腐蚀产物在105～110℃下烘干至恒重，再称干重。

1.3.1.7　微生物的鉴定

首先微生物的鉴定可通过不同培养基进行，如在腐蚀产物中广泛存在对腐蚀有显著作用的铁细菌、硫氧化菌、硫酸盐还原菌等均有专用培养基。可通过各自的专用培养基直接分离得到上述细菌。如用于分离铁细菌的柠檬酸铁铵培养基，配方如下：柠檬酸铁铵，10g；$MgSO_4 \cdot 7H_2O$，0.5g；$(NH_4)_2SO_4$，0.5g；K_2HPO_4，0.5g；$CaCl_2 \cdot 6H_2O$，0.2g；$NaNO_3$，0.5g；琼脂，20g；陈海水，1000mL。培养基配好后用NaOH将pH值调整为7.0，121℃，高压灭菌20min后，制作为琼脂平板备用。将腐蚀产物悬液梯度稀释后涂于平板上即可分离出铁细菌。分离硫细菌采用的硫代硫酸钠培养基，配方如下：$(NH_4)_2SO_4$，4g；KH_2PO_4，4g；$MgSO_4 \cdot 7H_2O$，0.5g；$CaCl_2$，0.25g；$FeSO_4 \cdot 7H_2O$，0.01g；$NaS_2O_3 \cdot 5H_2O$，10g；琼脂粉，20g；海水，1000mL。121℃，高压灭菌20min后，制作为琼脂平板备用。由于不同环境细菌种类有较大区别，需尝试多种专用培养基培养。

而对于无专用培养基的微生物则需使用其他方法鉴定。具体方法为，在各分离板中，选择菌落清晰、分散而且菌落数在30～300个之间的平板，随机地挑取30个菌落，用与之相同的分离培养基和分离条件进行纯培养后，置4℃冰箱中保存，供细菌鉴定之用。参照《伯杰细菌鉴定手册》中所列的菌属，并结合细菌的生存环境、细菌培养条件、菌落形态、细菌的形态、革兰氏染色特征、糖发酵特征，氧化酶试验等将需氧及兼性厌氧细菌鉴定到属，对于本方法不能鉴定的需氧及兼性厌氧菌列为未知菌属。部分生化鉴定可依据以下实验进行（其中革兰氏染色特征已在上面介绍，在此不作说明）。

A　代表性微生物的生物菌落识别

鉴定的原理为，在固体平板培养基上，单个微生物或孢子生长繁殖可以形成一个具有特定形状的菌落。在一定培养基上和一定培养条件下，微生物的菌落特征是稳定的，因此通过菌落的观察可以识别细菌、放线菌、酵母菌和霉菌等几大类微生物。菌落的基本特征包括菌落形状、大小、边缘、隆起度和颜色等。

B　唯一碳源实验

自然界含碳化物种类繁多，细菌能否利用某些含碳化合物为唯一碳源可作为分类鉴定的特征。在基础培养基中只添加一种有机碳源，接种后观察细菌能否生长，就可以判断该细菌能否以此碳源为唯一碳源进行生长。

C　唯一氮源实验

氮素是微生物合成细胞物质的必要营养元素，细菌能否利用不同无机氮（硝态氮或铵态氮）进行生长反映了细菌的合成能力，可作为细菌鉴别指标。自然界存在含氮化合物种类很多，一般可分为有机氮化物、无机氮化物和分子态的氮气。不同细菌利用含氮物质的能力不同，有些细菌可以利用铵态氮而不能利用硝态氮，有些细菌既可以利用铵态氮，又能利用硝态氮，这代表了不同细菌的遗传特性。在无氮基础培养基中分别添加不同的氮化物，观察细菌能否生长，就可以判断细菌利用氮源的能力。

D　糖、醇、糖苷类的分解能力

细菌在分解糖或醇（如葡萄糖、乳糖、甘露醇、甘油）的能力上有很大差异。发酵后产生各种有机酸（如乳酸、醋酸、甲酸、琥珀酸）及各种气体（如 H_2、CO_2、CH_4）。酸的产生可以利用指示剂来指示。在配置培养基时可预先加入溴甲酚紫[pH值5(黄)~7(紫)]。当细菌发酵产酸时，可使培养基由紫色变为黄色。气体的产生可由糖发酵管中倒立的杜氏小管中的气泡的有无来证明。

E 淀粉水解实验

有些细菌具有合成淀粉酶的能力，可以分泌胞外淀粉酶。淀粉酶可以使淀粉水解为麦芽糖和葡萄糖，淀粉水解后遇碘不再变蓝色。

F 纤维素分解实验

有些细菌具有分解纤维素的能力，可以分泌纤维素酶，使纤维素水解。测定细菌对纤维素的水解常采用纤维滤纸，通过液体培养或固体培养进行实验。在液体培养基中的滤纸条被分解后发生断裂或失去原有的物理性状；在固体培养基上，细菌降解滤纸可以形成水解斑，从而可以判断细菌是否分解纤维素。

G 果胶分解实验

很多植物材料中含有果胶类物质，有些细菌可以产生果胶酶分解果胶。一旦果胶被分解，胨状培养基被液化，培养基表面会出现下凹。可以指示测试菌是否产生果胶酶水解果胶。

H 油脂水解实验

细菌产生的脂肪酶能分解培养基中的脂肪生成甘油及脂肪酸。脂肪酸可以使培养基 pH 值下降，可通过在油脂培养基中加入中性红做指示剂进行测试。中性红指示范围为 pH 值 6.8（红）~8.0（黄）。当细菌分解脂肪产生脂肪酸时，则菌落周围培养基中出现红色斑点。

I 甲基红（M.R.）实验

某些细菌在糖代谢过程中，将培养基中的糖先分解为丙酮酸，丙酮酸再被分解为甲酸、乙酸、乳酸等。有机酸的产生可由加入甲基红指示剂的颜色变化进行检测。甲基红变色范围为 pH 值 4.2（红）~6.3（黄）。细菌分解葡萄糖产酸，将培养液由原来的橘黄色变为红色，此为 M.R. 正反应。

J 乙酰甲基甲醇（V.P.）实验

某些细菌在糖代谢过程中，分解葡萄糖产生丙酮酸，丙酮酸通过缩合和脱羧后转变成乙酰甲基甲醇（也称三羟基丁酮），然后被还原为2,3-丁二醇。乙酰甲基甲醇在碱性条件下，被空气中的氧气氧化成为二乙酰，二乙酰再与蛋白胨中的精氨酸的胍基起作用生成红色化合物，此为V. P. 正反应（培养基中胍基太少，可加少量胍酸等胍基化合物）。在试管中加入α-萘酚时，可促进反应出现。

K　柠檬酸盐实验

细菌利用柠檬酸的能力不同，有的菌可利用柠檬酸钠作为碳源，有的则不能。某些菌分解柠檬酸形成CO_2，由于培养基中钠离子的存在而形成碳酸钠，使培养基碱性增加，根据培养基中的指示剂变色情况来判断实验结果。指示剂可用1%的溴麝香草酚蓝酒精溶液，变色范围为pH值6.3(黄)~7.6(蓝)；也可以用酚红水溶液作为指示剂，其变色范围为pH值6.3(黄)~8.0(红)。

L　过氧化氢酶实验

过氧化氢酶可以催化过氧化氢分解，释放出氧气。许多好气性和兼性厌气性细菌都具有过氧化氢活性，当它们遇到大量过氧化氢溶液时，可以产生大量氧气，形成气泡。厌氧菌不具有过氧化氢酶活性。

M　明胶液化实验

某些细菌分泌蛋白酶分解明胶，形成小分子物质。如果细菌具有分解明胶的能力，则培养基可由原来固体状态变成液体状态。

N　石蕊牛乳实验

牛乳中主要含有乳糖、酪蛋白等成分。细菌对牛乳的利用主要是指对乳糖及酪蛋白的分解和利用。牛乳中常加入石蕊作为酸碱指示剂和氧化还原指示剂。石蕊中性时呈淡紫色，酸性时呈红色，碱性时呈蓝色，还原时则部分或全部脱色。细菌对牛乳的利用可分三种情况：

(1) 酸凝固作用：细菌发酵乳糖后，产生许多酸，使石蕊牛乳变红，当酸度很高时，可使牛乳凝固，此称为酸凝固。

（2）凝乳酶凝固作用：某些细菌能分泌凝乳酶，使牛乳中的酪蛋白凝固，这种凝固在中性环境中发生。通常这种细菌还具有水解蛋白质的能力，因而产生氨等碱性物质，使石蕊变蓝。

（3）胨化作用：酪蛋白被水解，使牛乳变成清亮透明的液体。胨化作用可以在酸性条件下或碱性条件下进行，一般石蕊色素被还原褪色。

O　产氨实验

某些细菌能使氨基酸等含氨有机物在一定条件下脱去氨基，生成氨和各种有机酸。氨的产生可以利用纳氏试剂反应产生棕红色化合物。另外，氨溶解于培养基，可使培养基 pH 值上升，呈碱性。

P　产硫化氢实验

某些细菌能分解含硫氨基酸产生硫化氢，硫化氢遇到重金属盐如铅盐、铁盐时则生成黑色硫化铅或硫化铁沉淀，从而可确定硫化氢的产生。在培养基中加入氯化铁，培养后观察是否有黑色沉淀产生。也可在液体培养基中接种细菌，在试管棉塞下吊一块浸有醋酸铅的滤纸进行检测，细菌分解含硫氨基酸释放出 H_2S，逸出的 H_2S 与滤纸上的醋酸铅反应形成黑色化合物。

Q　硝酸盐还原实验

某些细菌能将培养基中的硝酸盐还原为亚硝酸盐、氨和氮气等。如果细菌能把培养基中的硝酸盐还原为亚硝酸盐，当培养基中加入格利斯亚硝酸试剂时，则培养液呈粉红色或红色，为正反应。

如果在培养液中加入格利斯亚亚硝酸试剂后溶液不出现红色，则有两种可能性：

（1）细菌不能还原硝酸盐，故培养后的培养液中仍有硝酸盐存在，此为负反应。

（2）硝酸盐被细菌还原为亚硝酸盐后，亚硝酸盐继续被还原成氨和氮气，故培养液中也没有硝酸盐存在，此反应为正反应。

培养液中硝酸盐存在与否可用下列方法检查：在培养液中加入锌粉（使硝酸盐还原为亚硝酸盐）再加入格利斯亚硝酸试剂，如溶液呈红色，则说明原来的硝酸盐未被还原，此系负反应。但如果在溶液中加入锌粉及格利斯亚硝酸试剂，溶液不呈现红色，则说明培养液中已不存在硝酸盐，故为正反应。

R　吲哚实验

某些细菌能分解培养基内蛋白胨中的色氨酸，产生吲哚。吲哚与对二甲基氨基苯甲醛结合，形成玫瑰吲哚，为红色化合物。

S　苯丙氨酸脱氨酶实验

有些细菌能分解苯丙氨酸，苯丙氨酸脱氨后产生苯丙酮酸，苯丙酮酸与 $FeCl_3$ 反应形成绿色化合物。

T　卵磷脂酶实验

卵磷脂被水解后，释放出脂肪，不溶于水，呈乳浊态，在菌落周围形成不透明的区域。

U　与温度和氧气的关系

测出适合某种微生物生长的温度范围以及最适合生长温度、最低生长温度和最高生长温度。对氧气的关系，看是好氧、微量好氧、兼性厌氧，还是专性厌氧。可通过不同的培养条件鉴别。

V　生态学特征

生态学特征主要包括与其他生物之间的关系。在自然界的分布情况（pH 值情况、水分程度等）、渗透压情况（是否耐高渗、是否有嗜盐性等）。

W　血清学反应

很多细菌有十分相似的外表结构（如鞭毛）或有作用相同的酶（如乳酸杆菌属内各种细菌都有乳酸脱氢酶）。虽然它们的蛋白质分子结构各异，但在普通技术下（如电子显微镜或生化反应），仍无法分辨它们。然而利用抗原与抗体的高度敏感特异性反应，就可用来鉴别相似的菌种，或对同种微生物分型。

用已知菌种、型或菌株制成的抗血清，与待鉴定的对象是否发生特异性的血清学反应来鉴定未知菌种、型或菌株。

X 生活史

生物的个体在一生的生长繁殖过程中，经过不同的发育阶段。这种过程对特定的生物来讲是重复循环的，常称为该种生物的生活周期或生活史。

各种生物都有自己的生活史。在分类鉴定中，生活史有时也是一项指标，如黏细菌就是以它的生活史作为分类鉴定的依据。

Y 对噬菌体的敏感性

与血清学反应相似，各种噬菌体有其严格的宿主范围。利用这一特性，可以用某一已知的特异性噬菌体鉴定其相应的宿主，反之亦然。

1.3.2 现代生物学技术研究方法

对微生物的检测一般采用传统的培养法（如平板计数法），这些方法使用可靠性高，但其操作繁琐，工作量大，耗时多，不易推广使用。目前，一些用于微生物快速检测的新技术开始被采用，如 SRB 的检测技术，主要包括气相色谱技术、阻抗测量法、微量量热法、放射免疫测定法和酶联免疫吸附测定法等。这些研究方法从原理上可分为显微镜直接计数法、细菌构成物定量法和代谢物的检测等，其最大特点是快速、高效，但也存在一些不足，如显微镜直接计数无法分辨细菌的死活，ATP 测试仪受到检测范围的限制等。目前，基于 PCR 链反应的荧光原位杂交 16S rRNA 探针技术已广泛用于细菌种属的鉴定分类；基于氢化酶、5-磷硫酸腺苷还原酶以及 SRB 的检测和诊断工具都已获得应用。

下面介绍微生物鉴别的新技术新方法。

1.3.2.1 细胞壁组分分析

细胞壁组分分析首先应用于放线菌分类中，把它作为区分

"属"的依据之一，它比单纯用形态进行分类更全面。近年来，有人对18个属的放线菌的细胞壁进行了分析，根据细胞壁的氨基酸组成，将其分为6个细胞壁类型，又根据细胞壁的糖的组成分成4个糖类型，在此基础上，结合形态特征提出了相应的科属检索表。

1.3.2.2 红外光谱鉴定

一般认为，每种物质的化学结构都有特定的红外光谱(IR)，若两个样品的吸收光谱完全相同，可以初步认为它们是同一种物质。因此红外光谱技术被应用到微生物的分类中。

根据有关学者的试验表明，这种方法简单快速，样品少，结果较好，不仅可以初步了解各菌属的细胞成分的化学性质，同时也有助于微生物间系统发育关系的探索。但是它的不足之处是借助于红外光谱区分属内的种和菌株是困难的，但可以作为"属"的分类特征。

除红外光谱外，气相色谱（GC）、高效液相色谱（HPLC）和质谱分析（MS）均可应用到微生物的鉴定中。

1.3.2.3 微生物分子生物学鉴别方法

A DNA碱基比

DNA碱基比[(G+C)%]，以G+C物质的摩尔分数（%）表示：

$$[(G+C)\%] = (G+C)/(A+T+G+C)\% \quad (1\text{-}21)$$

该比值的变化范围很大，原核生物变化范围是20%~78%，真核生物的变化范围为30%~60%。

目前，已经测定了大量微生物的DNA碱基组成，从中可以发现一些带有规律性的结论：（1）亲缘关系密切而表面又高度相似的微生物应该具有相似的DNA碱基比；不同微生物之间的DNA碱基比差别很大，则表面它们之间亲缘关系疏远。（2）DNA碱基比相同或相似的微生物不一定表明它们之间的亲缘关系就一定相近，这是因为DNA碱基比只是指DNA中4种碱基的含量，并未反映出碱基在DNA分子中的排列顺序。（3）一般认为，DNA 碱基比相差超过 5% 就不可能是属于同一个种，DNA 碱基比相差超过 10% 可考虑不同属。

DNA 碱基比可用化学方法或物理方法测定。由于化学方法比较费时，而且误差也较大，因此，目前比较常用物理方法进行测定，尤其是热变性温度法。该法操作比较简便，重复性较稳定，常被作为首选而采用。该法使用紫外分光光度计测定 DNA 的熔解温度（T_m）。它的基本原理是：首先将 DNA 溶于一定离子浓度的溶液中，然后加热。当温度升到一定的数值时，两条核苷酸单链之间的氢键开始逐渐打开（DNA 开始变性）分离，从而使 DNA 溶液紫外吸收明显增加。当温度高达一定值时，DNA 完全分离成单链，此后继续升温，DNA 溶液的紫外吸收也不再增加。DNA 的热变性过程（即增色效应的出现）是在一个狭窄的温度范围内发生的，紫外吸收增加的中点值所对应的温度称为该 DNA 的热变性温度或熔解温度。

在 DNA 分子中，GC 碱基对之间有 3 个氢键，而 AT 碱基对只有 2 个氢键。因此，若细菌的 DNA 分子 G + C 含量高，其双链的结合就比较牢固，使其分离成单链则需较高的温度。在一定离子浓度和一定 pH 值的盐溶液中，DNA 的 T_m 值与 DNA 的 G + C 含量成正比。因此，只要紫外分光光度计测出一种 DNA 分子的 T_m 值，就可以计算出该 DNA 的 G + C 含量。

B　核酸分子杂交

前面已经谈到，亲缘关系相近的微生物 DNA 碱基比相同或相近。反之则不然，也就是说，DNA 碱基比相同或相近的微生物，其亲缘关系并不一定相近。这是因为 DNA 碱基比相同或相近并不反应碱基对的排列顺序相同或相近，而微生物间的亲缘关系主要取决于它们碱基对的排列顺序的相同程度。因此，要确定它们之间的亲缘关系就要进行核酸的分子杂交实验，以比较它们之间碱基对序列的相同程度。核酸分子杂交实验在微生物分类鉴定中的应用主要包括 DNA-DNA 分子杂交和 DNA-rRNA 分子杂交等方法。

a　DNA-DNA 分子杂交

该方法的基本原理是利用 DNA 双链解离成单链（变性），单链结合成双链（复性），碱基配对的专一性，将不同来源的 DNA 在体外解链，并在合适的条件下使单链中的互补碱基配对结合成双联 DNA，然后根据能生成双链的情况，测定杂合百分比。如果两条单链 DNA 的碱基序列完全相同，则它们能生成完整的双链，即杂合率 100%；如果两条链的碱基序列只是部分相同，则它们生成的“双链”含有部分单链，其杂合率小于 100%。因此，杂合率越高，表示两个 DNA 之间碱基序列的相似性越高，说明它们之间的亲缘关系也就越近。许多资料表明，DNA-DNA 杂交最适合于微生物种一级水平的研究。根据约翰逊 1981 年的实验指出，同源性在 20% ~30%之间可视为属内紧密相关的种。

核酸分子杂交的具体测定方法很多。按杂交反应的环境可分为液相杂交和固相杂交两大类。前者在溶液中进行，后者在固体支持物上进行。在这些方法中，有的需要用同位素标记的 DNA，有的则用非同位素标记。在细菌分类中，常用固相杂交法进行测定。这种方法的大致做法是：将有标记的各微生物菌株的单链 DNA 预先固定在硝酸纤维素微孔滤膜（或琼脂等）上，再用经同位素标记的参考菌株的单链 DNA 小分子片段在最适复性温度条件下与膜上的 DNA 单链杂交；杂交完毕后，洗去滤膜上未配对结合的带标记的 DNA 片段，然后测定各菌株 DNA 滤膜的放射性强度以参考株自身复性结合的放射性计数值为百分之百，即可计算出其他菌株与参考菌株杂交的相对百分数。这些百分数值即分别代表这些菌株与参考菌株的同源性或相似性水平，并以此数值来判断各种菌种间的亲缘关系。

b　DNA-rRNA 分子杂交

DNA 中(G + C) mol% 测定和 DNA-DNA 分子杂交方法为微生物种和属的分类鉴定研究开辟了新的途径，解决了以表型特征为依据所无法解决的一些疑难问题。但是对许多属以上的分类单元的正确关系仍不能解决。因为当两个菌株的DNA配对碱基少于20%时，DNA-DNA分子杂交往往不能形成双链，因而限制了DNA-DNA分子杂交方法在微生物种以上单元分类中的应用。要解决这个问题，就要测定RNA的碱基序列，需要用rRNA与DNA进行杂交。RNA是DNA转录的产物。在生物进化过程中，其碱基序列的变化比基因组要慢得多，保守得多，它甚至保留了古老祖先的一些碱基序列。因此，当两个菌株的DNA-DNA杂交率很低或不能杂交时，用DNA-rRNA杂交仍可能出现较高的杂交率，因而可以用来进一步比较关系更远的菌株之间的关系，进行属和属以上等级分类单元的分类。DNA-rRNA杂交和DNA-DNA杂交的原理和方法基本相同，都是利用核酸复性的规律。但两种方法也有差异：在DNA-rRNA分子杂交中，同位素标记部位在rRNA；DNA-rRNA分子杂交结果是以T_m值来表示，T_m值越高，表示亲缘关系越近。

c　16S rRNA大分子在生物进化研究中起着重要作用

16S rRNA是原核细胞核糖体构成的基本原件。伍思就是根据对60株细菌的16S rRNA的核苷酸序列分析后，提出了生命的第三种形式——古细菌。16S rRNA序列同源性的应用不仅发现了古细菌，同时还揭示了细菌域各群间的系统发育关系，修正了许多细菌的分类地位，提出了不同于传统细菌分类体系的新的分类系统。新的分类系统体现了微生物分类的研究从表观特征向系统发育体系的发展。新的细菌分类系统与传统的细菌分类体系相比，也存在较多的差异，这主要表现在：改变了细胞壁结构作为亲缘关系划分的标志之一，如无细胞壁的支原体，实际是革兰氏阳性的芽孢梭菌的一个后代分支；改变了营养类型作为种系发生的特征，如光合细菌并非是独立于非光合种群的进化分支，而是每种光合种群都代表了一个高阶的分类单元，其后代分支包括非光合细菌；尽管革兰氏阳性细菌是系统发育密切的一群细菌，但革兰氏阴性菌包括了10个亚群。

应用16S rRNA核苷酸序列分析法进行微生物分类鉴定，首先要将微生物进行培养，然后提取并纯化16S rRNA，进行16S rRNA序列测定，获得各相关微生物的序列资料，再输入计算机进行分析比较，有计算机分析微生物之间系统发育关系并确定其地位。

16S rRNA核苷酸序列测定和分析方法可分两类：16S rRNA寡核苷酸编目分析法和16S RNA全序列分析法。

16S rRNA寡核苷酸编目分析法的大致做法为：从培养的微生物中提取并纯化16S rRNA，再将纯化的16S rRNA用核糖核酸酶（如T1核酸酶）处理，水解成片段，并用同位素体外标记（也可以在培养微生物时进行活体标记），然后用双向电泳层析法，分离这些片段，用放射自显影技术确定不同长度的寡核苷酸斑点在电泳图谱中的位置，根据寡核苷酸在图谱中的位置，小片段的寡核苷酸分子序列即可确定。对于不能确定序列的较大片段核苷酸，还需要把斑点切下，再用不同核糖核酸酶或碱水解，进行二级分析，有的可能还要进行三级分析，直至揭示所有片段的序列为止。在此基础上，对6个或更多核苷酸的片段按不同长度进行编目。将所有要比较的微生物的序列目录编好后，即可对这些序列目录资料进行分析比较，采用相似性系数法比较各微生物之间的亲缘关系。相似性系数法是通过计算相似性系数SAB值来确定微生物之间的关系。

如果SAB等于1，说明所比较的两菌株rRNA序列相同，两菌株关系相近，若SAB值小于0.1，则表明亲缘关系很远。

寡核苷酸编目分析法只获得了16S rRNA分子的大约30%的序列资料，加上采用的是一种简单相似性的计算方法，所以其结果有可能出现误差，应用上受到一定限制。随着核苷酸序列分析技术的发展，20世纪80年代末又陆续发展了一些rRNA全序列分析方法，其中最常用的是直接序列分析法。这种方法用反转录酶和双脱氧序列分析，可以对未经纯化的rRNA抽提物进行直接的序列测定。

1.3.2.4 数值分类法

数值分类法是根据数值分析，借助计算机将拟分类的微生物按其性状的相似程度归类的方法。

数值分类法的主要分类原则是：分类时视每个性状为同等重要，以避免分类者的主观偏见，使结果比较客观；根据尽可能多的性状分类，以揭示分类单位间的真实关系；按性状的相似度归为等同分类单元。

数值分类法的基本程序为：

（1）分类对象与性状的选择。数值分类时，分类对象可能是菌株，也可能是种或属，所以称每个分类对象为一个操作分类单位。很多场合下，OUT 是指菌株。数值分类时，应根据工作目的认真地选择菌株，其中须包括与该分类单元有关的分类单元的模式菌株。如有可能，新近分离的菌株与世界不同地区的菌株也应包括在内。

为达到更客观和精确区分的目的，选择的性状应尽可能多，通常不应少于 50 个，多者可达上百个甚至几百个。一般地说，所选性状数目越多，分类结果越可靠。所选性状应是可能广泛而又均匀地遍布于所研究的微生物中，形态的、生理生化的、生态的、免疫的、遗传的等性状都可以。但要注意，无意义性状和全同性状不宜选用，相关性状如运动性与鞭毛也不能同时选用。

（2）性状编码将观察和测得的性状用计算机所能识别和运算的符号记录下来。以分类中用得最多的两态性状，如对某种碳源利用与否，有无某种酶，能否在 45℃ 生长等为例，阳性结果（能利用某种碳源，有某种酶，能在 45℃ 生长等）用“+”表示。如资料缺乏或可疑，可用“NC”表示。对于定量多态性状或定性多态性状采用加权递增编码法，将 1 个多态性状转化成多个 3 态性状。将性状编好码后，把它们排列成顺序号，形成一个性状（原始数据）矩阵，然后输入计算机。输入计算机时分别用 1 和 0 表示，“NC”输入计算机时用“3”代表。

（3）相似度系数的计算。相似度系数是被比较的 OUT 对偶间整体相似程度的度量，它是根据每一对性状的相似程度计算出来的。计算相似度的方法很多，最简单的方法是计算对偶间相似性状的数目。

其计算公式如下：

$$S = NS/(NS = ND) \qquad (1\text{-}22)$$

式中，*NS* 为比较的 OUT 对偶有相同性状的数目；*ND* 为被比较的 OUT 对偶有不同性状的数目。算出的相似度以百分数或比例表示。

（4）系统聚类（或等级聚类）。根据相似度系数对 OUT 进行系统（或等级）聚类归群，得到相似度矩阵，即 **S** 矩阵。如对 10 个菌株进行数值分类，经过系统聚类可得到 **S** 矩阵，相似度为百分数，100 表示每个 OUT 自己与自己相比。

（5）聚类结果的表示。从矩阵看不出这 10 个菌株间的相互关系，因此需要对矩阵进行重新处理，将相似度高的和低的分别列在一起，得到另一组矩阵。

然后再由此矩阵转换成能显示这 10 个菌株相互关系的树状谱。数值分类得到的是表观群。实践证明，表观群是等同于分类单元的。大约是 75% 相似度的表观群可视为同一种，比值达 65% 以上者可归入同一属。这样的结论和传统分类方法的结果通常是一致的。

1.3.2.5 微生物鉴定仪鉴定方法

早在 20 世纪 70 年代中期，一些国外公司就研究出借助生物信息编码鉴定细菌的新方法。这些技术的应用，为医学微生物检验工作提供了一个简便、科学的细菌鉴定程序，大大提高了细菌鉴定的准确性。目前，微生物编码鉴定技术已经得到普遍应用，并早已商品化和形成独特的不同细菌鉴定系统。如 API、Micro-ID、RapID、Enterotube 和 Minitek 等系统。这种鉴定系统是自动化鉴定系统的基础。

数码鉴定法是指通过数学的编码技术将细菌的生化反应模

式转换成数学模式，给每种细菌的反应模式赋予一组数码，建立数据库或编成检索本。通过对未知菌进行有关生化试验并将生化反应结果转换成数字（编码），查阅检索本或数据库，得到细菌名称。其基本原理是计算并比较数据库内每个细菌条目对系统中每个生化反应出现的频率总和。随着电脑技术的进步，这一过程已变得非常容易。

简要介绍计算步骤：

（1）出现频率（概率）的计算。将记录呈阳性或阴性结果转换成出现频率：1）对阳性特征，除以100即可；2）对阴性特征，除以100的商被1减去即可；3）说明：对“0”和“100”，因这2个数太超量，为了使结果不出现过小或过大，而用相似值0.01或0.99值代替。

（2）在每一个分类单位中，将所有测定项目的出现频率相乘，得出总出现频率。

（3）在每个分类菌群中的所有菌的总出现频率相加，除以一个分类单位的总出现频率，乘100，即得鉴定%（%id）。

（4）在每个菌群中，再按%id值大小顺序重新排列。将未知菌单次总发生频率除以最典型反应模式单次总发生频率，得到模式频率 T 值，代表个体与总体的近似值。T 值越接近1，个体与总体越接近，鉴定价值越大。按%id大小排序，相邻两项的%id之比为 R，代表着首选条目与次选条目的差距，差距越大，价值越大。如果%id≥80，参考 T 及 R 值可作出鉴定。

在编码检索本中检索数据谱得出的结果有以下几种形式（以API鉴定系统为例）：

（1）有此数码谱。1）有一个或几个菌名条目及相应的鉴定值（%id和 T 值）；2）对鉴定结果好坏的评价，如最佳等；3）用小括号列出关键的生化结果及阳性百分率；4）有时鉴定结果不佳或有多条菌名条目，需进一步补充试验项目才能得出良好的鉴定结果；5）指出某些注意要点，需用“推测性鉴定”，并将此菌送至参考实验室；需用“血清学鉴定”，作进一步的证实等。

（2）无此数码谱。可能有以下原因：1）生化谱太不典型；2）不能接受，鉴定值低（% id < 80.0）；3）可疑，需进一步确认是否纯培养，重新鉴定。

结果解释如下：

（1）如果排序第一的细菌% id ≥80.0，则可将未知菌鉴定在此条目中，并按% id 值的大小对鉴定的可信度作出评价。% id≥99.9 和 $T≥0.75$ 为最佳的鉴定；% id 在 99.0 ~ 98.9 之间，$T≥0.5$ 为很好的鉴定；% id 在 90.0 ~ 98.9 之间，$T≥0.25$ 为好的鉴定；% id 在 80.0 ~ 89.9 之间为可接受的鉴定。

（2）如果第一条目的% id < 80.0，则将前 2 个条目的% id 加在一起，若仍不足 80.0，则将前 3 个% id 相加。若不小于 80.0，则有 2 种可能：1）同种细菌，可能是不同生物型；2）同一菌属的不同种。

如果相加的几个条目既不属于同一细菌种，又不属于同一细菌属，在评价中会指出“补充生化反应”的项目及阳性反应率，可通过这些生化反应将几种菌区分开来。若前 3 个条目的和小于 80.0，则为不可接受的结果。

1.3.3 金属表面观察方法

金相实验已经被应用到微生物腐蚀研究中。将可能发生微生物腐蚀的位置的锈层除去，注意不要破坏基体金属，使用低倍放大镜或显微镜来对腐蚀部位的特征进行观察，经过长时间的研究，一些典型的金相特征可以被用来判断微生物腐蚀的发生。

1.3.4 化学研究方法

化学分析法可以对腐蚀产物和腐蚀环境进行有机和无机化学分析，如分析 SRB 腐蚀产物中的硫化物、磷化物等；分析腐蚀环境中溶液的酸度、盐度、溶氧量等；分析体系中有机组分。

1.3.4.1 三磷酸腺苷含量的测定

单位重量活的微生物体内三磷酸腺苷（Adenosine Triphosphate，ATP）的含量基本上是一定的，它随微生物的种类和形态的不同而不同，测定微生物体内 ATP 能快速、灵敏的检测单位体积或面积中活的微生物数量。由于金属表面的重金属离子会干扰 ATP 含量测试，因此该方法只限于测量实验室内培养基、天然水体、废水、浮游生物以及水生附着生物中 ATP 的含量，对于附着在金属表面的生物膜内的 ATP 含量测量不建议使用此方法。

1.3.4.2 多聚糖、多酚和蛋白质

有研究表明含有多聚糖的胶状的微生物膜与淡水中铜管线的点蚀有关。通过将膜从铜表面剥离、清洗最后染色可以判断出膜内含有的碳水化合物、多聚糖、蛋白质和大分子。

1.3.4.3 化学元素的分析技术

腐蚀产物中的某些元素和 MIC 有密切关系，如由 SRB 引起碳钢的 MIC 产物中通常含有较高浓度的磷和硫元素，由铁、锰有关的细菌引起的点蚀中氯离子浓度较高，不锈钢焊接处发生的点蚀通常有较多的铁离子、氯离子和锰离子的产生，铜镍合金的点蚀通常伴随着镍的选择性腐蚀，镍离子含量较高。金属腐蚀后，周围环境中离子浓度与微生物生长之间也有密切关系。涂料中离子的渗出率对杀菌、防生物污损及环境污染也有至关重要的作用。因此准确测定锈层、溶液中的金属离子浓度对研究生物腐蚀与防护具有重要意义。

金属离子的常规分析技术包括化学法、元素分析仪、原子吸收光谱法、原子发射光谱法、能谱等方法。其中的化学表征法是以物质的化学反应为基础的分析方法，分为滴定分析法（或称为容量分析法）和重量分析法两大类。通过化学表征能够确定物质的化学组成、测量各组成的含量。与材料成分的化学表征相关的主要是配位滴定法、氧化还原滴定法、沉淀滴定法和沉淀重量分析法。

A　配位滴定法

配位滴定法又称络合滴定法，是以生成配位化合物为基础的滴定分析方法。配位化合物的中心离子为金属离子，因此，通过配位滴定法测定的一般是材料中金属成分的含量。

配位滴定中常用的是有机氨羧配位剂——乙二胺四乙酸(EDTA)，其总共可以结合 6 个 H^+：

EDTA（乙二胺四乙酸）结构

H　　　　　　　　　　　　　　H

$^-OOCH_2C$　　　　　　　　CH_2COO^-　　　2 个氨基　4 个羧基

H^+　　　　H^+

$N—CH_2—CH_2—N$　　　　　　　　↓

$HOOCH_2C$　　　　　　　　CH_2COOH　　　双极离子

四元酸　$H_4Y \xrightarrow{+2H^+} H_6Y^{2+}$　六元酸

EDTA 含有 4 个羧基和 2 个氨基，与金属离子结合时有 6 个络合原子，可形成多个五元环，因而，其络合能力很强。EDTA 的溶解度很小，但是其二钠盐溶解度较大，滴定中一般使用的是它的二钠盐。

EDTA 的配合物具有以下特点，使得 EDTA 的配位滴定非常适合于金属成分的分析：一般金属离子与 EDTA 形成 1∶1 的螯合物，反应能定量进行，计算简便；能与多种金属离子形成具有多个五元环的稳定螯合物；螯合物易溶于水，能在水溶液中滴定。

a　配位滴定的原理

配位滴定曲线

以滴定过程中金属离子浓度的对数值（pM）为纵坐标，以 EDTA 滴加的体积或滴入的百分数为横坐标作出的曲线即为配位滴定曲线，如 0.01mol/L 的 EDTA 滴定等浓度的 Ca^+ 的滴定曲线（pH 值为 12）见图 1-1。

滴定突跃范围的大小与金属离子的初始浓度及金属离子与 EDTA 形成的配合物的条件稳定常数（K'_{MY}）有关，初始浓度越

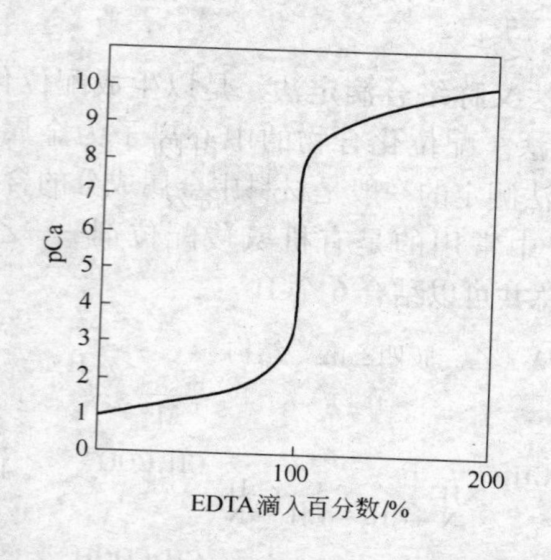

图 1-1　0. 01mol/L EDTA 滴定等浓度的 Ca^{+} 的滴定曲线

小，突跃范围越小；K'_{MY}越小，突跃范围越小。

金属离子被定量滴定的条件

一种金属离子是否能被定量滴定取决于其滴定突跃范围的大小，而滴定突跃范围的大小又与金属离子的初始浓度及条件稳定常数有关，当金属离子的浓度为 C_M，金属离子与 EDTA 配合物的条件稳定常数为 K'_{MY}，滴定误差不超过 0. 1% 时，某一金属离子能够被定量滴定的条件是：

$$C_M K'_{MY} \geqslant 10^6 \tag{1-23}$$

由此条件可以计算出滴定的最高允许酸度（最低 pH 值）。设仅有 EDTA 的酸效应和金属离子的水解效应，且金属离子的浓度 $C_M = 0.01 mol/L$ 时：

因为

$$C_M K'_{MY} \geqslant 10^6$$

所以

$$\lg K'_{MY} \geqslant 8$$

当副反应仅考虑 EDTA 的酸效应，$\lg K'_{MY} = \lg K_{MY} - \lg\alpha_{Y(H)}$

$$\lg\alpha_{Y(H)} = \lg K_{MY} - \lg K'_{MY}$$

即
$$\lg\alpha_{Y(H)} \leqslant \lg K_{MY} - 8 \tag{1-24}$$

计算出最大的 $\lg\alpha_{Y(H)}$ 之后，查表就可以求得最高酸度。

滴定时若酸度过低，金属离子将发生水解形成 $M(OH)_n$ 沉淀，影响络合滴定的进行，水解时的酸度为最低允许酸度。可由氢氧化物的溶度积求出：

$$[OH^-] \leqslant \sqrt[n]{\frac{K_{SP(MOH)}}{[M]}} \tag{1-25}$$

最低酸度　　$pH = 14 - pOH$

因此，金属离子滴定的适宜酸度应在最高酸度和最低酸度之间。

混合金属离子被分别滴定的条件

若有 M、N 两种共存金属离子，且滴定误差不超过 0.3% 时，M 离子被单独滴定的条件为：

$$\lg C_M K'_{MY} - \lg C_N K'_{NY} \geqslant 5$$

即
$$\Delta\lg(K'C) \geqslant 5 \tag{1-26}$$

在 $\Delta\lg(K'C) \geqslant 5$ 的情况下，控制酸度，使其只满足滴定某一离子的最适 pH 值，其他离子在此 pH 值下不生成螯合物，避免干扰。

若 $\Delta\lg(K'C) < 5$，则不可通过控制酸度的方法进行分别滴定，而必须通过掩蔽和解蔽的方法、预先分离或用其他配位滴定剂的方法分别滴定。

b　配位滴定法的应用举例

样品中 Al 含量的测定：将样品转化为溶液后，含 Al^{3+} 溶液中加入过量的 EDTA 标准溶液，将溶液的 pH 值调节到 3.5 左右，煮沸，调节溶液 pH 值到 5～6，加入二甲酚橙指示剂，用 Cu^{2+} 标准溶液返滴定过量 EDTA，这样根据加入的 EDTA 的量和消耗的 Cu^{2+} 标准溶液的量就可以计算出 Al^{3+} 的量，进而可以计算出样品中 Al 的含量。

B　氧化还原滴定法

氧化还原滴定法是以氧化还原反应为基础的滴定分析法，氧化剂和还原剂都可以作为滴定剂，一般根据滴定剂的名称来命名氧化还原滴定法，常用的有高锰酸钾法、重铬酸钾法、碘量法、溴酸钾法及硫酸铈法。

氧化还原滴定法的应用很广泛，能够运用直接滴定法或间接滴定法测定许多无机物和有机物。

a　氧化还原滴定法的原理

氧化还原滴定曲线

以滴定过程中被滴定溶液的电极电势为纵坐标，以滴定剂加入的体积或百分数为横坐标的曲线即为氧化还原滴定曲线。如图 1-2 所示为 1000mol/L Ce^{4+} 溶液滴定 0.1000mol/L Fe^{2+} 溶液的滴定曲线。

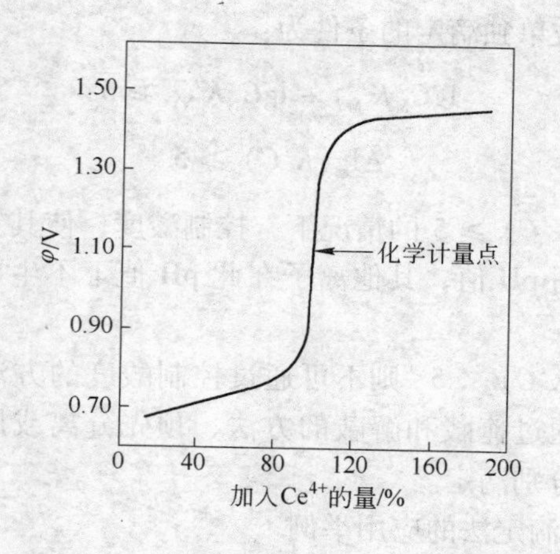

图 1-2　1000mol/L Ce^{4+} 溶液滴定 0.1000mol/L Fe^{2+} 溶液的滴定曲线

滴定突跃范围的大小与两个电对的条件电极电位相差的大小有关，条件电极电位相差越大，滴定突跃范围越大，条件电极电位相差越小，滴定突跃范围越小。

氧化还原滴定对反应程度的要求

氧化还原反应平衡常数大小反映反应完全程度。氧化还原反应及其半反应为：

$$n_2O_1 + n_1R_2 \xlongequal{\quad} n_1O_2 + n_2R_1 \tag{1-27}$$

$$O_1 + n_1e^- \xlongequal{\quad} R_1 \qquad O_2 + n_2e^- \xlongequal{\quad} R_2$$

当氧化还原反应平衡时，有：

$$E_1 = E_2$$

即

$$E_1^{\ominus}{}' + \frac{0.059}{n_1}\lg\frac{c_{O_1}}{c_{R_1}} = E_2^{\ominus}{}' + \frac{0.059}{n_2}\lg\frac{c_{O_2}}{c_{R_2}} \tag{1-28}$$

$$K' = \frac{c_{O_2}^{n1}c_{R_1}^{n2}}{c_{O_1}^{n2}c_{R_2}^{n1}}$$

K'是条件平衡常数，是以总浓度代替平衡浓度时的平衡常数，经整理可得：

$$\lg K' = \frac{(E_1^{\ominus}{}' - E_2^{\ominus}{}')n}{0.059} \tag{1-29}$$

式中，n 为两个电对电子转移数的最小公倍数。

化学计量点时，要求反应完全程度达到99.9%以上。

当 $n_1 = n_2 = 1$ 时，得：

$$K' = \frac{c_{O_2}c_{R_1}}{c_{O_1}c_{R_2}} \geqslant \frac{100 \times 100}{0.1 \times 0.1} = 10^6$$

$$\lg K' \geqslant 6$$

从式 $\lg K' = \dfrac{(E_1^{\ominus}{}' - E_2^{\ominus}{}')n}{0.059}$ 可以求出

$$E_1^{\ominus}{}' - E_2^{\ominus}{}' = \Delta E^{\ominus}{}' \geqslant 0.354(\mathrm{V}) \tag{1-30}$$

即两个电对的条件电极电位之差必须大于0.4V，这样的反应才能用于滴定分析。

当 $n_1=n_2=2$ 时：

$$\Delta E^{\ominus\prime} \geqslant 0.180(\mathrm{V}) \tag{1-31}$$

若电子转移数不等，如 $n_1=a$，$n_2=b$，则对平衡常数和条件电极电位差值的要求为：

$$K' \geqslant 10^{3(a+b)}$$

$$\Delta E^{\ominus\prime} \geqslant 3(a+b) \times \frac{0.059}{ab} \tag{1-32}$$

b　氧化还原滴定法的应用举例

铜合金中铜的测定：试样用 HNO_3 分解，再用浓 H_2SO_4 将 HNO_3 蒸发除去；或者用 H_2O_2 和 HCl 分解，煮沸除过量 H_2O_2

$$Cu + 2HCl + H_2O_2 = CuCl_2 + 2H_2O$$

调节酸度（pH 值为 3～4），加入过量 KI：

$$2Cu^{2+} + 4I^- = 2CuI\downarrow + I_2$$

用 $Na_2S_2O_3$ 标准溶液滴定生成的 I_2，加 SCN^- 减少 CuI 对 I_2 的吸附：

$$CuI + SCN^- = CuSCN\downarrow + I^-$$

最好用纯铜标定 $Na_2S_2O_3$ 溶液，抵消方法误差。

C　沉淀滴定法

以沉淀反应为基础的一种滴定分析法。用于沉淀滴定的反应应具备：沉淀的溶解度要小，不易形成过饱和溶液；沉淀反应快、定量地进行，沉淀组成恒定；有适当的检测终点方法。

由于上述条件的限制，能用于沉淀滴定法的反应就不多了。现主要使用生成难溶银盐的沉淀反应，即银量法，用于测定 Cl^-、Br^-、I^-、SCN^-、Ag^+ 等；根据检测终点方法的不同，并按创立者名字命名的银量法有：摩尔法、佛尔哈德法和法扬司法。

a　摩尔法

以 K_2CrO_4 为指示剂，以 Ag^+ 滴定 Cl^- 或 Br^-。

滴定反应：

$$Ag^{+} + Cl^{-} \xlongequal{} AgCl\downarrow(白色)$$

$$K_{sp} = 1.8 \times 10^{-10}$$

$$2Ag^{+} + CrO_4^{2-} \xlongequal{} Ag_2CrO_4\downarrow(砖红色)$$

$$K_{sp} = 2.0 \times 10^{-12}$$

化学计量点后，稍过量的 Ag^{+} 与 CrO_4^{2-} 生成 Ag_2CrO_4 砖红色沉淀，指示终点的到达。

指示剂的用量不可过大，一般 K_2CrO_4 浓度约为 5.0×10^{-3} mol/L；溶液的酸度控制在中性或弱碱性介质，pH 值为 6.5 ~ 10.5，有铵盐存在时，pH 值为 6.5 ~ 7.2，防止形成 $Ag(NH_3)_2^{+}$ 配离子。

原则上摩尔法可滴定 I^{-}、SCN^{-}，但 AgI 及 AgSCN 沉淀强烈吸附，终点变色不明显，误差大。

有些阴离子与 Ag^{+} 生成微溶性沉淀或配合物，如 PO_4^{3-}、AsO_4^{3-}、SO_3^{2-}、S^{2-}、CO_3^{2-}、$C_2O_4^{2-}$、F^{-}、NH_3、CN^{-}、EDTA 等；有些有色离子影响终点观察，如 Cu^{2+}、Co^{2+}、Ni^{2+}；有些高价离子在中性或弱碱性溶液中水解，如 Al^{3+}、Fe^{3+}、Bi^{3+}、Sn^{4+}；这些离子都必须事先分离除去。加入过量 Na_2SO_4 可以消除 Ba^{2+}、Pb^{2+} 干扰。

b　佛尔哈德法

以铁铵矾[$NH_4Fe(SO_4)_2 \cdot 12H_2O$]为指示剂，有直接滴定法和返滴定法。

直接滴定法以 SCN^{-} 滴定剂滴定 Ag^{+}。

滴定反应：

$$Ag^{+} + SCN^{-} \xlongequal{} AgSCN\downarrow(白色)$$

$$K_{sp} = 1.0 \times 10^{-12}$$

$$Fe^{3+} + SCN^{-} \xlongequal{} FeSCN^{2+}(红色)$$

$$K_{sp} = 138$$

化学计量点后，稍过量的 SCN^{-} 与 Fe^{3+} 生成 $FeSCN^{2+}$ 红色配位化合物，指示终点的到达。

滴定应在 HNO_3 介质，$[H^+]=0.1\sim1mol/L$ 的条件下进行，以防止 Fe^{3+} 水解；指示剂用量以 Fe^{3+} 浓度约 0.015mol/L 为准；滴定时充分摇动以防 AgSCN 吸附 Ag^+，使终点提前。

返滴定法以 SCN^- 滴定 Cl^-、Br^-、I^-、SCN^-。

滴定反应：

$$Ag^+(\text{过量}) + Cl^- = AgCl\downarrow(\text{白})$$

$$Ag^+(\text{剩余}) + SCN^- = AgSCN\downarrow(\text{白色})$$

$$Fe^{3+} + SCN^- = FeSCN^{2+}(\text{红色})$$

过量的 Ag^+ 与 Cl^-、Br^-、I^- 或 SCN^- 形成白色沉淀，剩余的 Ag^+ 被 SCN^- 滴定，化学计量点后，稍过量的 SCN^- 与 Fe^{3+} 生成 $FeSCN^{2+}$ 红色配位化合物，指示终点的到达。

由于 AgSCN 的溶解度小于 AgCl 的溶解度，以返滴定法滴定 Cl^- 时，稍微过量的 SCN^- 可能与 AgCl 作用，使 AgCl 转化为 AgSCN，造成滴定误差，为防止终点后发生置换反应：$AgCl\downarrow + SCN^- = AgSCN\downarrow + Cl^-$，可以采取 3 种措施：（1）煮沸溶液，使 AgCl 沉淀凝聚，滤去沉淀；（2）加入有机溶剂如硝基苯，摇动，使沉淀表面覆盖一层有机溶剂，阻止发生置换反应；（3）提高 Fe^{3+} 的浓度（0.2mol/L）以减小终点时 SCN^- 的浓度。

用佛尔哈德法进行滴定前，应除去一些能与 SCN^- 作用的干扰物质，如强氧化剂、氮的低价氧化物、铜盐、汞盐等。

c　法扬司法

以吸附指示剂（有机酸、碱），如荧光黄（HFI）等为指示剂，以 Ag^+ 滴定 Cl^-、Br^-、I^-、SCN^-。

滴定反应：　$AgCl\cdot Cl^- + FI^-$　（黄绿色）（排斥）

$$AgCl\cdot Ag^+ + FI^- = AgCl\cdot Ag^+\cdot FI^-$$

（粉红色）（吸引）

化学计量点前，AgCl 吸附溶液中过量的 Cl^-，形成 AgCl·

Cl^-，$AgCl \cdot Cl^-$ 与荧光黄离子 FI^- 排斥，溶液显示荧光黄的黄绿色；化学计量点后，AgCl 吸附溶液中过量的 Ag^+，形成 $AgCl \cdot Ag^+$，$AgCl \cdot Ag^+$ 与荧光黄离子 FI^- 吸引，进一步形成 $AgCl \cdot Ag^+ \cdot FI^-$，$AgCl \cdot Ag^+ \cdot FI^-$ 显示粉红色，指示终点的到达。

d　沉淀滴定法的应用举例

银合金中银含量的测定：银合金用 HNO_3 溶解，并除去氮的氧化物后，用佛尔哈德法直接滴定。

D　沉淀重量法

加入沉淀剂，使待测组分生成难溶化合物沉淀下来，经过滤、洗涤、干燥、灼烧、称重、计算待测组分的含量的方法称为沉淀重量分析法。沉淀重量分析法是最基本、最古老的分析方法；它不需要标准溶液或基准物质，准确度高；但是其操作繁琐、周期长；且不适用于微量和痕量组分的测定；目前沉淀重量分析法主要用于常量的硅、硫、镍、磷、钨等元素的精确分析。

a　沉淀重量法对沉淀的要求

对沉淀形式的要求是：沉淀的溶解度要小，定量完全沉淀；沉淀易于过滤、洗涤，形成粗大的晶型沉淀或紧密的非晶型沉淀；沉淀纯净，避免沾污；沉淀易于转化为称量形式。

对称量形式的要求是：有确定的化学组成，组成与化学式完全相符；十分稳定，不易吸收空气中 H_2O、CO_2，不易被氧化；称量形摩尔质量要大，待测组分在称量形式中含量要小，以减小称量误差，提高分析灵敏度。

对沉淀剂的要求是：沉淀剂应具有较好的选择性；尽可能选用易挥发或易灼烧除去沉淀剂。有机沉淀剂的选择性较好，组成固定，易于分离和洗涤，简化了操作，加快了速度，称量形式的摩尔质量也较大，因而其应用日益广泛。

b　沉淀重量法的应用举例

海水腐蚀产物中沉积 SiO_2 含量的测定：试样用 HCl 分解后，

即可析出无定形硅酸沉淀，但沉淀不完全，而且吸附严重。可以将试样与 7 ~ 8 倍量的固体 NH_4Cl 混匀后，再加 HCl 分解试样。此时，由于是在含有大量电解质的小体积溶液中析出硅酸，有利于硅酸的凝聚，沉淀也较完全，而且这样形成的硅酸含水量较少，结构紧密，因而吸附现象也有所减少。试样分解完全后，加适量的水溶解可溶性盐类，过滤，将沉淀灼烧称量，即可测得 SiO_2 含量。

1.3.5 电化学研究方法

微生物腐蚀是电化学性质的，微生物膜内微生物的新陈代谢活动，使得微生物膜/金属基体之间的环境与本体溶液环境不同（如某些电解质成分、浓度、pH 值、溶解氧等），使得电化学参数不同，因此可用电化学方法去研究微生物腐蚀过程及其腐蚀机制。相对于其他方法而言，电化学测量方法能够迅速、有效地测定金属的瞬时腐蚀速度。

1.3.5.1 腐蚀电位

腐蚀电位（Ec）测量时，将金属电极和稳定的参比电极浸在实验介质中，与高输入阻抗的电压测量仪表相连，就可测量出金属在该介质中的腐蚀电位。腐蚀电位与金属电极本身，介质的成分、温度等相关，且提供的关于微生物膜的信息也较少，因此腐蚀电位需要和其他手段结合才能确定微生物作用过程带来的影响，且只能得到定性的结果。

腐蚀电位测量已应用于 MIC 研究，早期有人测量钢电极在含 SRB 的水溶液中的腐蚀电位，发现腐蚀电位随暴露时间负移。约翰逊（Johnsen）和巴德尔（Bardal）报道了由微生物作用导致的 6 种不锈钢腐蚀电位正移现象，并认为是微生物的作用引起了阴极过程的改变。Ec 不仅与氧电极反应的平衡电位和交换电流密度有关，而且还和这些合金的钝态电流密度有关，受到抑制的阳极反应或加速的阴极反应都可能使腐蚀电位变正。目前，发生腐蚀电位移动的原因被认为是与微生物膜在材料表面的附着有关，但引起腐蚀电位正、负移的电化学机理还没有一个完全合理的解释。

1.3.5.2 极化曲线

极化曲线（PC）可以判断腐蚀反应类型：活化极化、扩散控制、钝化、过钝化、阴极过程、阳极过程、点蚀的发生、腐蚀速度以及缓蚀作用等。极化曲线的测量常常以动电位扫描的方式完成，通过极化曲线形状及某些参数的变化来确定微生物对材料腐蚀的影响。极化曲线测量时，电位的扫描通常在几百毫伏到几伏，因为大的极化电位和电流对于电极表面状态影响很大，所以在同一个电极上不能重复进行极化，因此，利用极化曲线来研究影响腐蚀过程时需要仔细注意极化技术的应用，并尽量缩短每次测量的时间，在长期的微生物腐蚀试验中不建议采用该方法。

1.3.5.3 电化学交流阻抗谱

电化学交流阻抗谱（EIS）是对腐蚀体系施加一小幅值的正弦波电压（或电流）进行微扰，当达到平衡电极电位稳定时，测量体系的响应信号（电流或电压），通过频响技术或锁相技术得到阻抗、相位角等与频率的关系，由分析这些关系而得到电化学腐蚀反应的有关信息。电化学阻抗谱可以给出腐蚀反应的相关步骤，提供均匀腐蚀速率信息，电化学阻抗谱的测量由于施加的扰动信号很小，对微生物膜的影响很小，因此可以用于长时间考察微生物附着、繁殖、成膜及产生的后续腐蚀过程，因而得到了广泛的使用。

1.3.5.4 极化电阻

极化电阻（R_P）技术对体系扰动小，可以对金属在某些环境中的腐蚀速度做原位连续的测量，所以极化电阻技术可用来监测微生物对金属腐蚀速度的影响随时间的变化。极化电阻的定义是：

$$R_P = (E/I)_{I=0} \quad (1\text{-}33)$$

R_P 可以通过测量 E-I 曲线在腐蚀电位处（电流为零）的斜率得

到，腐蚀电流可以通过

$$I_C = B/R_P \tag{1-34}$$

计算得到，其中

$$B = babc/2.303(ba + bc) \tag{1-35}$$

线性极化是对极化电阻技术的简化，一般认为在腐蚀电位附近 E 和 I 是线性关系，通过拟合这段曲线的斜率可以得到腐蚀电流的大小。需要注意的是极化电阻技术得到的是均匀腐蚀速度，对局部生物膜和局部腐蚀只能提供一种趋势，而 MIC 多是局部腐蚀，但极化电阻方法仍然在 MIC 研究中得到应用。

1.3.5.5　电化学噪声技术

电化学噪声（electrochemical noise，EN）是指电化学动力系统演化过程中，其电学状态参量（如电极电位、外测电流密度等）的随机非平衡波动现象。B. A. Тягай 等人于 1967 年首先注意到了这个现象，之后，电化学噪声技术作为一门新兴的实验手段在腐蚀与防护科学领域得到了长期的发展。电化学噪声技术有很多优点。首先，它是一种原位无损的监测技术，在测量过程中无须对被测电极施加可能改变腐蚀电极腐蚀过程的外界扰动；其次，它无须预先建立技测体系的电极过程模型；再次，它无须满足阻纳的 3 个基本条件；最后，检测设备简单，且可以实现远距离监测。根据所检测到的电学信号视电流或电压信号的不同，可将电化学噪声分为电流噪声或电压噪声。根据噪声的来源不同又可将其分为热噪声、散粒噪声和闪烁噪声。

两个相同的电极浸在同一体系中时，它们之间的电流并不为零，而呈现出随机波动，其电位也是波动的，这些电位和电流信号就称为电化学噪声。EN 是测量电位（通常是腐蚀电位）或电流随时间或者实验的变化。电化学噪声的测量不需要外界信号施加到实验体系中来，因此可用于连续监测微生物腐蚀过程。纳吉尔（A. Nagiub）等人将电化学噪声技术用于评价抑制微生物腐蚀方面的研究，此外，电化学噪声技术对于腐蚀监测的作用要大于其对于腐蚀机理的研究。

EN分析作为一种无扰动的局部腐蚀研究方法，可以实时监测金属表面亚稳态蚀点在自然状态下的随机萌发、生长和消亡过程。EN信号可采用噪声电阻、点蚀指数、峭度和不对称度等时域分析，或功率谱密度、谱噪声电阻、小波分析和最大熵分析等频域分析等方法。其针对微生物所造成的点蚀研究具有重要作用。

1.3.5.6 电化学表面成像技术

电化学表面成像技术包括扫描参比电极（SRET）、扫描振动电极（SVET）和扫描Kelvin探针技术（SKPT）。

扫描参比电极技术是利用具有稳定电极电位的微电极（约20μm），对溶液中试样表面进行二维扫描，得到试样表面的电位、电流密度分布图，测定试样表面的阳极区、阴极区及其发展。该技术是测量腐蚀表面两点之间的电位差，由该电位差和两点距离及溶液电阻得到电流密度。

扫描振动参比电极技术是将两点的场强转换为具有与在振动方向上的电场成正比的幅值的正弦信号，然后从该信号中扣除振动频率，得到探针尖部测到的电流成正比的直流电流。SVET与SRET相比具有信噪比高的特点。

SKPT技术是利用Kelvin探针作参比电极，且不需要常用的鲁金毛细管来直接测量金属/电解质界面的电位差和金属的腐蚀速率，且不需和电极表面直接接触。SKPT技术的最大特点是它不仅可测湿润的表面，而且可以测干燥的表面。P. Angell等利用该技术研究了细菌作用1h后，其数量对腐蚀位置和腐蚀速率的影响。

1.3.6 表面分析方法

要对所得到的电化学数据和腐蚀机制作出合理的解释，必须借助于表面分析技术。在微生物腐蚀的研究中，金相显微镜、原子力显微镜（AFM）、扫描电镜（SEM）或环境扫描电镜

(ESEM)、激光共聚焦显微镜及透射电镜（TEM）等可用于腐蚀形貌的观察和分析；X 射线衍射（XRD）、X 射线能谱分析（EDS）、拉曼光谱（Raman）、傅里叶转换红外光谱（FTIR）等技术可用于腐蚀产物成分和表面膜特征的分析。

1.3.6.1 原子力显微镜

原子力显微镜（atomic force microscopy，AFM）是由 IBM 公司的 Binnig 与斯坦福大学的 Quate 于 1985 年所发明的，其目的是为了使非导体也可以采用扫描探针显微镜（SPM）进行观测。

原子力显微镜（AFM）是利用原子之间的范德华力（Van Der Waals Force）作用来呈现样品的表面特性。假设两个原子中，一个是在悬臂（cantilever）的探针尖端，另一个是在样本的表面，它们之间的作用力会随距离的改变而变化。当原子与原子很接近时，彼此电子云斥力的作用大于原子核与电子云之间的吸引力作用，所以整个合力表现为斥力的作用，反之若两原子分开有一定距离时，其电子云斥力的作用小于彼此原子核与电子云之间的吸引力作用，故整个合力表现为引力的作用。若以能量的角度来看，这种原子与原子之间的距离与彼此之间能量的大小也可从 Lennard-Jones 的公式中得到另一种印证：

$$E^{\mathrm{pair}}(r)=4\varepsilon\left[\left(\frac{\sigma}{r}\right)^{12}-\left(\frac{\sigma}{r}\right)^{6}\right] \tag{1-36}$$

式中 σ——原子的直径；

r——原子之间的距离。

从式（1-36）中知道，当 r 降低到某一程度时其能量为 $+E$，也代表了在空间中两个原子是相当接近，能量为正值，若假设 r 增加到某一程度时，其能量就会为 $-E$，说明空间中两个原子之距离相当远，能量为负值。不管从空间上去看两个原子之间的距离与其所导致的吸引力和斥力或是从能量的关系来看，原子力显微镜就是利用原子之间那奇妙的关系来把原子呈现出来。在原子力显微镜的系统中，是利用微小探针与待测物之间交互作用力，来呈现待测物的表面物理特性。所以在原子力显微镜中也利用斥力与吸引力的方式发展出两种操作模式：

（1）利用原子斥力的变化而产生表面轮廓为接触式原子力显微镜（contact AFM），探针与试片的距离约零点几个纳米。

（2）利用原子吸引力的变化而产生表面轮廓为非接触式原子力显微镜（non-contact AFM），探针与试片的距离约几个纳米到数十个纳米。

原子力显微镜的基本原理是：将一个对微弱力极敏感的微悬臂一端固定，另一端有一微小的针尖，针尖与样品表面轻轻接触，由于针尖尖端原子与样品表面原子间存在极微弱的排斥力，通过在扫描时控制这种力的恒定，带有针尖的微悬臂将对应于针尖与样品表面原子间作用力的等位面而在垂直于样品的表面方向起伏运动。利用光学检测法或隧道电流检测法，可测得微悬臂对应于扫描各点的位置变化，从而可以获得样品表面形貌的信息。下面，以激光检测原子力显微镜（atomic force microscope employing laser beam deflection for force detection，laser，AFM）——原子力显微镜家族中最常用的一种为例，来详细说明其工作原理。

AFM 利用电子探针针尖与材料表面原子形成力的变化给出材料表面三维图像。这些力和样品的性质、探针与样品之间距离、探针尺寸以及样品表面洁净程度有关。AFM 在微生物腐蚀研究中应用得越来越多，AFM 不仅可以准确地给出微生物膜下低碳钢表面点蚀的深度和程度，它还可以定量地给出细菌之间以及细菌与材料表面之间的作用力，包括范德华力、静电力、溶剂化及空间结构之间的作用力，这对研究微生物吸附和微生物膜的形成很有帮助。AFM 可以用来观察流动体系中活的生物体，这对于原位观察细菌的附着、生物膜的形成以及随后发生的微生物腐蚀同样非常有效。如陈光章等人使用原子力显微镜研究了 SRB 在云母片上形成的微生物膜的形貌，利用力-距离曲线测量各种情况下探针针尖与 SRB 之间的黏附力，研究微生物在固体表面的成膜特征。并利用微观角度，利用 AFM 原位观察了 SRB 在不同性质金属表面的微生物膜的形成过程。研究结果表明，SRB 现在表面单层吸附，然后形成菌落在表面繁殖生长，最后形成生物膜。黏附力实验证明微生物容易在固体表面通过相互之间的作用力形成微生物膜。金属本身的表面特征对生物膜的形成和发展起着关键的作用。

1.3.6.2 扫描电镜或环境扫描电镜

在 1932 年，第一部透射电子显微镜发展成功之后，德国人 Knoll 于 1935 年提出有关扫描电子显微镜的理论及构想，1942 年制成第一台扫描电子显微镜（SEM），其后，经历麦克马伦（D. McMullan）、史密斯（K. C. A. Smith）以及奥特利（C. W. Oatly）等专家的研究，改进和大力推广，于 1965 年末才使扫描式电子显微镜成为商品问世。

A SEM 原理

扫描电镜基本上是由电子光学系统、信号接收处理显示系统、供电系统、真空系统四部分组成。

在扫描电镜中，电子枪发射出来的电子束，经 3 个电磁透镜聚焦后，成直径为几个纳米的电子束。末级透镜上部的扫描线圈能使电子束在试样表面上做光栅状扫描。试样在电子束作用下，激发出各种信号，信号的强度取决于试样表面的形貌、受激区域的成分和晶体取向。设在试样附近的探测器把激发出的电子信号接收下来，经信号处理放大系统后，输送到显像管栅极以调制显像管的亮度。由于显像管中的电子束和镜筒中的电子束是同步扫描的，显像管上各点的亮度是由试样上各点激发出的电子信号强度来调制的，即由试样表面上任一点所收集来的信号强度与显像管屏上相应点亮度之间是一一对应的。因此，试样各点状态不同，显像管各点相应的亮度也必不同，由此得到的像一定是试样状态的反映。放置在试样斜上方的波谱仪和能谱仪用来收集 X 射线，借以实现 X 射线微区成分分析。值得强调的是，入射电子束在试样表面上逐点扫描，因此试样各点所激发出来的各种信号都可选录出来，并可同时在相邻的几个显像管上显示出来，这给试样综合分析带来极大的方便。

具有高能量的入射电子束与固体样品的原子核及核外电子发生作用后，可产生多种物理信号：二次电子、背散射电子、吸收电子、俄歇电子和特征 X 射线。

下面主要介绍利用前两种的物理信号进行电子成像的问题。其中，二次电子是指被入射电子轰击出来的核外电子。由于原子核和外层价电子间的结合能很小，当原子的核外电子从入射电子获得了大于相应结合能的能量后，可脱离原子成为自由电子。如果这种散射过程发生在比较接近样品表层处，那些能量大于材料逸出功的自由电子可从样品表面逸出，变成真空中的自由电子，即二次电子。二次电子来自表面 5 ~ 10nm 的区域，能量为 0 ~ 50eV。它对试样表面状态非常敏感，能有效地显示试样表面的微观形貌。由于它发自试样表层，入射电子还没有被多次反射，因此产生二次电子的面积与入射电子的照射面积没有多大区别，所以二次电子的分辨率较高，一般可达到 5 ~ 10nm。扫描电镜的分辨率一般就是二次电子分辨率。二次电子产额随原子序数的变化不大，它主要取决于表面形貌。利用二次电子得到的像为二次电子像，利用背散射电子得到的像为背散射像。二次电子的像衬度与试样表面的几何状态有关。电子像的明暗程度取决于电子束的强弱，当两个区域中的电子强度不同时，将出现图像的明暗差异，这种差异就是衬度。影响二次电子像衬度的因素较多，有表面凹凸引起的形貌衬度（质量衬度），原子序数差别引起的成分衬度，电位差引起的电压衬度。由于二次电子对原子序数的变化不敏感，均匀性材料的电位差别不大，因此主要用于形貌观察。如在观察微生物腐蚀或附着后材料表面形貌即可采用二次电子方法观察。

背散射电子是指入射电子与试样相互作用（弹性和非弹性散射）之后，再次逸出试样表面的高能电子，其能量接近于入射电子能量（E_0）。背散射电子的产额随试样的原子序数增大而增加。所以，背散射电子信号的强度与试样的化学组成有关，即与组成试样的各元素平均原子序数有关。背散射电子信号既可以用来显示形貌衬度，也可以用来显示成分衬度。

a　形貌衬度

用背反射信号进行形貌分析时，其分辨率远比二次电子低。因为背反射电子来自一个较大的作用体积。此外，背反射电子能量较高，它们以直线轨迹逸出样品表面，对于背向检测器的样品表面，因检测器无法收集到背反射电子，图像过暗，而掩盖了许多有用的细节。

b　成分衬度

成分衬度也称为原子序数衬度，背反射电子信号随原子序数 Z 的变化比二次电子的变化显著得多，因此图像有较好的成分衬度。样品中原子序数较高的区域中由于收集到的电子数量较多，故荧光屏上的图像较亮。因此，利用原子序数造成的衬度变化可以对各种合金进行定性分析。样品中重元素区域在图像上是亮区，而轻元素在图像上是暗区。由于背反射电子离开样品表面后沿着直线运动，检测到的背反射电子信号强度要比二次电子低得多，所以粗糙表面的原子序数衬度往往被形貌衬度所掩盖。为了避免形貌衬度对原子衬度的干扰，被分析的样品只需抛光不必进行腐蚀。在观察微生物腐蚀后样品横截面锈层时，可采用镶样磨制后直接采用背散射观测的方式观察。

B　SEM 检测方法

用于扫描电镜观察的试样制备较为简单，有的试样表面不需要再加工，可以直接观察它的自然状态。例如，金属的断口进行分析时，就不需要加工，加工后反而破坏了断口的原貌。对于大的试样，无法放入扫描电镜内，需要切成小块放入。但是切割时应注意不能破坏观察面，并要保持清洁。对于不欲切割或不允许切割的样品则需要用 AC 纸制作复制膜，在其上面再喷上一层导电层（如金、碳等），放入扫描电镜内观察。若试样是绝缘材料，电子束打在试样上会累积电荷，影响电子束的正常扫描，制样时要在试样观察面上喷一层很薄的导电层，观测时便可将多余的电荷导走。采取腐蚀方式揭示样品显微结构时，要注意在腐蚀试样时，不能留有腐蚀产物，否则会出现假象。对于粉末试样，需先将导电胶或双面胶纸黏结在样品座上，再均匀地把粉末样撒在上面，用洗耳球吹去未粘住的粉末，再喷上一层导电膜，即可上电镜观察。

制备好的样品就可以进行观察了，观察时除采用前述的二次电子观察和背散射观察外，还可以采用吸收方式、透射方式、俄歇电子方式、X 射线方式等观察。

（1）吸收方式。吸收方式是用吸收电子作信号的。它是入射电子射入试样后，经多次非弹性散射后能量消耗殆尽而形成的。这时如果在试样和地之间接入毫微安计并进行放大，就可以检测出吸收电子所产生的电流。假设入射电子电流为 I_i，总背射电子流（二次电子与背反射电子之和）为 I_b，那么吸收电流为：

$$I_a = I_i - I_b \tag{1-37}$$

可见，用吸收电子成像其衬度刚好与二次电子、背反射电子等衬度相反。因此吸收电子像也可用来显示试样表面元素分布状态和试样表面形貌，尤其试样裂缝内部的微观形貌。

（2）透射方式。如果试样适当的薄，入射电子照射时就会有一部分电子透过试样，其中既有弹性散射电子，也有非弹性散射电子，其能量大小取决于试样的性质和厚度。透射方式就是指用透射电子成像和显示成分分布的一种工作方式。扫描透射电子像基本上不受色差的影响，像质量要比一般透射电镜好。用电子能量分析器，选择能量为 E_0 的弹性散射电子成像，或选择遭受特征能量损失 ΔE 的非弹性散射电子成像，像的质量更佳。由于 ΔE 与试样成分有关，所以非弹性散射电子像，即特征能量损失电子像，也可用来显示试样中不同元素的分布。

（3）俄歇电子方式。在入射电子激发下，若试样原子中某一电子（如 K 层电子）被电离，则空位便会由高能级电子（如 L_2 层电子）来填充。高能级电子向低能级跃迁释放能量有两种方式：若以辐射形式，则产生特征 X 射线（K_α）；若使原子中另一个电子（如 L_2 层中的另一个电子）电离，则比该电离能多余的能量便成为该电子的动能。这种由于电子从高能级跃迁到低能级而被电离出来的电子称为俄歇电子。显然，俄歇电子的能量决定于原子壳的能级。每一种原子都有自己的特征俄歇能谱，俄歇电子能量极低，只有表层约 1nm 范围内产生的俄歇电子逸出表面后，才能不损失其特征能量而对俄歇峰有贡献，因此俄歇电子特别适合用于作表层分析。俄歇电子产生的几率随原子序数增加而减小，因此特别适合于作超轻元素（氦和氢除外）的分析。

（4）X 射线方式。这种方式所收集并用作信号的是试样所发射出来的特征 X 射线。高能入射电子轰击固体试样，就好像是一只 X 射线管，试样是其中的靶。特征 X 射线的波长因试样元素不同而异，其相对强度与激发区相应元素含量有关，这是 X 射线方式用波谱仪或能谱仪进行微区元素定性分析得以实现的基础。

上述各种方式在扫描电镜中都得到了应用。但是，在一般情况下，用的最普遍的是作为形貌观察的二次电子像，用作微区成分分析的特征 X 射线谱，以及作为前两者补充的背反射电子像和吸收电子像。

SEM 利用二次电子和背射电子提供所测样品性质的信息，包括微观形貌、组成、晶体结构、电子结构和内部电场或磁场。因为微生物体内 90% 以上都是水，所以对微生物膜观察前样品的预处理（如固定、脱水和喷导电涂层），这会导致微生物膜收缩和胞外分泌物（EPS）结构损失，从而影响对微生物膜真实结构信息的获得。因此，SEM 形成的图像具有一定的误差，在分析实验结果时应考虑到这一点。

环境扫描电镜（ESEM）的使用可使样品室的低真空压力达到 2600Pa，也就是样品室可容纳分子更多，在这种状态下，可配置水瓶向样品室输送水蒸气或输送混合气体，若与高温或低温样品台联合使用则可模拟样品的周围环境，结合扫描电镜观察，可得到环境条件下试样的变化情况，进一步扩展了扫描电镜的使用范围。使用 ESEM，非导电材料不需喷镀导电膜，可直接观察，分析简便迅速，不破坏原始形貌；可保证样品在 100% 湿度下观察，即可进行含油含水样品的观察，能够观察液体在样品表面的蒸发和凝结以及化学腐蚀行为；可进行样品热模拟及力学模拟的动态变化实验研究，也可以研究微注入液体与样品的相互作用等。因为这些过程中有大量气体释放，只能在环境扫描状态下进行观察。因此，环境扫描电镜在微生物腐蚀中应用较多，可直接观察未经脱水处理保持自然状态的生物样品，还可实现动态观察样品的物理和化学反应。对于多水的、具有生物活性的生物膜来说，环境扫描电镜是一种原位的、无伤探测方法。利特尔（Little）和瓦格纳（Wagner）等人最早将 ESEM/EDS 应用于微生物腐蚀研究。C. W. S. Cheung 等人也利用环境扫描电镜研究了钢铁表面的生物膜结构。

20 世纪 90 年代以来，装配在 SEM 上的电子背散射花样（electron back-scattering patterns，EBSP）晶体微区取向和晶体结构的分析技术取得了较大的发展，并已在材料微观组织结构及微织构表征中广泛应用。该技术也被称为电子背散射衍射（electron back-scattered diffraction，EBSD）或取向成像显微技术（orientation imaging microscopy，OIM）等。EBSD 的主要特点是在保留扫描电子显微镜的常规特点的同时进行空间分辨率亚微米级的衍射（给出结晶学的数据）。

EBSD 改变了以往织构分析的方法，并形成了全新的科学领域，称为显微织构——将显微组织和晶体学分析相结合。与显微织构密切联系的是应用 EBSD 进行相分析、获得界面（晶界）参数和检测塑性应变。目前，EBSD 技术已经能够实现全自动采集微区取向信息，样品制备较简单，数据采集速度快（能达到约 36 万点/小时甚至更快），分辨率高，为快速高效的定量统计研究材料的微观组织结构和织构奠定了基础，因此已成为材料研究中一种有效的分析手段。

目前，EBSD 技术的应用领域集中于多种多晶体材料——工业生产的金属和合金、陶瓷、半导体、超导体、矿石——以研究各种现象，如热机械处理过程、塑性变形过程、与取向关系有关的性能（成型性、磁性等）、界面性能（腐蚀、裂纹、热裂等）、相鉴定等。EBSD 技术在材料的微生物腐蚀方面具有潜在的应用前景。

1.3.6.3 激光共聚焦显微镜

激光共聚焦扫描显微镜是利用激光作为光源，是在荧光显微镜成像基础上加装了激光扫描装置，利用计算机进行图像处理，使用紫外或可见光激发荧光探针，从而得到细胞或组织内部微细结构的荧光图像，在形态学、分子细胞生物学、神经科学、药理学、遗传学等领域有广泛应用。它的优点在于可以给出所照物体的三维图像。吉西（Geesey）使用激光共聚焦显微镜给出了附着在铜表面的淡水细菌的三维图像。

1.3.6.4 红外傅里叶光谱（FTIR Spectroscopy）

红外傅里叶光谱（FTIR Spectroscopy）可以用来鉴别微生物，某种细菌有特别的红外谱，可以进行细菌菌株的快速辨认。细菌体内生物大分子中不同官能团的数量和分布有显著差异，这也是根据红外光谱判断不同细菌的依据，但是胞外分泌物、细胞壁、细胞膜和细胞质中分子振动产生的吸收峰通常重叠在一起，很难将这些结构的谱完全分开。FTIR 具有高光通量、低噪声、测量速度快、分辨率高、光谱范围宽等优点。通常应用于微生物膜研究的 IR 光谱技术有 FTIR 红外傅里叶光谱（透射模式）、衰减全反射红外傅里叶光谱（ATR-FTIR Spectroscopy）和 Diffuse Reflectance Spectroscopy（DRIFT）。施密特（J. Schmitt）和弗莱明（H. Flemming）等人使用 FTIR 研究了材料表面的生物膜。

A 透射模式红外傅里叶光谱

最常用到的 FTIR 是透射模式。与普通化学分析中的红外光谱测试试样制备相同，透射模式 FTIR 红外傅里叶光谱是将在材料表面形成的微生物膜转移到可以透过红外光波的透明材料表面，然后进行测试。因为只能测试固体样品，而微生物膜中90%以上都是水，所以微生物膜样品要先干燥压片、再测试。透射式红外光谱的不足在于制样繁琐，光程难以控制，容易给测量带来误差，多组分共存时谱图容易重叠，不能进行原位、在线研究等。衰减全反射红外傅里叶光谱和漫反射红外光谱可以克服这些困难。

B 衰减全反射红外傅里叶光谱

这项技术可以直接对附着在很高折射系数的内反射元件（IRE）表面的微生物膜组成进行光谱分析。相对于普通 FTIR 技术，FTIR-ATR 技术最大的优点是可以对微生物膜进行原位观察。这样减少了样品转移对微生物膜的影响。FTIR-ATR 技术的另一个优点是可以在液体介质中直接观察 IRE/溶液界面微生物膜的形成。施密特（Schmitt）使用 FTIR-ATR 技术研究了微生物膜对水分子键合过程和环境因素改变对微生物膜成分的影响。IRE 通常被做成容器的底部来观察微生物膜在液体介质中的生长。FTIR-ATR 技术的一个缺点就是只能对在 IRE 元件表面形成的微生物膜进行分析，而对其他材料表面不能进行观察，所以 FTIR-ATR 技术在研究其他材料表面的微生物膜时会受到很大限制。

C 漫反射红外光谱

许多物体表面是粗糙的，当光照射在其表面时发生的是漫反射。漫反射光谱复杂而且和反射表面状态有很大关系。漫反射光谱可以对某些金属，如不锈钢表面的微生物膜进行光谱分析，因此它对微生物腐蚀研究有重要的意义。尼文斯（Nivens）在研究细菌对 AISI 304 不锈钢的腐蚀时使用了 DRIFT 技术。通过对不同浸泡时间电极的 FTIR 谱分析可以发现随浸泡时间增加，某些波数的吸收峰也会增加，从中可以判断出微生物膜内的某些物质的变化。此种方法检测迅速、灵敏、没有破坏性，能够检测直径 25μm 面积上生物大分子的变化。虽然此技术对研究金属材料表面的生物大分子有很大帮助。

1.3.6.5　X 射线衍射（XRD）

XRD 是测定原材料和腐蚀产物成分、晶格参数、应力、晶粒尺寸等的基本手段之一。化学分析能给出材料的元素组成，而 X 射线衍射分析则可给出材料中物相的结构、含量、应力等重要参数，X 射线衍射得到的结果是宏观体内大量原子的统计结果。在原材料和锈层测试中，XRD 物相分析包括定性分析和定量分析两部分。此外，还涉及 XRD 在一些特殊信息分析方面如晶粒度测定等。

A　XRD 物相定性分析

物相定性分析的目的是利用衍射线的方向及其强度来鉴定未知样品是由哪些物相所组成的。X 射线衍射分析用于物相分析的原理是：每一种结晶物质都有自己独特的化学组成和晶体结构。没有任何两种晶体的晶胞大小、质点种类和质点在晶胞种的排列方式是完全相同的。因此，当 X 射线通过晶体时，每一种晶体都有自己独特的衍射花样，它们的特征可以用各个反射面的晶面间距 d 和衍射线的相对强度 I/I_1 来表征，其中 I 是同一结晶物质中某一晶面的衍射线强度，I_1 是该结晶物质最强的衍射线强度，一般把 I_1 定为 100。其中面间距 d 与晶型和点阵常数 a 有关，相对强度 I/I_1 则与质点的种类及其在晶胞中的位置有关，任何一种结晶物质都有其特有的衍射数据 d 和 I/I_1，即使该物质存在于混合物中，它的衍射数据 d 和 I/I_1 也不会改变，因而可以根据它们来鉴定结晶物质的物相。由于多晶衍射在不同实验条件下总能得到一系列基本不变的衍射数据，因此，借以进行物相分析的衍射数据都取自多晶衍射，其方法就是将从未知样品中得到的衍射图谱或衍射数据与标准多晶体 X 射线衍射图谱或衍射数据进行对比，如果二者能够吻合，就表明该样品与标准物质是同一种物质，便可做出鉴定。标准多晶 X 射线衍射图谱或衍射数据可以取自粉末衍射卡片（PDF），也可以通过计算机数据库直接进行检索。

随着计算机技术和数据库的发展，物相分析逐渐进入了自动化检索阶段。计算机自动检索是利用数据库，尽可能存储全部PDF卡片资料，并将资料按行业分成若干分库，然后将实验测得的衍射数据输入计算机，根据三强峰原则（3个最强衍射峰吻合），与计算机中所存数据一一对照，粗选出三强峰匹配的卡片，然后根据衍射峰的吻合情况进行筛选，最后根据试样中已知的元素进行筛选，就可给出确定的结果。一般情况下，由于计算机容错能力较强，对于给出的结果还需要进行人工校对，才能得到正确的结果。

B　XRD物相定量分析

利用XRD不仅可进行定性分析还可以进行物相的定量鉴定，其基本原理是物相的衍射线强度与物相的质量成正比，各物相衍射线的强度随该相含量的增加而增加。利用这一原理就可以对固体中的物相含量进行定量分析。根据衍射线强度公式，对于第i相物质，其衍射强度可写为：

$$I_i = \frac{C_i x_i}{\rho_i \mu} \tag{1-38}$$

式中　C_i——强度系数；

μ——质量吸收系数；

x_i——i相的质量分数；

ρ_i——第i相的密度。

但应指出式（1-38）中的衍射强度I_i是相对累计强度，非绝对强度，故不可能仅用一根衍射线求出物相的绝对含量。

所有的定量相分析方法都是利用同一谱线上不同衍射线的强度比或相同条件下测定的不同谱上的强度比进行的，目的是得到相对强度，且在不同的情况下可以消去包含有未知相含量因素的吸收系数或计算困难的强度因子。常用的定量相分析方法有内标法、外标法和增量法等。

（1）内标法。内标法就是将一种已知物相含量的标准物质添加到含有未知物相的测试样品中，充分混合以获得待测物相含量的方法。将试样中待测相的某根衍射线强度与掺入试样中含量已知的标准物质的某根衍射线强度相比较，得出衍射线相对强度以获得待测相的定量相组成。该方法是定量分析最常用的分析方法。

（2）外标法。外标法就是在实验过程中，除混合物中各组分的纯样外，不引入其他标准物质，即将混合物中参加定量测定物相的衍射线的强度与该相纯物质同一衍射线的强度相比较的一种方法。

（3）增量法。增量法是在多相混合物中，对待测相进行一次增量，然后根据测定的衍射强度进行计算，获得待测相的含量，增量法也是进行物相分析的一种常用方法。

C　点阵常数的精确测定

点阵常数是晶体物质的基本结构参数，测定点阵常数在研究固态相变、确定固溶体类型、测定固溶体溶解度曲线、测定热膨胀系数等方面都得到了应用。点阵常数的测定是通过 X 射线衍射线的位置（θ）的测定而获得的。

点阵常数测定中的精确度涉及两个独立的问题，即波长的精度和布拉格角的测量精度。知道每根反射线的密勒指数后就可以根据不同的晶系用相应的公式计算点阵常数。晶面间距测量的精度随 θ 角的增加而增加，θ 越大得到的点阵常数值越精确，因而点阵常数测定时应选用高角度衍射线。误差一般采用图解外推法和最小二乘法来消除，点阵常数测定的精确度极限处在 1×10^{-5}附近。

D　应力的测定

X 射线测定应力以衍射花样特征的变化作为应变的量度。宏观应力均匀分布在物体中较大范围内，产生的均匀应变表现为该范围内方向相同的各晶粒中同名晶面间距变化相同，导致衍射线向某方向位移，这就是 X 射线测量宏观应力的基础；微观应力在各晶粒间甚至一个晶粒内各部分间彼此不同，产生的不均匀应变表现为某些区域晶面间距增加、某些区域晶面间距减少，结果使衍射线向不同方向位移，使其衍射线漫散宽化，这是 X 射线测量微观应力的基础。超微观应力在应变区内使原子偏离平衡位置，导致衍射线强度减弱，故可以通过 X 射线强度的变化测定超微观应力。

X 射线测定应力具有非破坏性，可测小范围局部应力，可测表层应力，可区别应力类型、测量时无需使材料处于无应力状态等优点，但其测量精确度受组织结构的影响较大，X 射线也难以测定动态瞬时应力。

E　晶粒大小的测定

微生物腐蚀速度与晶粒度密切相关，很多材料在缓慢腐蚀情况下会生成纳米氧化物膜，纳米涂料也是近年研究的热点，因此晶粒度是材料腐蚀方面的重要参数之一，X 射线衍射线宽法是测定晶粒度的最好方法。这种方法适用于晶粒度小于 50nm 的纳米材料，否则测试值往往小于实际值。

晶粒度很小时，细小的晶粒可引起衍射线的宽化，衍射线半高宽 B 与晶粒尺寸 d 符合 Scherrer 公式：

$$d = 0.89\lambda / B\cos\theta \tag{1-39}$$

式中，λ 为 X 射线波长，对于 CuK_{α} 的 λ 为0.1542nm；θ 为衍射角。

在利用式（1-39）计算晶粒度时还应注意尽量选取低角度衍射线进行计算，以避免高角度衍射线的 $K_{\alpha1}$ 与 $K_{\alpha2}$ 双线分裂影响测量线宽化值，此外还应从半高宽中扣除由应力引起的宽化。

以下是利用溶胶凝胶法制备的 Y_2O_3 单晶粉体在不同温度热处理后的晶粒度计算结果，见表 1-4，可以看出对单晶粉体由 XRD 半高宽法求得的平均晶粒度和 TEM 测量的粒径大致相同，随着热处理温度的增加粉体的粒径明显增大。

表 1-4　XRD 半高宽法求得的平均晶粒度和 TEM 测量的粒径

温度/℃	700	800	900
D_{XRD}/nm	18.67	24.16	34.23
D_{TEM}/nm	18	25	30

F X射线小角散射法

小角散射是指X射线衍射倒易点阵原点（000）节点附近的相干散射的现象。散射角大约$10^{-2} \sim 10^{-1}$ rad。衍射光的强度在入射光方向最大，随衍射角增大而减小，在角度ε_0处则变为0，ε_0与波长λ和粒子的平均直径d之间近似满足下列关系式：

$$\varepsilon_0 = \lambda / d \tag{1-40}$$

在实际测量中，假定粉体粒子为均匀大小的，则散射强度I与颗粒的重心转动惯量的回转半径R的关系为：

$$\ln I = a - \frac{4}{3}\frac{\pi^3}{\lambda^2}R^2\varepsilon^2 \tag{1-41}$$

式中，a为常数；R与粒子的质量及它相对于重心地转动惯量I_0的关系满足下式：

$$I_0 = MR^2 \tag{1-42}$$

如果得到$\ln I - \varepsilon^2$直线，由直线斜率σ得到R：

$$R = \sqrt{0.75\lambda^2/\pi^2} \times \sqrt{-\sigma} = 0.49\sqrt{-\sigma} \tag{1-43}$$

如果颗粒为球形，则：

$$R = \sqrt{3/5}r = 0.77r \tag{1-44}$$

式中，r为球半径，由式(1-43)和式(1-44)可求得颗粒半径。

用$\ln I - \varepsilon^2$直线进行颗粒度测量时，注意试样的粒子必须相互之间有一定距离。

1.3.6.6 表面荧光显微镜

表面荧光显微镜观察依赖于专一性荧光染料和落射光荧光显微镜的应用（落射光荧光显微镜克服了透射光荧光显微镜的不足之处，使其可以对不透明物体表面进行直接观察），专一性荧光染料可以和细胞中核酸等物质特异结合，在特定激发光照射下，染色细胞会发出特定颜色的荧光。这项技术可以对微生物的结构及其在材料表面分布进行原位观察。细菌所处的生长状态和样品处理过程会对菌体荧光的颜色造成影响。

常用的荧光染料有吖啶橙（acridine orange，AO）、4′,6-二酰胺-2-苯基吲哚（DAPI）、碘化丙啶（propidium iodide，PI）等。细菌用PI和DAPI染色后在紫外光的激发下，死菌和活菌分别发出红和蓝色荧光，所以使用PI和DAPI染色可以区别死菌和活菌。使用四氮唑还原直接计数法可以计数水环境中具有呼吸活性的细菌。其理论依据是所有活的细菌都具备电子传递系统（ETS）。这个过程可以通过添加人工电子受体指示出来。当以2-(对碘代苯)-3-(对硝基苯)-5-苯基四氯化氮唑(INT)(2-(p-iodo-phenyl)-3(p-nitrophenyl)-5phenyl tetrazolium chloride)为人工受体时，在活细胞内可被还原成INT甲臜，显微镜下能观察到细胞内出现暗红色的INT甲臜。因为INT甲臜斑点的观察需透射光，所以INT无法用于不透明物体表面附着细菌的计数。5-氰基-2,3-联甲苯四氮唑盐酸盐（CTC）可以代替INT进行活菌计数。其优点是CTC被还原后形成的CTC甲臜在长波紫外光（大于350nm）照射下发出红色荧光，可将活菌和非生物颗粒及其背景区分开。

对于活性菌（CTC染色）和全部细菌（DAPI染色）可同时在荧光显微镜下观察。BacLight荧光染色剂的发明无疑在微生物观察方面又前进了一步。含有两种核酸染料的BacLight可将对试样中死菌和活菌的染色一步完成，此外还比其他方法具有更高的准确度和灵敏度。TO-PRO-1碘化物对死亡的硅藻进行染色后在蓝色激发光照射下发出黄色荧光，而活的硅藻因含有叶绿素而发红色荧光。其他含有叶绿素的微藻也可用此染色剂进行死活的区分。以上各种观察方法都可用于金属表面的原位观察。但当金属材料表面有腐蚀产物生成时，不管是原位观察还是将微生物膜剥离下来再进行观察时，腐蚀产物以及一些杂质的干扰使荧光显微镜技术很难得以应用，而激光扫描共聚焦显微镜（CLSM）在这方面比表面荧光显微镜观察有优势。吖啶橙被广泛用来计数水体中总菌数，但吖啶橙染色技术不能区分死菌和活菌。根据RNA和DNA比值的不同，吖啶橙可用来区别微生物膜内迅速繁殖和生长缓慢区域。在激发光照射下，生长迅速的微生物膜因含有较多的RNA发出黄色荧光，生长缓慢的微生物膜因含有较少的RNA发出黄绿色荧光。

以上各种观察方法对实验人员的经验有一定要求，实验人员的操作和数据处理方法对定量分析观察结果有很大影响。

1.3.7 微电极分析技术

微电极是一类空间精度和测量精度非常高的电极，其尖端外径从几微米至几百微米不等，它与普通毫米级的电极相比具有独特的电化学性能即无扰动地测量微环境中的理化参数，不破坏被测点的微生态环境。它可以对沉积物、生物膜、腐蚀产物、河流底泥、污泥絮体、扩散边界层、菌落、植物或动物组织等进行微米穿刺测量浓度梯度并能进行实时在线原位监测，从而能深入解析反应过程机理，提炼出数学模型为过程的优化创造条件。微电极也适合放进生物培养器中进行实时在线分析。其所分析参数除微区电位外，还包括微区溶解氧、H_2S、pH值、H_2 温度等参数，可实时测定与微生物新陈代谢与腐蚀密切相关参量的变化。

1.4 金属在海洋环境微生物腐蚀

1.4.1 金属在海洋环境微生物腐蚀概况

海洋不仅仅是巨大的资源宝库，而且是人类生存与发展不可缺少的空间环境，是解决人口剧增、资源短缺、环境恶化三大难题的希望所在。在不断增长的生存压力下，世界各国正想方设法寻求改善生活质量和可持续发展的方法。沿海国家纷纷把目光投向了海洋，加紧制定海洋发展规划，大力发展海洋高新科技，加强海军建设，强化海洋管理，不断加快海洋资源开发步伐。

沿海工业的发展、海洋资源的开发和利用，离不开海上基础设施的建设。由于海洋苛刻的腐蚀环境，金属材料结构及构筑物的腐蚀不可避免。一般设施的建设都要经过设计阶段，其中防腐设计是保证工程设施使用寿命的重要步骤。设计参数来源于海洋环境腐蚀调查和相应材料在海洋环境中腐蚀破坏规律的研究。因此，沿海工业建设、海洋资源开发和海洋经济的发展离不开海洋腐蚀研究。腐蚀不仅仅造成材料的浪费，更严重的是造成灾难性事故，造成环境污染和人员伤亡，所以腐蚀、防护研究是沿海工业发展、海洋资源开发和环境保护的基础科学问题。

我国沿海工业的发展、资源的开发起步较晚。但随着中国社会主义市场经济的迅速发展和科学技术水平逐渐提高，我国的海洋开发事业有了突飞猛进的发展，海洋构筑物也越来越多。随着沿海工业的开发，如石油化工企业、火电、核电站的建立，海洋石油、矿产的开发以及海洋运输等，这些工业设施、设备大多有金属材料，特别是钢铁材料建造而成，因此研究钢铁及非铁合金在海洋环境中的腐蚀规律及控制腐蚀的方法，为海洋工程建筑物及设备的设计、选材、开展防护、开发新的材料提供依据，对延长海洋金属材料设施的使用寿命，保证海上金属构筑物的正常运行和安全使用以及促进海洋经济的发展，具有十分重要的意义。

近年来，开发海洋腐蚀数据库和海洋环境腐蚀的预测、咨询系统，直至建立完善的专家系统成为热门课题。我国作为一个拥有 1.8 万千米海岸线的世界海洋大国之一，研究海洋结构材料在本国海域内的腐蚀更是具有十分重要的理论和现实意义。

在海洋环境中的金属结构件，腐蚀类型主要有均匀腐蚀、点蚀、缝隙腐蚀、冲击腐蚀、空泡腐蚀、电偶腐蚀、腐蚀疲劳、微生物腐蚀、宏观生物腐蚀等，这些腐蚀类型往往与结构设计、冶金因素及环境因素有关。其中海水中微生物腐蚀和宏观生物腐蚀因研究时间较短，与其他腐蚀类型相比研究相对较少。而事实上，无抗菌性的金属时间放置平静海水中 1h 即会有生物膜附着，与金属直接接触的介质并非海水，而是微生物膜。生物膜的物理化学性质、分布及膜内微生物的新陈代谢等生命活动对金属腐蚀起到重要作用。因此海洋微生物腐蚀的研究对于海洋金属设施寿命的预测及防护均有重要意义。生物因素与海水物理化学因素及气象因素之间相互影响，不同地理位置海域、不同气象条件下，附着生物分布及活动周期有较大差异，材料的微生物腐蚀行为也大不相同；海水物理化学性能（盐度、溶解氧、营养成分、耗氧量）影响附着生物生命活动，也同样影响着生物腐蚀过程，因此对于不同地区的微生物腐蚀研究应分别进行，不能一概而论。其中，热带地区微生物腐蚀最为严重。海南省位于我国最南端，属热带海洋性气候，周围被南海包围形成岛屿，与内陆相隔。气候原因使本省周围海域微生物资源极为丰富，同时也给严重的微生物腐蚀创造了条件。如：1994年我国南海某舰舱底板发生严重腐蚀，在主机舱、副机舱和尾轴舱，发现直径8～20mm、坑深3～6mm的溃疡状蚀坑217个，年溃疡腐蚀率为1.5～3mm，最大年溃疡腐蚀率为4.5mm，其中左主机齿轮箱左侧一处已腐蚀穿孔，坑径80mm，孔径20mm。其余为溃疡状蚀坑，呈椭圆形，有的蚀坑呈阶梯状。经国内有关专家勘验分析，事故主要原因是由微生物腐蚀所引起，并首次提出了治理舰船微生物腐蚀的建议。由此可见，研究热带地区微生物腐蚀与防护，具有重要的现实意义。刘大扬等人对南海榆林海域环境因素对钢局部腐蚀的影响的研究结果也表明热带海洋气候环境条件下海水中的微生物腐蚀比青岛海域更为严重。地理位置的原因使海南省的海洋设施建设非常受重视，如21世纪大桥、粤海铁路都是近年建成的海洋设施、跨海大桥等待建设施也逐步开始实施。为减少发展过程中由微生物腐蚀造成的经济损失和事故，有必要对热带海洋气候下金属的微生物腐蚀加以重视。

虽然不同地区微生物腐蚀程度有所不同，但平均生物腐蚀造成的损失占总体腐蚀损失的20%左右，因此，必须对生物腐蚀予以足够的重视。

1.4.2 海水中微生物腐蚀的防护

1.4.2.1 控制微生物腐蚀的传统方法

控制微生物腐蚀的传统方法主要分为以下几种：

(1) 清洗。清洗主要是从金属表面除掉沉积物（结垢或黏膜），分为机械清洗法和化学清洗法。机械清洗法指能够将沉积物从表面去除的物理方法，通常包括擦除、打磨、冲刷等。机械法与杀菌法同时应用，可以去除金属表面附着的微生物。化学清洗法指利用矿物酸、有机酸或螯合剂等对表面沉积物进行酸洗，它对结垢的去除十分有效，但对于生物黏膜作用不大。

(2) 紫外照射和超声波处理。紫外线具有杀菌作用，利用紫外线照射可有效杀灭海水和船舰舱底积水中的 SRB。这是因为，一般紫外灯在 260nm 波长附近有很强的辐射，而这个波长恰好能为核酸所吸收，因而照射一段时间就能使 SRB 致死。另外，还可利用超声波抑制 SRB 的生长，当声波频率超过 9 ~ 20kHz 时，就可以使 SRB 受到剧烈振荡而被破坏。

(3) 改变介质环境。SRB 的最佳生长环境是 pH 值 5.5 ~ 8.5、温度 25 ~ 30℃。当 pH 值小于 5.5 或大于 8.5 时，SRB 都会停止生长。注入高矿化度水或 NaCl 水，通过渗透压降低细胞内部的含水量，可抑制 SRB 生长。研究表明，当注入水矿物质含量达 160g/L 时，SRB 生长数量减少 50%；周期性地注入热水（超过 60℃），也可杀死 SRB。

(4) 阴极保护。在 SRB 存在的条件下，可以使用阴极保护的方法来防止微生物的腐蚀，这是由于在阴极保护下阴极提供自由氢的速度超过了细菌去极化作用中利用氢的速度。阴极保护能够通过释放氢氧根离子增加金属与介质界面的 pH 值，造成钙镁化合物溶解度的下降而形成钙镁沉积膜。阴极保护对于防止海洋环境中厌氧微生物膜向碳钢构筑物表面的附着十分有效。

在不含 SRB 的正常情况下，利用阴极保护方法时，在被保护对象上施加的阴极极化电位降至 -0.850V（相对于 $Cu/CuSO_4$ 电极）时，即可达到保护的目的；而在有活性硫酸盐还原菌存在的条件下，则需再降低 0.100V，即降到 -0.950V 时，才可以保护被保护对象。这是从热力学角度考虑做出的预见，并已经在实验室用细菌的纯培养实验进一步得到证实。同时，就硫酸盐还原菌活动而言，采用阴极保护时，作为阴极的金属表面附近形成了碱性环境，对 SRB 的活动具有抑制作用。阴极保护方法一般和涂层防护方法联合使用，这样，阴极保护可以弥补涂层由于涂不到或者涂层剥落而产生的不足，从而达到更好的保护效果。

（5）化学方法。化学方法是最简便且行之有效的方法，主要是通过投加杀菌剂杀死或抑制微生物的生长。目前化学方法存在的主要问题是微生物产生抗药性、杀菌剂现场使用中与其他水处理剂的配伍性、杀菌剂对基体金属的腐蚀性、杀菌剂的加药方式等。基于环保要求，杀菌剂的使用会越来越受到限制，发展更有效的新型控制措施势在必行。

1.4.2.2 液中高压脉冲电场杀菌技术

自从塞尔（Sale）等人于 1967 年发现高压脉冲电场有杀菌作用以来，高压脉冲电场技术（high voltage pulsed electric fields，HVPEF）成为近年来研究最多的冷杀菌技术之一。该方法是利用高压脉冲电场下，负向脉冲波峰的出现对微生物细胞膜形成一个快速变化的压力，使其结构松散，从而与正向脉冲峰协同作用，迅速破坏细胞膜的透性。高压脉冲电场杀菌技术杀菌条件易于控制、受外界环境影响较小，不但处理时间短、能耗低、杀菌率高，而且不使用杀菌剂、操作费用低、无副产品、不产生二次污染，以其良好的应用特性成为当前最有前途实现工业化应用的冷杀菌技术之一。目前，国内外学者已从处理系统设计、能量消耗与经济性、处理效果、灭菌机理、影响因素等多方面对其进行了大量研究。

1.4.2.3 影响高压脉冲电场灭菌的因素

影响高压脉冲电场灭菌的因素如下：

（1）对象菌的种类。不同菌种对电场的承受力差别很大。无芽孢细菌较有芽孢细菌更易被杀灭，革兰氏阴性菌较阳性菌易于被杀灭。在其他条件均相同的情况下用高压脉冲电场灭菌，不同菌种的存活率依次为霉菌 > 乳酸菌 > 大肠杆菌 > 酵母菌。特别需要指出的是，对象菌所处的生长周期也对杀菌效果有一定的影响，处于对数生长期的菌体比处于稳定期的菌体对电场更为敏感。

（2）菌的数量。研究中发现，对菌数高的样品与菌数低的样品加以同样强度、同样时间的脉冲，前者菌数下降的对数值比后者要大得多。

（3）电场强度。电场强度在各因素中对杀菌效果影响最明显，电场强度加大时对象菌存活率明显下降。

（4）处理时间。处理时间是各次放电释放的脉冲时间的总和。随着处理时间的延长，对象菌存活率起初急剧下降，然后降幅趋缓，直至几乎不随处理时间的继续延长而变化。

（5）处理温度。随着处理温度的上升，杀菌效果有所提高，其提高的程度一般在 10 倍以内。

（6）介质电导率。介质的电导率提高时，脉冲频率上升，脉冲宽度下降，而电容器放电时的脉冲数目不变，即杀菌脉冲时间缩短，因此杀菌效果相应下降。介质电导率影响着放电时的脉冲强度和脉冲次数，如是空气导电，则无脉冲产生。

（7）脉冲频率。提高脉冲频率时，杀菌效果上升。这是因为脉冲频率提高后，对应于每一次电容器放电来说，具有更多的脉冲数目，指数衰减曲线的下降得以减缓，从而保证了更长的杀菌处理时间。

（8）介质 pH 值。在正常的 pH 值范围内，对象菌存活率无明显变化。可以认为，pH 值对高压脉冲电场灭菌无增效作用。

1.4.2.4　高压脉冲电场灭菌的处理效果

国内外研究人员使用高压脉冲电场对培养液中的酵母、革兰氏阴性菌、革兰氏阳性菌、细菌孢子以及苹果汁、香蕉汁、菠萝汁、牛奶、蛋清液等进行了大量研究，结果表明，抑菌效果可达到4~6个数量级，其处理时间一般在微秒到毫秒级，最长不超过1s。肖更生等人对高压交流电场的灭菌效果进行了研究，结果表明，在22.5kV/cm的场强处理下乳酸杆菌数降低近6个数量级。陈健在40kV/cm条件下，用50个脉冲处理脱脂乳中的大肠杆菌后，99%的大肠杆菌失活。

1.4.3 抗菌金属材料

由于各种金属及其合金或非金属材料耐微生物腐蚀的敏感性不同，通常铜、铬及高分子聚合材料比较耐微生物腐蚀，可以通过对材料的表面进行处理、在基体材料中添加耐微生物腐蚀元素或在金属表面涂敷抗微生物腐蚀的纳米氧化物等，达到防治微生物腐蚀的目的。按照制造方式所生产的抗菌性金属材料大致区分（见表1-5），其中有已成产品，也有的处于试制阶段。

表1-5 主要的抗菌性金属材料及生产工艺

生产工艺	应用材料
对原材料表面涂布抗菌性的某种物质（抗菌剂）	碳钢
添加具有离子性杀菌的金属元素	不锈钢
采用杀菌性的某种金属（银、铜、锌等）的浸镀方法，在应用材料表面成膜	碳钢 不锈钢
持有银、铜或锌元素涂层的陶瓷复合或形成这类元素组成的表膜	铝、镁等合金

所制作的材料主要是依据JIS中规定的方法进行，即采用大肠菌或黄色葡萄菌的抗菌能力进行评价。这种方法适用于塑料、金属及陶瓷，在目前状况下作为客观的方法之一正被采用。

自古以来，就知道银、铜、锌、铅、锡等的离子具有强大的杀菌能力。这类元素中，银和铜作为合金元素添加到不锈钢中加以开发。各元素的含有量，要依据不锈钢的种类而异，银一般为0.03%～0.05%，铜一般为1.5%～4.0%。

钢中添加Ag有抗菌效果，这是由于必要的Ag^{+}溶析赋予了对细菌的抗菌作用，另外，从耐蚀性方面分析，添加的Ag由于是呈均匀且微细状态分布，在不锈钢表面形成的钝化膜中不稳定部分非常之少，因此不易引起耐蚀性变差。

在钢中添加Cu，在单纯地使用Cu固溶的金属组织中未发现抗菌性。通过实施热处理工艺，使不锈钢母相中约有0.5μm的微细针状析出的Cu均匀分散是有必要的。这种析出物确认为是ε-Cu相。这种ε-Cu析出物在材料表面以暴露状态出现，所以在表面不生成钝化膜，一旦表面有水分出现，Cu易于析出，发现具有抗菌性。

金属在热带海洋环境海水中的微生物腐蚀行为在第2章详细探讨。

1.5 金属在石油工业领域的微生物腐蚀

1.5.1 金属在石油工业领域的微生物腐蚀现状

金属在石油工业领域的微生物腐蚀主要包括开采时注水系统中的微生物腐蚀、海洋开采时海底淤泥及海水中的微生物腐蚀及输油管线所面临的土壤腐蚀。油田注水系统和注水层中的微生物腐蚀堵塞，实际上是电化学腐蚀的特殊形式。注水微生物一般分为厌氧微生物和好氧微生物。厌氧微生物的主要代表是硫酸盐还原菌，好氧微生物主要代表是硫细菌、铁细菌和腐生菌。实践证明上述细菌对注水油层造成的危害最大。黏液形成菌和假单孢杆菌等在固体表面能产生致密的黏液。它们以和铁细菌同样的方式，在所占据的地方引起堵塞和腐蚀。硫酸盐还原菌（SRB）所引起的腐蚀比其他任何细菌都严重。它们能把水中的SO_4^{2-}中的S还原成S^{2-}，进而生成副产物H_2S，不仅使采油设备管道受到点蚀，并且使油品加工性能变坏。腐蚀产物主要是FeS沉淀，这些沉淀物被油污包着形成对地层通道的堵塞。而对于小于5μm孔径的地层通道，SRB菌体本身也会引起堵塞。这是一个很大的威胁，其结果是造成注水量下降，直接影响原油产量的提高。同时因更换管道、设备等所花的费用也是相当惊人的。英国每年为此所花的费用是3亿~5亿英镑，我国大庆、华北、中原等9个油田1985年前的管道报废率至少为5.6%。随着采油量的增加，注水量的加大，SRB的破坏作用也随之加剧，致使设备维修费用大大增加。世界各国对SRB腐蚀的研究非常重视。1974年在美国召开的国际腐蚀学术会议上，对SRB在油田污水中的腐蚀问题进行过专门的讨论。1985年在美国华盛顿由NACE和NBS召开的国际微生物腐蚀会议上，一半以上的论文涉及SRB的腐蚀问题。

随着二次采油技术的发展，我国油田在出油量增加的同时，注水量增大。现在每年约7亿立方米的注水量，致使微生物的破坏作用加剧，管道腐蚀日趋严重。据报道，采油设备管道要2~3年更换一次。为此，许多油田目前对微生物的危害十分重视，已经组织有关单位协作攻关，研究控制生物的危害。

1.5.2 金属在石油方面的微生物的防治方法

随着石油工业的发展，微生物引起的腐蚀越来越受到重视，人们在微生物的腐蚀防治做了不少工作，目前已建立有专门的专家系统。概括起来，微生物的腐蚀防治方法有以下几种：（1）改变注水的介质环境（如周期性注入60℃的高温水、在注水中加入矿物质、调节pH值）；（2）选用耐微生物的材料，如用高强度耐蚀钢做井下管道设备；（3）采用防护涂层，如采用酚醛树脂、环氧-酚醛树脂与呋喃树脂基涂料等；（4）对设备施加阴极保护；（5）用超声波或放射线处理油田注水；（6）投加杀生剂。其中最后一种被认为是最简便而又有效的方法。

早在1955年苏联科学院微生物研究所就和油田合作进行SRB等杀生剂的研究，1958~1960年油田开始应用甲醛作杀生剂，并取得了成功，但所需剂量较大（400mg/L），不够经济，而且甲醛易挥发，对操作人员的眼睛和呼吸系统会发生危害。为克服这一弊病，塔克霍布（M. B. Tacahob）等人研制了一种新的高效杀生剂，名称为B-氯乙氧基-2,2,2-三氯乙基-N-甲基甲酸酯，它的用量只需0.5×10^{-6}，就可抑制SRB的生长，但合成较难，成本又高。

目前油田应用最广泛的杀生剂——洁尔灭很早就在实验室被合成，后来用Br^-取代Cl^-取得了新洁尔灭。1954年，艾昂波特（Iongport）提出用复合配方控制微生物，比单独的药剂杀生效果好。在此之后，有很多复配产品被研制出来。最近，关于以咪唑为母体的杀生剂报道较多，国内许立铭、张华民等人也从事过硝羟乙唑对SRB的杀生作用研究，认为该药剂对SRB有较强的杀生效果，但水溶性不好，且成本较高，用于生产实际尚有一定的困难。

总之，微生物杀生剂的种类是相当多的，除上述列举的外，还有含硫化合物、含磷化合物、氰基化合物、酚类化合物等。中国科学院微生物研究所进行了47种化合物对SRB杀生效果的研究，结果表明季铵盐类化合物具有较高的杀生能力。

根据油田注水中使用的杀菌剂必须价廉、低毒、高效、水溶性好、不伤害油层等的要求，长庆石油勘探开发研究院、中原油田规划设计研究院、新疆石油管理局油田工艺研究所等单位先后收集国内及美国数十种药剂进行了筛选试验，从而一致筛选出洁尔灭、WC-85（洁尔灭+戊二醛+稳定剂）两种，由于洁尔灭货源较广，故普遍使用洁尔灭控制注水中的微生物。同时据调查，我国其他各油田注水系统目前广泛使用的杀生剂大多是季铵盐类的洁尔灭等。长期使用一种药剂，细菌会产生抗药性，使投药量不断加大，费用逐年增加。据国内各油田资料统计，水处理药剂总费用中，杀菌剂的费用占50%左右。因此研制新型实用的杀菌剂就成了目前国内亟待解决的问题。

关于石油管线在土壤和海洋环境中的腐蚀在本书其他部分介绍。

1.6 材料在土壤中的微生物腐蚀

1.6.1 材料在土壤中的微生物腐蚀状况

输油输气管道、电缆、电子装备、地基等与土壤接触的地下构筑物，尤其是管线的腐蚀半数以上是由微生物引起或参与的。土壤微生物腐蚀与其他环境相比更为复杂。不同地区土壤的 pH 值、湿度、土壤的基本组成、植被、电场情况、矿物质含量、含氧量等均有较大差异，导致土壤中微生物组成与含量有显著差别，所引起的微生物腐蚀也极为复杂。据石油部门工程人员反应，南方水稻田中石油管线的细菌腐蚀极为严重，还有部分地区管线涂层易于遭受霉菌侵蚀，导致涂层失效，管线腐蚀。我国从 1959 年成立全国土壤腐蚀试验网站以来，收集了大量的有关腐蚀微生物的分布、类型、环境影响因素等数据，通过不同土壤腐蚀微生物计量土壤理化因素对材料微生物腐蚀影响，探索土壤微生物腐蚀的规律性。

吕人豪等人从我国东北、西北、西南和华北的 10 多种土壤的腐蚀试验站的钢件周围及腐蚀产物中，分离、纯化了 13 株硫酸盐还原菌（SRB），测定了它们的形态、生理生化特性及氢化酶活性，确定我国广大地区土壤中分布的钢铁腐蚀厌氧腐蚀菌主要为普通脱硫弧菌和脱硫脱硫弧菌，它们对钢的腐蚀速率和其氢化酶活性存在着很好的相关性。这与在一些国家的土壤腐蚀调查中发现代表性厌氧腐蚀 SRB 多数是脱硫脱硫弧菌有所不同。这两种菌的主要区别是脱硫脱硫弧菌除 DNA(G+C)% 摩尔分数低于普通脱硫弧菌外，它还能利用苹果酸及胆碱为供氢体，其他生理生化特性几乎完全一致。从腐蚀角度看，这两种菌都具有引起金属腐蚀的氢化酶。因此，它们都将构成微生物厌氧腐蚀的严重威胁。

孙成、韩恩厚等人详细研究了不同土壤湿度下 SRB 对碳钢和锌的腐蚀。研究结果表明，土壤湿度对菌类生长的影响是显著的。硫酸盐还原菌随着湿度的提高而递增，一般湿度在15%以上时比低湿度的土中菌量高约100倍以上。在相同的湿度下，接菌土壤中A3钢腐蚀速率和点蚀深度都明显大于灭菌土壤，这说明硫酸盐还原菌增大了土壤的腐蚀性。随着含水量的增大，A3钢腐蚀速率也增大，当土壤含水量增大到15%左右时，腐蚀速率达到最大；接菌土壤中A3钢的最大腐蚀深度也出现在含水量15%左右。A3钢在接菌及灭菌土壤中的阻抗图谱均表现为单容抗半圆，在接菌土壤中阻抗值及阻抗半圆均比在灭菌土壤中小很多，同样也说明硫酸盐还原菌增大了A3钢在土壤中的腐蚀速率。在不同的湿度下，接菌土壤中纯锌腐蚀速率和点蚀深度都明显大于灭菌土壤；随着含水量的增大，纯锌腐蚀速率也增大，当土壤含水量增大到10%～15%时，腐蚀速率达到最大，然后腐蚀速率随着湿度增大而趋于减小；纯锌在接菌及灭菌土壤中的阻抗图谱均表现为单容抗半圆，在接菌土壤中阻抗值及阻抗半圆均比在灭菌土壤中小很多，说明硫酸盐还原菌增大了纯锌在土壤中的腐蚀速率。

硫酸盐还原菌除直接造成金属的腐蚀速率提高和点蚀外，还对涂料有剥离破坏作用。

对于埋地管道而言，由于埋地管道周边土壤应力或缝隙的存在，以及管沟回填土内的含水量和细菌含量要比管线附近未动的土壤中大，同时管沟的回填土层不是很密实，能够渗入更多的水分而增加了氧的扩散。尤其是在管道纵焊缝或多口连接的环焊缝处，将在胶带涂层和管道表面间产生充满地下水的间隙。而埋地输油气管道受地形和环境温度变化的影响，也会促使管道防护涂层开裂和剥离，使地下水更多地进入防护层中与管道表面接触。厌氧菌能够在缝隙积水、密实的土壤中生长繁殖，在涂层下可产生微生物的闭塞微电池腐蚀。尽管人们提出了很多针对埋地管线微生物腐蚀的机制，但大部分的腐蚀失效还是归结于硫酸盐还原菌（SRB）和产酸菌（APB）的存在和活动。一般地，沙质土壤有利于APB的生长，而高褐土土壤对这两种微生物的生长都有利。

地下环境中的电子设备也面临着微生物腐蚀。地下坑道空气检测表明：每立方米空气含微生物的数量平均在2000~3000个，最高的部位含有12000个。由于地下环境适宜的温湿度，因而系统电子设备常常发生微生物腐蚀的现象，尤其是在南方地区。这些微生物包括真菌、细菌及霉菌，它们靠水、氢及氧作为养料，电子设备采用的一些有机合成材料如电路层压板、包封树脂，能够滋养真菌。微生物具有下述侵蚀作用：

（1）大多数霉菌是潮湿的，当它跨过绝缘表面繁殖时，引起短路；

（2）绝缘被破坏和减弱，电性能指标下降、不稳定；

（3）微生物代谢过程产生的酸对金属、玻璃及某些有机材料产生腐蚀；

（4）破坏密封，引入潮气形成腐蚀性水膜；

（5）微生物生长形成扩展性堆积物，可以使保护层破坏、松动、裂缝和起泡；

（6）涂层起泡情况下，下面的微生物堆集，形成半渗透胶囊，从而引起金属表面的缝隙腐蚀；

（7）霉菌通过消耗固态和气态物质，可以破坏金属表面的电平衡，并因此而去掉抗蚀的钝化膜。

1.6.2 材料在土壤中的微生物腐蚀防护方法

以埋地管线为例探讨土壤中材料的微生物腐蚀防护方法。虽然，为防止管线所有形式的外腐蚀和开裂采用了多种涂层材料（如石油沥青、聚烯烃胶带、熔结环氧树脂），还有强制电流和牺牲阳极的阴极保护等措施，但由于管线表面土壤应力和隆起（大多在湿的土壤中、地质上活动的不稳定斜面上），特别是沿管线的长焊缝和对接焊缝区，在胶带和管线之间会形成一些间隙，在这些地方会有地下水和微生物进入，使防护涂层剥离。另外，高的工作温度和SRB、APB也会促使涂层的剥离，为微生物的侵入和腐蚀提供了条件。

当前埋地输油气管线通常使用在土壤和水介质中具有耐菌破坏能力的有机保护层（如环氧树脂漆、塑料薄膜、多层 PE 等)、无机保护层（镀锌、铬、水泥等）以及阴极保护（包括牺牲阳极法或外加电流法）等措施用来防止微生物腐蚀。在密闭系统中（如金属油、气贮罐等)，采用氧化型或非氧化型杀菌剂杀灭或抑制腐蚀微生物的增殖，达到控制腐蚀的目的。

另外，阴极保护会使阴极极化的表面吸引微生物，包括硫酸盐还原菌。因此虽然阴极保护可以为微生物腐蚀的防护带来明显效果，但通常要求在有微生物腐蚀的区域，使抑制腐蚀所需的阴极保护电位更负一些。否则，微生物腐蚀速度会比以前没有阴极保护时腐蚀得更快。同时由于微生物腐蚀提高了腐蚀反应的动力，因而增加了获得给定极化水平所必需的阴极保护电流。而微生物的不断腐蚀会增大被暴露的金属表面，也进一步增加了获得给定水平的极化所需的阴极保护电流。阴极保护要想更有效地控制微生物腐蚀，还必须通过加大阴极保护电流，提高极化水平抑制微生物的生长与腐蚀。

1.7 混凝土的微生物腐蚀

1.7.1 混凝土的微生物腐蚀状况

混凝土由于具有高的碱性，不利于微生物的生存。但西斯尔-瑟伟特（Thistle-thwayte）在 1972 年提出的污水对混凝土排水管管壁的腐蚀的机理已被人们广泛接受。其主要论点是，沉积在管道底部粘泥层中所含的硫酸根离子被硫还原菌还原生成硫化氢，硫化氢逸入管道上部空间，与管壁接触，并与细菌产生生化反应，生成硫酸，混凝土管壁在硫酸的作用下导致破坏。

首次报道混凝土微生物腐蚀的是 1900 年，奥姆斯特德特（Olmsteadt）和哈姆尔姆（Hamlm）报道了洛杉矶污水管中遭到快速腐蚀的现象，然后是开罗、开普敦、奥林奇卡文蒂、墨尔本等地先后发生地下污水系统混凝土受侵蚀破坏的事件。这些城市都具有雨水较少、全年气温较高的共同特征。最初人们以为仅仅因为化学反应而产生腐蚀，但污水检验的结果表明，污水中酸类物质不足以引起混凝土破坏。

在这种情况下混凝土腐蚀就成了一个不解之谜。此后世界的其他地方，尤其是美国、德国、东南亚各国，以及日本等地也发生了相似的事件。据5个城市污水设施腐蚀调查的报道，钢排污管在18个月后就产生锈蚀；混凝土排污管道在10年后内壁剥蚀；为数不少的用作污水管道的石棉水泥管在5~10年受侵蚀；铸铁管的接头也受到严重腐蚀，一个泵站的铸铁管接头在6~7年后内层几乎消失。然而人们并没有像对待酸类、盐类等物质侵蚀混凝土那样，对微生物腐蚀混凝土的情况予以重视。直到20世纪40年代，接连发生运行中的混凝土管道遭受侵蚀案例，人们才重视起来。1945年帕克（Parker）在墨尔本最早报道混凝土的腐蚀与微生物有关，从而揭开了微生物腐蚀的神秘面纱。

1959年庞罗伊（Pomeroy）对加利福尼亚洛杉矶城区排水系统使用了35年的污水管线进行有关微生物腐蚀的研究，发现25%的管线受到了微生物腐蚀。自此引起了世界各国专家对微生物腐蚀的重视，在德国汉堡成立了跨学科领域的组织，对微生物腐蚀进行综合调查研究。专家们研究讨论了加利福尼亚、澳洲、非洲、中东、近东、南美洲和新加坡的案例，认为材料的微生物腐蚀是一个涉及多学科的交叉性的科学问题，它需要由生物学家、化学家、材料学家以及结构工程专家共同来研究。

在我国，20世纪50年代开始大规模建设地下排水管网，排水管道多为混凝土制造。近年来也发生了类似的腐蚀案例。但这方面的研究工作起步较晚，1988年上海开展治理苏州河及其支流的污染，改善水质的工程，提出了混凝土管防污水侵蚀的问题，其中包括微生物腐蚀。上海建筑科学研究院作了探索性的研究，苏州混凝土水泥制品研究院也曾对混凝土排水管的腐蚀状况进行过调查。

1.7.2 材料在混凝土中的微生物腐蚀机理

微生物腐蚀是环保工程中发生的典型的动态过程。含有无机和有机污染物质的水排入城市排水系统后，首先被系统中原有的流水混合、中和、稀释、扩散或浓度加大。比较重的粒子沉降到管道底部，形成黏泥层。有机物质便成为微生物的营养源，它们被分解与消化。在这个生物的氧化作用过程中，开始有充分氧气，有机物为需氧菌分解成水、二氧化碳、五氧化二磷、硫酸离子等。这种反应需要消耗水中大量的溶解氧。水中的溶解氧因得不到补给而显著降低，一旦耗用殆尽，氧化作用便停止。厌氧菌参与分解有机物，将其分解成甲烷、氮和硫化氢等气体。其中硫化氢本身对混凝土无明显的侵蚀作用，但遇上混凝土表面的凝聚水膜，就生成硫酸，对混凝土具有强烈的侵蚀作用。

日本的森忠洋等人认为，混凝土管的微生物腐蚀主要分为两类：一类是含有大量硫化氢的工厂废水或化粪池污水排入混凝土管道，导致微生物腐蚀；另一类是管道底部沉积的黏泥层在厌氧状态下，产生的微生物腐蚀。澳大利亚的西斯尔思韦特（Thistlethwayte）提出了为人们广为接受的腐蚀机理。

混凝土管壁的生物腐蚀的主要过程如下：

（1）污水和废水中的有机和无机悬浮物随水流流动而逐渐沉积于管底成为黏泥层。黏泥层中的硫酸根离子被硫酸盐还原菌还原，生成硫化氢。

（2）释放的硫化氢进入管道未充水的上部空间，与管壁相接触。

（3）在管壁上，硫化氢由于生物化学的作用，氧化生成硫酸。

（4）在生成的硫酸的不断作用下，管道上部混凝土被腐蚀。

罗伯顿（Roberton）和佩英特尔（Paintal）等人的研究结果

证实了上述的腐蚀机理，认为硫酸盐还原菌是使硫酸盐转变为硫化氢的主要角色。食砼菌（concretivorus）则是在管壁上与硫化氢产生生物反应生成硫酸，从而成为破坏混凝土的最终杀手。

1.7.3 腐蚀的影响因素

混凝土管的微生物腐蚀最常见的是发生在半管自流混凝土管道中。它与温湿条件有关，硫杆菌的各种细菌在温暖潮湿的环境下才会出现。pH 值也是主要的生存因素。

西斯尔思韦特（Thistlethwayte）提出了一个经验公式，建立了黏泥层生成速率与 SO_4^{2-}、BOD_5 和污水流速的关系：

$$G_s = 32.2 \times 10^{-6} \times V_s \times [BOD_5]^{0.8} \times [SO_4^{2-}]^{0.4} \times 1.139^{(t-20)}$$

式中 G_s——黏泥层产生速率，单位是 1b 亚硫酸盐/1000 平方尺黏泥层/h；

V_s——污水流速，英尺/s；

BOD_5——5 天生化需氧量，mg/L；

SO_4^{2-}——硫酸盐含量，mg/L；

t——温度，℃。

图 1-3 所示为自流管中 BOD_5 与硫化氢生成量的关系曲线。管径为 0.75m，液面高径比为 0.25，污水温度为 20℃，硫酸盐

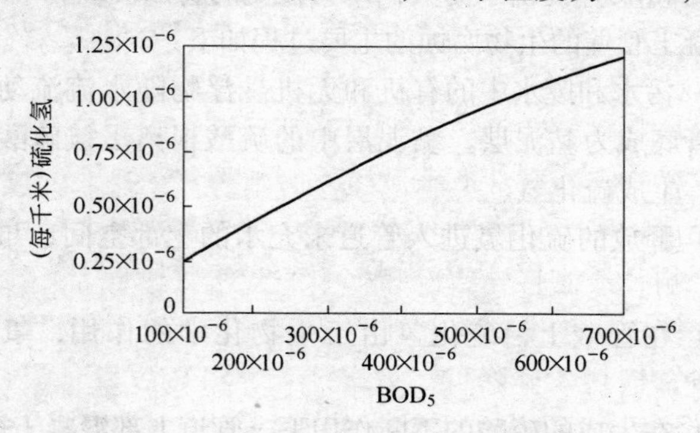

图 1-3 污水中 BOD_5 与硫化氢生成量之间的关系

含量为60mg/L。

新浇灌的混凝土具有很强的碱性，pH值达到12，没有任何一种硫杆菌能在这样的碱性环境中生成。因此混凝土暂时不受细菌作用而导致腐蚀。混凝土在空气中自然碳化，其表面的pH值逐渐降低至9以下，在这种碱度，硫杆菌属中的萧巴氏菌和那不勒斯菌便利用硫化氢作为基质，生化反应成硫酸，混凝土表面的碱度继续下降至5，这时，食硂菌开始大量繁殖，并生成高浓度硫酸，pH值降到2以下，混凝土水泥石中的硅酸钙和铝酸钙水化物被酸溶解，从而导致混凝土破坏。

1.7.4 微生物腐蚀的预防

研究结果表明，预防微生物腐蚀行之有效的措施有3方面：

（1）改善排水管道的结构，如满管运行，或尽量减少水面上方的空间。

（2）采取各种措施，使硫杆菌等不同细菌不能生存，减少硫化氢生成，如强制通风，使用化学剂等。

（3）采用耐酸混凝土制造混凝土管，或在混凝土管内表面涂刷防腐涂料。

1.8 循环冷却水中的微生物腐蚀

1.8.1 循环冷却水中的微生物所产生的危害

工业冷却水温度通常为30～40℃，且含有各种有机物和无机物，这样的环境非常适合微生物的生长和繁殖。而微生物的生命活动可直接或间接地对冷却水系统中换热设备的电化学过程产生影响，最终将导致冷却水中的微生物腐蚀。MIC可引起冷却水系统中换热设备的腐蚀和黏泥沉积，进而使设备的过水断面减少，传热效率降低，情况严重时可导致设备局部腐蚀、管道穿孔，致使工厂被迫停产，造成很大的经济损失。

微生物引起危害的类型有下列几种：

（1）形成黏泥，增加流水的阻力。由于产生黏液的微生物，在热交换器管壁内附着生长，形成了一种软的波形有弹性的微生物黏液层。这层黏液如遇水中灰尘等颗粒就粘在一起形成了黏泥。这种黏泥便阻碍了水的流速，造成了摩阻。据查罗克尔斯（Charakils）的测定指出由于黏泥的摩阻，使一根 80.467km（50 英里）长、直径 61cm（24 英寸）的管线，因长有 0.064cm（0.025 英寸）厚的黏泥，而使传送容量竟降低了 55%。

（2）微生物污垢堵塞换热器。由于微生物的繁殖，没有得到很好的控制，它们便在短时间内造成了危害。我国某些化工厂、化肥厂、炼油厂以及纺织厂均出现过换热器被污垢堵塞的情况。一般轻者降低换热效果，重者完全堵塞换热器。1977 年曾昭琪等人在上海某公司的一个厂做调查时，该厂一台换热器几十根管中有 60% 已全部堵塞，其余也大部分被堵塞，直径 25cm 的管子，有的管口缩小到 10cm，有的只有 4～5cm。这些堵塞的物质经分析主要是含磷的一些化合物：如磷酸钙、磷酸铁及硅的氧化物等，但其灼烧减量竟达 40% 左右。这些污垢呈灰白色无臭味。这与 1980 年安庆某厂同样堵塞换热器的污垢不同，安庆是黑色具有异臭的一种污垢，其灼烧减量超过 40%。在化肥厂的检修报告中，不难看出各厂每年均能发现有污垢。若控制得好，污垢量大大降低。四川化工厂在 1977 年时，污垢十分严重，而至 1979 年时几乎检不出污垢样。

（3）释放氧气、增加 OH^- 含量使水的 pH 值升高。当循环水的冷却塔上，被藻类所占据之后，就能迅速形成一层绿色的覆盖物，这一层覆盖物大部分是由藻类的一些丝状种类所构成。它们能够利用水和二氧化碳进行光合作用，制造出光合作用的产物—碳水化合物来，同时向环境中释放出大量的氧气。这些氧气便对管道造成氧腐蚀。同时又增加了水中 OH^- 的浓度，使 pH 值升高。pH 值高时，若水中用氯为杀菌剂，则氯受到高 pH 值的影响而降低了作用。这些过程不是简单地进行，而是有各种交错的过程。

（4）细菌的代谢产物引起腐蚀。细菌在管道内或管道外壳层内获得繁殖条件时，在管壁上形成一种菌体的软垢。其中比较突出的是一种动胶菌（Zoogloea）。它同各种非生物垢结合成一个团块附于管壁上。造成垢下的缺氧的浓度差，形成了氧浓差电池。这时水中硫酸盐还原菌极易繁殖，因它是兼性厌氧菌，垢下缺氧给它的繁殖提供了条件。在它的参与下，垢下腐蚀迅速进行。如河北沧州某厂，在1977年开车后的4个月后就出现设备泄漏，原因是细菌造成设备穿孔。帕克里尔斯（Puckorius）指出，对于406.4×10^{-6}m厚的软钢，在有细菌腐蚀下，两个月便可穿孔，对于合金钢、如镍钢及不锈钢的腐蚀也不例外，只要有菌参与在2~3个月内即可使金属受到破坏。腐蚀率可达到每年$(1270\sim5080)\times10^{-6}$m。

（5）分解纤维素消耗果糖破坏木材。据布鲁克（Brooke）和帕克里尔斯（Puckorius）的研究指出，某些真菌对木质结构的冷却塔之侵蚀也是十分惊人的。如不处理，这些微生物的破坏速度也是相当快。据温铭箴的调查在我国西南地区如云南、四川真菌对木质结构的破坏也是不可轻视的。曾昭琪与赵书培等报告了沧州化肥厂木质冷却塔上出现真菌的记录，同时做了药剂处理木材和不处理的木片，在培养后，真菌生长的状况统计。实验表明木结构如果不进行药剂处理，真菌的侵入破坏木材的结果将会导致冷却塔的倒塌，实验也表明正确处理和及时用药也可防止真菌的滋生。

（6）分泌酸和其他细胞液腐蚀破坏水泥部件。许多藻类，特别是某些丝状藻类，它们能够在细胞周围分泌一种有机酸，这些有机酸可以溶解碳酸盐，如碳酸钙、碳酸镁、碳酸钾和碳酸钠等，也可以侵蚀水泥部件，藻类分泌有机酸的同时也利用了被分解的钙、镁、钾等。化肥、化工循环水冷却塔的水泥塔架常常因漏水而使藻类得以生存。又因水温适中，水中无机营养盐的浓缩，促使藻类生长。只要有阳光它们就可大量繁殖，它们分泌的有机酸可以造成水泥部件逐渐粉碎，塔壁粉砂逐渐脱落，以致造成局部塔壁只留钢筋，当钢筋失去水泥的支撑受力不均时，冷却塔就会倒塌。这种现象在北京燕山石化公司某厂、山西太原化肥厂的旧式冷却塔都已看到。这种腐蚀的速度是缓慢的，但是对于电厂及化工厂而言却是不能忽视的。

（7）形成水花堵塞旁滤池。在硅藻大量繁殖季节，由于某些种类特别发育，在水中形成水花。由它们的单细胞藻体互相交错，组成一种纤维状结构，进入旁滤池后，逐渐塞满砂或其他填料的空隙，并在旁滤池上形成一层膜状物，使水完全不能滤过或大大降低旁滤池的效果。在1939年8、9月间，美国芝加哥城各河中出现的水花，就是由一种针杆硅藻所造成的。由于它们首先发生于河水中，故而沿着河流自上而下地发生硅藻危害，一个城市接一个城市地出现供水不足和水质恶化。当时人们不知道这是什么原因，后经生物学家测定得知是水中 CO_2 太多，使硅藻形成水花，后人称这次事件为硅藻流行病。而形成的水花会造成旁滤池的堵塞。

1.8.2 引起危害的主要微生物

1.8.2.1 硫酸盐还原菌

硫酸盐还原菌也是工业冷却水中的主要菌种之一。目前SRB菌已经有12个属近40多个种，其中对循环水产生危害的主要有脱硫弧菌、巨大脱硫弧菌、脱硫肠状菌等。其引起的腐蚀广泛存在于工业冷却水、水电、核电和海水供水系统中。

1.8.2.2 硫氧化菌

硫氧化菌是好氧菌中能氧化硫、硫代硫酸盐及亚铁（包括黄铁矿）的细菌。其中多数是自养菌，即能在还原性硫化物或亚铁中取得能量来同化空气的二氧化碳来合成自身的菌体。这种菌类在天然水域的海洋、湖泊、河流的沉积物中极易发现，它们属于氧化硫杆菌属（Thiobacillus）。在工业循环水中出现的常见硫氧化菌包括氧化硫硫杆菌、排硫杆菌和氧化铁硫杆菌。

1.8.2.3 铁细菌

工业水中常见铁细菌有鞘铁细菌、嘉民铁细菌、球铁细菌和纤毛菌。

硫酸盐还原菌、硫氧化菌及铁细菌均在前文已有较多说明，在此不再详细叙述。

1.8.2.4 硝化菌

这一类细菌常常存在于冷却水系统中，它能利用氨使之变成硝酸。在合成氨厂中因漏氨而出现水的pH值上升，但若有硝化细菌存在却使pH值下降从而腐蚀了设备，它们的种类较多，常见有：

（1）亚硝化球菌。它的形态是直径小于2μm的无色单细胞球菌，革兰氏阳性，好气，在细胞表面或细胞内均不沉积铁的化合物，严格自养。在有机质上不生长而能以二氧化碳作为唯一的碳源。并从氨氧化为亚硝酸盐的氧化作用中获得能量。细胞直径1.5~1.7μm，外有较厚的膜，对pH值的适应在7.0以上，约为8~9时生长最好。

（2）亚硝化胶团菌。单细胞，无色，球状到杆状有机体，宽度小于2μm，有荚膜并聚集成菌胶团。这种菌胶团不变成胞囊。好氧，严格自养，在肉汁琼脂培养基上不生长。CO_2是唯一的碳源，并从氨氧化成亚硝酸时获取能量，不能氧化亚铁也不在细胞内或细胞外沉积氧化铁，染色后可见到细胞排列成链或随机排列。

（3）硝化细菌。单细胞，无色杆状有机体。宽度小于2μm，不形成菌胶团，以单根极生鞭毛运动也有不运动者，严格自养菌。在肉汁琼脂培养基上不能生长，不氧化亚铁也不沉积铁的氧化物。CO_2是唯一碳源，在氧化硝酸盐的过程中获能量。生长最适的pH值为6.6~10。在碱性培养基上受氢离子的抑制。最适培养温度25~28℃，革兰氏反应不变。

（4）硝化囊菌。单细胞、无色、杆状有机体。宽小于2μm，有荚膜，并能聚集成菌胶团。尚不知其鞭毛状况，好氧，严格自养，不能在有机物培养基上生长，CO_2 是唯一碳源，从氧化亚硝酸盐为硝酸的过程中获能量，不氧化亚铁也不沉积氧化铁的化合物。可自活性污泥中分离出来。

(5) 荧光极毛杆菌。荧光极毛杆菌是一种端生鞭毛运动的小杆菌，细胞直径0.6μm，长1~2μm，单细胞菌体，革兰氏阴性菌，可产生荧光反应。在厌氧条件下具有强烈的反硝化作用，将蛋白质或其他有机物转化成氨，是一种氨化细菌。

(6) 蜡质芽孢杆菌。在工业循环冷却水中常见这些细菌存在。这些好气菌个体细胞较大，细胞直径0.5μm，长1~3μm，有时直径可达1.2μm。这种菌可利用无机氮化物为氮源，在好气的条件下具强烈的氨化作用。它们常与脱氮色杆菌荧光极毛杆菌、脱氮极毛杆菌等组成一种革兰氏阴性反应菌的菌群。它们具有共同的反硝化作用能将氮化物矿化生成氨。

1.8.2.5 真菌

在冷却水系统中真菌不会直接腐蚀金属设备。但是这些微生物能组成不同的腐蚀电池而引起腐蚀危害。它不但腐蚀金属而且也破坏木材和塑料，真菌也可破坏脱盐用树脂。它们往往是黏泥的主要组成者之一。

常见的真菌包括毛霉、根霉、曲霉、青霉及木霉。

1.8.2.6 藻类

藻类是自养微生物，它们能自行合成食物。因此只要有日光 CO_2 和水它们就能生活。它们的种类很多，在某些性状上有的似细菌，有的似真菌。工业循环水中的藻类主要包括：

(1) 蓝藻类。这些藻类和细菌一样，细胞内只有核质而没有具膜的细胞核，所以称它们为核生物，不同于细菌的是它们有光合作用色素——叶绿素，这种色素光合作用时释放出氧气，而某些细菌光合作用时释放氢。在本质上说它们是有区别的。

蓝藻适应温度的性质强，因此它可在很冷时存在，也可在很热的环境中出现。故有适温或喜温种类之分。工业循环水中出现的主要是中温种类，也有喜温种类。多数情况下它们以丝状种类为优势，对 pH 值的适应性强，但它们喜碱性水。

这些蓝藻可以在塔壁上形成一层厚厚的覆盖物，下层附着于水泥上，而上层形成一厚实的藻丛。它们光合作用的结果增加水中的溶解氧。

蓝藻类在循环冷却水中常见种类有颤藻、席藻、微鞘藻和微囊藻。

（2）绿藻类。绿藻与蓝藻不同，与细菌更不相同。它们是属于真核生物，在细胞内有一个完整的具膜细胞核。绿藻与蓝藻相同之处是它们是自养生物，依靠光合作用合成碳水化合物来养活自己。它们在循环水系统中存在的形式是多种多样的，有一些在塔下贮水池中繁殖，有一些则浮漂于循环水中随循环水流入管道再回到池中。某些大型肉眼可见的常常附着于塔壁上形成棉絮状，经常为黄绿色或草绿色。常见种类有丝藻、水绵、毛枝藻、栅列藻、小球藻和绿球藻。

（3）硅藻。硅藻在工业循环水中出现的记录较早，但是人们对它的危害至今也不甚清楚。由于这些单细胞藻类较小，肉眼看不见往往又忽略它们的作用。在我国北方因气温通常较低，适合硅藻的生长、实际应该特别注意。据调查记录，在我国化肥厂及炼油厂循环水中硅藻还没有出现过水花，但是形成水花的种类却普遍见于各厂水系统中。如尖针杆藻、华丽针杆藻、细美舟形藻、细长菱形藻。

（4）裸藻。裸藻是单细胞能游动的真核生物。它们的细胞结构和某些单细胞绿藻有些相似。但是它的光合作用产物是十分不同的。裸藻光合作用产物是虫藻淀粉，与普通的淀粉是有区别的。

常见裸藻内有两三个属种易于在冷却水系统中发现。这之中最普通的是静裸藻、小眼虫、尖尾裸藻和附生柄裸藻。就一般规律而言，当循环冷却水中出现裸藻时，表明水中的含氮量有所增加。因为裸藻是一种喜氮生物，它的出现，就可当做指示性的生物。

1.9 口腔中金属材料的微生物腐蚀

口腔是多种菌群定殖的复杂微生态环境，牙科金属材料可与口腔环境中的组分发生化学反应，其中唾液充当重要的介质，而这种化学反应发生的结果可导致牙科金属材料的破坏。口腔中的微生物也会参与牙科金属局部腐蚀中的缝隙腐蚀、点蚀和晶间腐蚀等。

微生物腐蚀的影响因素如下：

（1）口腔环境。温度、pH 值等环境因素会对微生物诱发腐蚀产生不同程度的影响。温度高低会影响不稳定腐蚀产物的转化，溶液的酸碱性会影响材料的易腐蚀性，环境中氯离子浓度会影响腐蚀速率，还可能影响腐蚀产物。另外，有氧和无氧环境对微生物诱发腐蚀反应和腐蚀产物也产生不同程度的影响。

（2）唾液的组成。奎罗兹（Queiroz）等人进行的体外腐蚀实验结果表明，用不同组分的人工溶液作为不同的电解液，会导致不同的腐蚀性和不同的电化学稳定性。比尔翰（Bilhan）等人的研究结果显示，蛋白溶液会抑制合金的腐蚀。黏液素、IgA、尿素、溶解酵素以及牙科合金材料钛、钴铬钼、镍铬钼、银汞之间的相互反应结果提示镍铬钼和银汞在所有研究介质中都有高腐蚀性。钴铬钼合金在含有黏液素和溶解酵素的人工唾液中有高钝化电流密度。钛在所有研究介质中均有良好的耐腐蚀性和稳定的钝化行为，尤其是在含有 IgA 和黏液素的人工唾液中更明显。黏液素、IgA、尿素、溶解酵素促进了钛表面钝化膜的形成，从而抑制了腐蚀。

人工唾液中氟离子的浓度会影响金属的腐蚀性能，金属会在氟离子存在的局部区域出现以缝隙腐蚀和点蚀为主的腐蚀过程。斯塔杰尔（Stájer）等人用防龋的氟化物对钛金属进行耐腐蚀实验，研究表明高浓度的氟离子和酸性 pH 值会削弱钛的耐腐蚀性，X 射线光电子光谱显示形成了坚固的含氟离子的化合物

Na_2TiF_6，同时原子力显微镜也显示材料表面的粗糙度增加。王（Wang）等人的研究也证实，人工唾液中氯离子浓度影响腐蚀。当氯离子的浓度低于 0. 05mol/L 时，材料不易腐蚀；而当浓度高于 0. 05mol/L 时，随着氯离子浓度的增加，点蚀也更容易发生。

研究证实，在口腔中，钛表面形成的钝化膜比钛合金表面的钝化膜更稳定，更具保护作用。由于口腔中有很多容易引起腐蚀的物质如硫化物、溶解的氧和氯离子等，加之材料结构的因素，钛合金在口腔中较纯钛更易发生腐蚀，导致钛离子的释放。在含氯和磷酸盐的水溶液中，钛表面氧化膜的耐腐蚀性明显受生物分子的影响，特别是卵清蛋白会加重腐蚀行为，人体血浆也会加剧腐蚀。

（3）唾液的 pH 值。口腔中 pH 值的改变多来自于过性酸性食物及细菌的代谢产物。不同 pH 值的人工唾液对腐蚀结果影响也不同。镍铬合金短时间暴露于酸性环境会增大离子析出量，但贵金属受 pH 值变化的影响较小。研究显示，银、铜、铁在酸性溶液中更易溶解，也就是更容易腐蚀。

口腔中以微需氧菌居多，这些细菌的存在对牙科合金的失泽起了重要作用。劳伦特（Laurent）等人发现黏性放线菌对镍铬合金（Ni-Cr）、金合金的电化学腐蚀行为有显著影响。黏性放线菌的存在引起开路电位的下降，而且电化学阻抗谱研究证明放线菌的存在会减小电解溶液的电阻，贵金属的极化电阻略微下降，非贵金属的极化电阻升高。他们认为黏性放线菌对金属腐蚀的影响是由于黏性放线菌消耗了金属表面与电解液之间的氧。黏性放线菌对金属的腐蚀作用，可能因为它的新陈代谢作用把其周围的氧气消耗导致了金属-电解液界面的氧气消耗，产生氧浓差电池，从而加剧了腐蚀。常（Chang）等人的研究也证实，变异链球菌能降低纯钛、316 不锈钢、Ti-6Al-4V、镍钛（Ni-Ti）的开路电位，同时会降低纯钛、Ti-6Al-4V、Ni-Ti 的腐蚀电位，变异链球菌使上述合金更易腐蚀。

1.10 高分子材料的微生物腐蚀

造成高分子材料老化的因素很多，微生物腐蚀作用是主要危害因素之一。高分子材料的生物降解是在一定的时间和一定的条件下，被微生物（细菌、真菌、藻类）生化过程中产生的分泌物或酶降解为低分子化合物，最终分解为二氧化碳和水等无机物。生物降解的高分子材料具有以下特点：易吸附水、含有敏感的化学基团、结晶度低、摩尔质量低、分子链线性化程度高和较大的比表面积等，因此所有可降解高分子材料在降解过程均具有被腐蚀的特性。另外，难以生物降解的化学合成高分子材料长期处于某种环境中也会存在被微生物腐蚀的风险，因为微生物具有极强的遗传变异性，在特定条件下也可能产生能利用这些高聚物的酶类，使之能作为碳源或能源生长，尽管这种降解速率极低，但这种潜在危害是确实存在的。只是高分子材料的腐蚀比降解更复杂，因为它依赖于许多其他因素，如降解、溶胀、溶解低聚物和单体的扩散以及形态学的改变等。了解腐蚀机理对各类高分子材料的成功应用非常重要。关于防止包括塑料、涂料在内的高分子材料的微生物腐蚀和微生物降解研究将是一个非常活跃的领域。

1.10.1 微生物对高分子的破坏机制

微生物在自然界中无处不在，包括物体表面，但是物体附着表面的微生物明显不同于其他浮游态微生物。在适宜的条件下，如微生物的自身性质（种类、培养条件、浓度、活性等）、载体表面性质（表面亲水性、表面负荷、表面化学组成、表面粗糙度等）以及环境条件（pH 值、离子强度、水流剪切力、温度等），大量微生物附着在材料表面形成一层菌膜，并进一步形成微型生物黏膜，即微生物膜，这种生物膜污染不仅影响材料腐蚀过程，同时也在很大程度上影响了设备的使用性能。

对于高分子而言，膜生物污染过程一般可分为两个阶段：

第一阶段是微生物（包括各种细菌和真菌）通过向膜面的传递（可以通过扩散、重力沉降、主体对流）而能动地积累在膜面上形成生物膜。当生物膜积累到一定程度引起膜通量的明显下降时便是第二阶段——生物污染。几乎所有的天然和合成高分子材料都易于被细菌吸附并在上面生长繁殖，即使是表面自由能很低的憎水性材料也会被大量的细菌所吸附。形成生物膜的细菌由于自身代谢和聚合作用会产生大量的细胞外聚物，它们将黏附在膜面上，形成黏度很高的水合凝胶层，进一步增强了污垢与膜的结合力。

高分子材料的微生物腐蚀或降解主要取决于聚合物分子的大小和结构、微生物的种类以及微生物的生活环境条件。对高分子材料而言，一般可微生物腐蚀的化学结构顺序为：脂肪族酯键、肽键 > 氨基甲酸酯 > 脂肪族醚键 > 亚甲基。另外，相对分子质量大、分子结构排列有规则、疏水性大的聚合物，不利于微生物的生长和定殖。高分子材料微生物腐蚀的优势菌群和降解途径通常由环境温度和湿度等条件决定的，腐蚀性微生物一般可分为好氧型和厌氧型，当有氧条件下，好氧微生物是破坏复杂材料的主要因素，最终产物为微生物生物量、CO_2、H_2O等；相反，在缺氧条件下，厌氧共生菌对高分子物质的腐蚀起了关键作用，无氧呼吸的最终电子受体不是氧，其最终产物为微生物生物量、CO_2、CH_4 和 H_2O（在有甲烷生成条件下）或 H_2S、CO_2 和 H_2O（在硫酸还原条件下）。相比厌氧条件下，有氧过程能产生大量能量，可以供微生物生长，并且好氧条件在自然环境很常见，在实验室中也易模拟。目前已知有两类细胞酶参加了高分子材料的腐蚀/降解：胞外和胞内解聚酶。在降解/腐蚀过程中，微生物胞外酶破坏高分子，产生小短链或更小的分子（如单体、二聚体和低聚物）以至于能通过细菌的半透膜，被细菌作为碳源和能源加以利用，这种就称为解聚作用，当分解产物为无机物质（如 CO_2、H_2O 或 CH_4）则称为矿化作用。高分子的结构越接近天然分子，就越容易被降解和矿化，如纤维素、几丁质和聚 B-羟基丁酸酯（PHB），可以完全迅速地被异养微生物在自然条件下降解。对于化学合成高分子物质，虽然降解速率极低，但是在特定环境或特殊用途中，由于对微生物敏感性增加从而加速了高分子的微生物 FDSD 腐蚀。

1.10.2 微生物腐蚀的防护和预防

随着人们对微生物腐蚀危害性认识的深入，大量的防治或减少微生物腐蚀损害的方法不断地被采用。防治方法的选择要依据许多因素，如环境的性质（土壤、冷却水、海水）、腐蚀微生物种类、材料的性质等。实际上，目前主要是通过物理和化学方法来处理材料表面和环境以阻止微生物的生长和繁殖，如：改变环境和工艺参数、增加防护涂层等，添加杀菌剂抑制微生物繁殖也是一种行之有效的方法，但是由于微生物抗性的增加，杀菌剂的功效也受到很大影响，为了解决这个问题，推荐在实践中可交替使用或混合几种杀菌剂。总之，控制微生物腐蚀应根据环境、对象、菌类选择防腐措施，有时应几种措施综合使用，才能达到有效的目的。

1.11 霉菌污损与防护

热带及亚热带地区，其温暖湿润的空气有利于细菌及霉菌的滋生，室内墙面、天花板和家具等易于霉变。北方的某些工业生产部门，例如酿酒、制药、食品、饮料、皮革、化妆品等行业，由于其生产环境的特殊性，从温度、湿度到营养物质，都适合霉菌的生长、繁殖。因此，霉变情况相当严重，尤其是生产车间的内墙和天花板，一些包装车间及仓库从原料到成品也有不同程度的发霉情况。本来洁白的墙面，不要几个月时间就会因发霉而变得乌黑，散发出强烈的霉味。霉变不仅污染墙体，影响美观，也给人的身体健康带来潜在危害，工厂也往往因而被迫停产。所以防霉就成了热带地区和上述行业一项极为重要的工作。长期以来，人们也曾采取过不少防霉措施。然而不是效果不好，就是施工方法复杂，或是代价太高，而无法推广应用。采用防霉涂料则是一种经济方便，行之有效，容易推广的好方法。因此高性能抗菌防霉环保内墙涂料的研究和运用对保护人类健康，改善生活环境具有十分重要的意义。

1.11.1 霉菌对人类健康的危害

美国国家档案馆网站上登载的“霉菌对健康的危害”（以下简称《危害》）指出，“一些霉菌和微生物会导致疾病已是不争的事实，这些疾病有的是慢性的，有的是致命的。这些霉菌和微生物会影响每个人，不管它们是否对其敏感”。在该文列举的数个霉菌危害健康实例中提到，滕尼斯是一位从事档案及珍贵图书保管工作的女士，长期患有头痛病，治疗无效，病情不断加剧，但在离开工作岗位一段时间后，她的病就好了。她的两位同事，都不吸烟，却得了严重的肺病，医生诊断，工作环境中的霉菌是他们生病的主要原因。

霉菌引起的疾病不一定有症状，有症状时其又与流感、皮疹、肺炎非常相似，且很多时候不用治疗就可痊愈。因此，人们常将流感与霉菌孢子引起的过敏反应相混淆，忽视了对霉菌致病的重视。霉菌孢子侵入人体后，会在体内引发过敏反应，产生浅表、皮下组织及系统性真菌病。皮肤接触、呼吸道吸入等都是霉菌孢子侵入人体的途径。如果人的皮肤接触到霉菌，就会引起皮疹、皮肤溃疡、皮肤瘤等皮肤疾病。如果吸入霉菌孢子，则会引起肺部感染，经血液循环将病灶向全身的组织器官扩散，严重时会直接危及到人的生命。如果人体内有以前深部感染的病灶，在霉菌的诱发下，会引发这些病灶，现代最新医学研究表明，霉菌还会直接降低人体的免疫功能，使人体抵抗各种疾病的能力减弱。由霉菌直接导致的新疾病尚在研究中。

1.11.2 霉菌对涂层及高分子的破坏

涂层表面的细菌，只要有碳源（如淀粉、脂肪、纤维素、葡萄糖等有机化合物）存在，气温在5～45℃和一定湿度（最适宜的生长湿度一般为80%～95%）条件下，就会迅速滋生繁殖，其特征是在涂层上产生带色的黏液层，其颜色视细菌的种类不同而分别有白色、黄色、黑色或粉红色等。据国内有关学者调查分析，污染建筑物内墙，特别是污染一些轻工食品厂车间与仓库内墙的霉菌有：黄曲霉、木霉、芽枝霉、黑曲霉、轮枝霉、镰刀霉、萨氏曲霉、胶霉、头孢霉、青霉、白曲霉、构巢曲霉、出芽茧霉、闯柄孢霉等近20种。

生长了霉的材料，霉菌往往以其为营养物质生长、繁殖，从而使材料被破坏，造成材料性能下降。例如，霉菌利用有机涂层的成膜物质为营养物，从而破坏了涂层的保护性能。霉菌在繁殖过程中，会产生分泌物，这些分泌物有的呈酸性，有的呈碱性。例如，黑曲霉可分泌出淀粉酶、脂肪酶、蛋白酶、果胶酶、柠檬酸及多种有机酸，这些分泌物将对霉菌所寄生的材料产生腐蚀破坏。因此很容易观察到霉菌生长后涂料的鼓泡及起皮现象。

1.11.3 真菌对舰船和飞机的破坏

舰船上的设备主要受到高潮湿、高霉菌、高温度和高盐雾的侵蚀。其中海洋大气中的霉菌和微生物是造成设备腐蚀的一个重要因素。霉菌除破坏舰船的涂料外，如果舰船的设备上具备了霉菌生长的条件，空气中孢子落在其上，就会很快萌发生成大量的菌丝体。这些菌丝体都是由薄壁细胞组成，这些薄壁细胞里的主要成分是水。如果印刷电路板上布满了大量的菌丝，能使电子元器件的绝缘电阻下降，阻抗特性发生重大改变，有的造成严重漏电，甚至发生短路事故。在光学玻璃仪器上有了霉菌生长，直接影响了光透性，降低了玻璃的透明度，模糊不清，无法观察目标，致使设备不能正常可靠地工作。

飞机燃油中微生物的种类繁多，其中对飞机影响较大的有枝孢霉菌、镰刀霉、曲霉、青霉等。枝孢霉菌是航空燃油中的主要真菌，据统计有93%的污染案例都是由枝孢霉菌引起的，导致严重的损失。在燃油中它可以显现出各种颜色，从桃红褐色到灰褐色以致橄榄绿都曾经被发现过。适宜枝孢霉菌生长温度约30～35℃。再低的温度也不能将其杀死，低温只能使之冬眠。一旦温度回升就又会重新活跃起来。

1.11.4 防霉剂

1.11.4.1 有机防霉剂

涂料防霉剂是用以防止涂料本身或施工后所形成的涂膜霉变或腐败。下面简介国内外部分防霉剂品种，以供参考：

（1）涕必灵（TBZ）：化学名称是2-(4-噻唑基)苯并咪唑，它在水和有机溶剂中溶解度小，在一定酸、碱条件下不分解，可长期保存，耐热300℃，化学性质稳定，在很低的浓度下也能抑制绝大多数霉菌的生长，LD_{50}为3100～3800mg/kg。

（2）生物抑制剂60：化学名称是十二烷基盐酸胍，系淡黄色液体，溶于水，低毒无刺激性，对许多病原微生物有抑制作用。

（3）凡托希尔IB：为阳离子型的水溶性杀菌剂，组成是聚己二醇酯和双胍的盐酸盐，杀灭细菌和酵母菌作用显效，LD_{50}为4000mg/kg。

（4）比比汀：化学名称为双-（对-氯酚二胍）-己烷盐酸盐，白色粉末，难溶于水，有杀菌作用，LD_{50}为3000mg/kg。

（5）防霉剂A_3：白色粉末，难溶于水，耐热性能好，其结构式为：

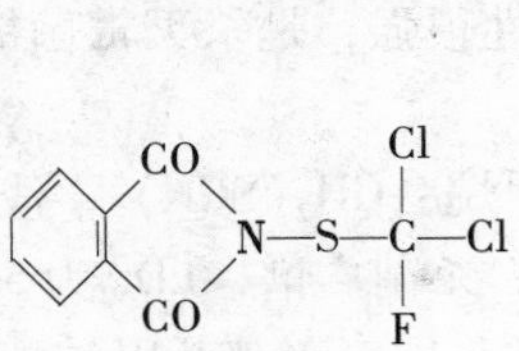

```
          CO           Cl
         /             |
 (C6H4)     N—S—C—Cl
         \             |
          CO           F
```

LD_{50}为2900mg/kg，对霉菌有杀灭作用。

（6）抑菌灵：淡灰白色粉末，难溶于水，结构式为：

$$(CH_3)_2N-SO_2-N(C_6H_5)-S-CCl_2F$$

在极低浓度时，对多种微生物都有抑制效果，LD_{50} 为 2500mg/kg。

（7）抗它塞扑托：德国 Schülke U Mayer 公司产品，可溶于水，LD_{50} 为 8000mg/kg。

（8）N-十二烷基-β-丙氨酸：是一种可溶于水的低毒杀菌剂，尚待开发研究。

（9）敌抗-51：在世界上有 40 多个国家使用，其化学成分主要是烷基二氨基乙基甘氨酸的盐酸盐，易溶于水，LD_{50} 为 30000mg/kg。

（10）敌抗-15DL：为烷基丙烯二氨基醋酸盐和烷基二乙基三氨酸醋酸盐。易溶于水的淡黄色透明液体，即使在蛋白质存在时，杀菌力也不减退，LD_{50} 为 5110～8250mg/kg。

（11）道维希尔 S_{13}，化学成分是：2，3，5，6-四氯-（甲磺酰）-吡啶，挥发性低，难溶于水，在涂料中的用量是 0.3%～0.5%。

（12）维尼净 SB-1：美国 Ventron 公司产品，黄褐色透明小颗粒，活性原体是 10，10′-氧代二酚噁嗪，LD_{50} 为 1750mg/kg。

（13）多菌灵（BCM）：$C_9H_9O_2N_3$ 苯并咪唑氨基甲酸甲酯，白色粉末，耐热耐碱性很强，是杀灭霉菌能力最佳的药剂之一，LD_{50} 为 5000mg/kg。

（14）二硫氰基甲烷：$CH_2(SCN)_2$，浅黄色或近于无色的针状结晶体，不溶于水，杀菌广谱，LD_{50} 为 50.19mg/kg。

（15）尼泊金酯类：即对羟基苯甲酸酯，有甲酯、乙酯、丙酯等，均为白色粉末，微溶于水，杀菌效力甲酯 < 乙酯 < 丙酯 < 丁酯，LD_{50} 都大于 5000mg/kg。

（16）百菌清（TPN）：也称诺普科 N_{96}，又称四氯间苯二甲腈，白色结晶，在酸碱溶液中及对紫外线均稳定，难溶于水，LD_{50}为 10000mg/kg。

（17）杰马尔-115：$C_{11}H_{16}O_8N_8$，是咪唑烷脲化合物，白色粉末，无臭无味，溶解于水，抗菌广谱，LD_{50}为 10000mg/kg。

（18）道维希尔-200：$C_9H_{16}N_4Cl_2$，六亚甲基四胺衍生物，白色粉末，无臭无味，溶解于水，对抑制细菌极为有效，LD_{50}为 940 ~ 1070mg/kg。

（19）布罗波尔：$C_3H_6O_4NBr$，2-溴-2-硝基丙烷-1,3-二醇，白色粉末，无臭无味，溶于水，是一种广谱抗菌剂。

（20）福美双（TMTD）：四甲基二硫化秋蓝姆，$C_6H_{12}N_2S_4$，白色无味结晶，不溶于水，遇酸分解，对碱稳定，LD_{50}为 865mg/kg。

（21）水杨酰苯胺：$C_6H_5NHCOC_6H_4OH$，微黄或粉红色粉末，不溶于水，在湿度大的情况下也能杀灭和抑制霉菌和细菌，LD_{50}为 1100mg/kg。

（22）对氯 3,5-二甲基苯酚：不溶于水，溶于乙醇，低毒，对细菌、霉菌都有抑制能力。

（23）纹枯利：$C_{10}H_7O_2Cl_2N$，化学名称是 N-(3,5-二氯苯基）丁二酰亚胺，白色鳞状结晶，稍溶于水，对霉菌有较强的抑制能力，在湿度大的条件下作用不变，LD_{50}为 1250mg/kg。

（24）防霉剂“O”：$C_7H_3NO_2Cl_2$，5,6-二氯苯并噁唑酮，米黄色粉末，无味，可溶于乙醇，LD_{50}为 580mg/kg。

（25）防霉剂“19”：$C_9H_6ONCu \cdot CrCl_3$，绿色液体，pH 值为 3，溶于水，具有一定毒性。

（26）灭菌丹：$C_9H_4O_2Cl_3NS$，N-三氯甲硫基邻苯二甲酚亚胺，浅棕色结晶，不溶于水，能杀灭一般的细菌、霉菌，LD_{50}为 6200 ~ 10000mg/kg。

（27）三羟基异噻唑：其结构式为

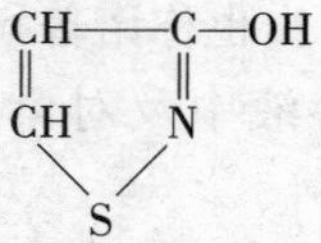

```
CH———C—OH
‖     ‖
CH    N
  \  /
   S
```

淡黄色结晶，溶于水，具有较强的抗菌力，LD_{50} 为 170.1mg/kg。

（28）托布津：$C_{14}H_{18}N_{4}S_{2}O_{4}$，化学名称是1,2-双(乙氧基羰基硫脲基）苯，纯品为无色结晶，对霉菌细菌均有抑制能力，无毒，LD_{50}大于15000mg/kg。

（29）脱氢醋酸（DHA)：其结构式为：

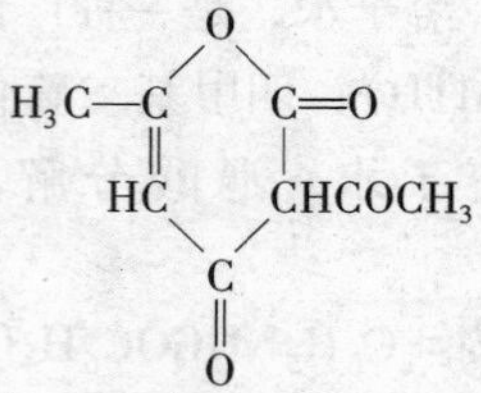

```
           O
         /   \
H3C—C         C═O
      ‖         |
     HC         CHCOCH3
         \    /
           C
           ‖
           O
```

浅黄色粉末，无臭无味，难溶于水，对光热稳定，是一种低毒广谱杀菌剂，在酸性或微酸性条件下，对霉菌、细菌和酵母菌均有抑制作用，LD_{50}为1000～1200mg/kg。

可以用于涂料中作为防霉防腐剂的还有：甲醛、苯酚、乙萘酚、五氯酚钠、苯甲酸及其钠盐、山梨酸及其钾盐、氯代甲氧基丙基氯化汞、二（苯基汞）十二烷基丁二酸酯、醋酸苯汞、油酸苯汞、环烷酸季铵盐、溴化的水杨酚苯胺、2,3,4,6-四氯苯酚及其钠盐、2,4,6-三氯苯酚和N-三氯甲基巯基-4-环已烯基1,2-二羧酰亚胺等。

1.11.4.2 无机防霉剂

上述防霉剂均为有机防霉剂。有机防霉剂具有杀菌速度快，开发和使用技术成熟，但存在不同程度的毒性、对皮肤有刺激、有难闻气味、易挥发、药效短、不能广谱杀菌、操作复杂、一次投资较大等缺点。无机抗菌剂具有长效、无毒、抑菌率高等优异性能，据报道无机抗霉涂料还具有较强的抗病毒能力，因此无机抗霉涂料的开发研制与应用还将对控制 SARS、甲型 H1N1 等病毒型流行性疾病的传播起到重要作用。无机抗霉剂主要是银系抗菌剂和纳米氧化物、硫化物抗菌剂。其中银系抗霉剂具有较好的抗霉效果和耐久性，但由于使用过程中银易于析出造成涂料转色，而且银离子抗霉剂价格昂贵，限制了它在涂料中的应用。

因此近年来，高效环保无毒的纳米氧化物、硫化物涂料得到了广泛的重视，如纳米 TiO_2、ZnO、ZnS、MgO 等为添加剂的涂料。其中每种氧化物各有不同的抗菌机理，各有优缺点，如 TiO_2 在紫外光作用下具有光催化功能，不仅能消灭细菌的生命力，而且能彻底分解细菌，去除内毒素，排除二次污染，此外还能降解空气中的甲醛、甲苯等有害化学物质，净化空气，但在无紫外光条件下不具备催化杀菌效果，且起到加速涂料老化作用。而 MgO 在无光条件下也具有杀菌作用，且能杀灭细菌孢子，但不具备催化降解甲醛等有害有机分子的功效。将不同抗菌功能的氧化物复合制备成为高分散性的复合抗菌剂将综合不同氧化物的优点，使涂料不但具有优异的抗菌性，还可分解甲醛、甲苯等有害气体，纳米粒子对紫外线的吸收作用可以提高涂料的抗老化性能，并利用纳米粒子的强化作用提高涂料的抗磨损性能。

目前，国外以纳米 TiO_2 为杀菌剂的抗菌防霉涂料已投入使用，但纳米 TiO_2 光催化作用所带来的对涂料的降解破坏作用也不容忽视。其他种类纳米氧化物为抗菌剂的抗菌涂料也有一定研究，国内的纳米氧化物抗菌涂料仍在研究阶段，由于粉体的分散性等问题仍未投入使用。但由于国内外纳米氧化物、硫化物抗菌剂研究时间较短，所制备抗霉剂的抗霉性能大多不理想。

1.12 长效复合纳米抗菌抗霉添加剂

由海南大学吴进怡带领的研究团队开发了长效的复合纳米抗菌抗霉添加剂。该添加剂的性能如下。

（1）复合纳米抗菌抗霉剂及其抗菌性能。复合纳米抗菌抗霉剂采用多种高效纳米抗菌无机物复合得到。研究过程中，首先详细研究了每种纳米粉生产工艺对抗菌性能的影响。其中一种无机物的制备过程中得到了针状粉体（据文献报道，针状纳米粉体具有最佳抗菌能力），如图 1-4 所示。图 1-4 中衬度较深针状物为纳米无机物，之间衬度较浅的片状物为分散剂。由图 1-4 中可以看出针状粉体被分散剂间隔，分散良好，无团聚现象。图 1-5 所示为该纳米无机物的衍射环。

图 1-4　纳米无机物形貌图

图 1-5　纳米无机物衍射环

各种纳米粉体得到最佳制粉工艺后，将制备的多种纳米无机物通过正交实验配成复合抗菌抗霉剂，并测定其抗大肠杆菌、黑曲霉性能，比较后得到了最佳抗菌性能的复合纳米抗菌抗霉剂。

表1-6为复合纳米抗菌抗霉剂与纳米氧化锌及日本银系抗菌剂粉体抗菌性能对比，实验结果为同一批实验鉴定，实验条件及菌液浓度完全相同条件下得到，粉体加入方式均以水基悬浮液形式加入，所加粉体干重相同，培养基中所加粉体浓度均为0.5%，粉体抗菌性能依照国家标准GB/T 21510—2008方法鉴定。

表1-6　抗菌抗霉剂的粉体抗菌性能

抗菌剂	复合纳米抗菌抗霉剂	纳米氧化锌	日本银系抗菌剂
1h 大肠杆菌杀菌率/%	99.2	88	99.6
24h 大肠杆菌杀菌率/%	99.99	95	99.96
粉体价格/万元 · t^{-1}	20		120

从表1-6可以看出，吴进怡研究小组研制开发的复合纳米抗菌抗霉剂的抗菌性能远优于传统氧化锌抗菌剂，与价格昂贵的日本银系抗菌剂抗菌性能相当。实验结果表明，复合后纳米无机物的抗菌性能，在相同粉体浓度下，优于其中每种纯无机物的抗菌性能，因此复合具有明显的增效作用。抑菌圈方法得到抑菌结果与上述方法相同，在此不再说明。

（2）涂料抗菌性能。将复合纳米抗菌抗霉剂以1%含量添加入无特殊抗菌抗霉性能的苏州立邦出产的丙烯酸内墙面漆中，按HG/T 3950—2007行业标准鉴定涂料抗细菌及霉菌能力。结果表明24h复合纳米抗菌抗霉涂料抗大肠杆菌率达99.99%，为I级。而将日本银系抗菌剂以1%含量加入涂料中后，24h抗大肠杆菌率达99.61%，略低于复合纳米抗菌抗霉剂涂料。

（3）涂料抗霉性能。抗霉菌鉴定中（按HG/T 3950—2007行业标准），将复合纳米抗菌抗霉剂为1%的复合纳米无机物抗菌抗霉涂料、纳米氧化锌为1%的氧化锌抗菌涂料、Ag系抗菌剂为1%的银系抗菌涂料和空白涂料（未加无机抗菌抗霉剂涂料）分别进行了5个平板的平行实验（实验中所用霉菌为本实验组自行在土壤中分离的高活性黑曲霉）。结果表明，霉菌实验4天后，空白涂料平板霉菌覆盖面积超过80%，7天后，霉菌覆盖面积超过90%，其中三块霉菌覆盖面积达100%。而复合纳米无机物抗菌抗霉涂料实验4天未见霉菌生长。实验进行7天后，复合纳米无机物抗菌抗霉涂料仍未生长霉菌，依据行业标准样品长霉等级为0级。含纳米氧化锌为1%的纳米涂料在相同培养条件下，实验进行4天后，所有样品长霉面积均已超过50%，实验7天后，霉菌覆盖面积超过80%，其中3块面积达90%，但开始长霉时间较空白样品推迟两天。日本Ag系抗菌剂以1%含量添加的5块涂料平板中，有4块长霉，其中三块面积小于1%，一块面积较大，达2%以上。样品抗霉实验照片如图1-6所示，图1-6（b）中白色突起为涂料厚度不均匀造成，样品在显微镜观察下也未见霉菌。

（4）涂料抗菌抗霉长效性。无机抗菌剂因其具有不老化的特点，因此理论上该抗菌剂具有极佳的抗菌抗霉长效性，该涂料已经中国建材总院（行业最高鉴定机构）按国家标准鉴定其抗霉长效性为0级（紫光灯照射100h后，涂料霉菌实验长霉面积为0%为0级），抗菌长效性为Ⅰ级（紫光灯照射100h后，涂料抗菌率95%以上为Ⅰ级）的最高级别。

（5）涂料耐擦洗性能。复合纳米无机物抗菌抗霉剂加入苏州立邦出产的丙烯酸内墙面漆中后，使涂料的耐洗刷性由原来的2000次，提高到了2900次（涂层耐洗刷性的测定依据GB 9266—1988进行）。

（6）其他特性。复合纳米无机物抗菌抗霉涂料在水中浸泡30天后无鼓泡现象，与空白样品相同，说明复合纳米无机物抗菌抗霉剂的添加不会影响涂料的耐浸泡性能。

该纳米复合抗菌抗霉剂不挥发，不使涂料转色，对环境无

图 1-6 抗霉实验照片

（a）空白涂料；（b）复合纳米无机物抗菌抗霉涂料；
（c）纳米氧化锌抗菌涂料；（d）Ag 系抗菌涂料

污染。

该复合抗菌抗霉剂中不含能分解涂料的无机物成分，因此将其加入涂料中后，在阳光下使用，不降低涂料耐老化性能。

此外该复合纳米抗菌抗霉剂对抗菌除臭也有奇效，添加涂料涂装后可起到室内除臭作用。

该纳米复合抗菌抗霉剂成本较低，每公斤涂料增加成本仅为 2 元。

（7）复合纳米抗菌抗霉剂的用途。该纳米复合抗菌抗霉剂主要应用于各类抗菌抗霉涂料及油漆。

吴进怡研究小组开发的纳米复合抗菌抗霉剂具有新型、抗细菌能力强、抗霉菌能力强、环保、长效、多功能、低成本特点，适合大批量生产，适用于细菌及霉菌滋生严重的南方地区。该产品的使用将给厂家带来巨大利润，将给人们生活带来方便及安全。

该技术已受理发明专利两项：

（1）吴进怡，柴柯．一种高效环保抗菌防霉无机复合纳米粉浆及其制备方法（申请号：201110401227.3）。

（2）吴进怡，柴柯．一种高效环保抗菌防霉复合无机纳米涂料及其制备方法（申请号：201110401768.6）。

2　热带海洋气候下海水中微生物对25钢腐蚀行为的影响

2.1　试验材料和试样

实验材料为经均匀化退火后的25钢圆钢（齐齐哈尔市宏顺重工集团有限公司出产），其化学成分见表2-1。经线切割后，失重试样、表面分析试样规格尺寸分别为50mm×25mm×3mm和15mm×10mm×3mm，在试样一端打一直径为3mm、圆心距边缘5mm的孔。试样表面均用200号至1200号砂纸逐级打磨后，分别经丙酮除油、蒸馏水冲洗、酒精脱水处理，最后干燥恒重、失重试样称取原始质量（准确到1mg），测量尺寸（准确到0.02mm）。

表2-1　25钢成分

元素	C	Mn	Si	S	P	Cr	Ni	Mo	Nb	Cu	W	Al	V	Ti
质量分数/%	0.24	0.53	0.32	0.027	0.019	0.02	—	—	—	—	—	—	—	—

2.2　海洋环境模拟

取海口市假日海滩海滨浴场海水，部分海水经121℃高温蒸汽灭菌20min后，分别进行以下两组实验：A组（自然海水组）取自然海水至玻璃实验箱内，将失重试样和表面分析试样用绝缘丝悬挂其中；B组（无菌海水组）取冷却至室温的灭菌海水至特制无菌玻璃实验箱内，以相同方法将样品悬挂其中，作无微生物影响的对照组，以确定微生物对腐蚀的单因素影响。

挂片采用7d、14d、28d、91d、184d和365d，每个试验周

期每种试样做 5 个平行试样。实验箱内海水温度保持恒定为 26℃，每 7d 更换一次海水，每次换水前后均对自然海水和灭菌海水理化指标进行测定，测定结果显示无菌海水和自然海水理化性能基本相同，盐度大约为 33‰，溶解氧大约为 6mg/L，pH 值大约为 8.1。挂片的实验箱静置于无菌室内。

2.3 测试及分析方法

2.3.1 平均腐蚀速率测定

每个腐蚀试验周期结束后，取出失重试样，依照 GB 5776—1986 清除腐蚀产物，计算平均腐蚀速率。

腐蚀产物的清除方法如下：

（1）试样从海水取出后立即用水冲洗并用硬毛刷除去表面疏松的腐蚀产物。

（2）浸入酸中清洗腐蚀产物，酸液配比：盐酸（密度 $1.1g/cm^3$）500mL，六次甲基四胺 20g，加水至 1L，在室温下清除干净为止。

（3）取出用自来水冲洗干净然后利用无水乙醇超声波脱水。

（4）取出及时吹干，放在干燥器中 24h 后称重。

（5）称重后，每种试样取一块重复上述酸洗处理，再次称重，两次称重之差规定为处理过程中金属的损失，用于校正腐蚀失重。

平均腐蚀速率计算：

$$平均腐蚀速率 = (K \times W)/(A \times T \times D)$$

式中 $K = 3.65 \times 10^3$；

W——试样腐蚀失重，g；

T——试验时间，d；

A——试样面积，cm^2；

D——材料密度，g/cm^3。

2.3.2 腐蚀表面分析

取腐蚀后的表面分析试样，用蒸馏水轻轻漂洗，酒精脱水后烘干，使用扫描电镜（SEM）观察腐蚀表面和横截面形貌，并采用X射线衍射（XRD）方法和能谱（EDS）半定量分析确定腐蚀产物的化学成分和元素组成，试样横截面垂直界面方向的成分变化通过线性扫描方法确定。腐蚀产物分析完毕后，用硬毛刷除去试样表面疏松的腐蚀产物，同样按 GB 5776—1986 清除腐蚀产物，采用 SEM 观察试样暴露出的表面基体形貌。

用化学分析法测腐蚀产物中硫、碳含量，取样后，把腐蚀产物分成表层和紧贴碳钢的内锈层两部分，分析内锈层中硫、碳含量。腐蚀产物中硫、碳的测定方法是将内锈层磨碎并用蒸馏水清洗，去除表面吸附的硫酸盐。随后用酒精三次脱水，径管式燃烧炉燃烧法测定硫化物中的硫，再计算腐蚀产物中的硫、碳含量。

2.3.3 腐蚀产物中微生物组成鉴定

2.3.3.1 分离用培养基的准备

根据海洋环境中可能存在的微生物，采用如下培养基对腐蚀产物中的细菌进行分离培养：

（1）2216E 培养基。该培养基用于分离需氧菌和兼性厌氧菌，配方如下：蛋白胨，5g；酵母浸粉，1g；琼脂，20g；陈海水，1000mL。培养基配好后用 NaOH 将 pH 值调整为 7.8，121℃，高压灭菌 20min 后，制作为琼脂平板备用。

（2）柠檬酸铁铵培养基。该培养基用于分离铁细菌，配方如下：柠檬酸铁铵，10g；$MgSO_4 \cdot 7H_2O$，0.5g；$(NH_4)_2SO_4$，0.5g；K_2HPO_4，0.5g；$CaCl_2 \cdot 6H_2O$，0.2g；$NaNO_3$，0.5g；琼脂，20g；陈海水，1000mL。培养基配好后用 NaOH 将 pH 值调整为 7.0，121℃，高压灭菌 20min 后，制作为琼脂平板备用。

（3）硫代硫酸钠培养基。该培养基用于分离硫细菌，配方如下：（$(NH_4)_2SO_4$，4g；KH_2PO_4，4g；$MgSO_4 \cdot 7H_2O$，0.5g；$CaCl_2$，0.25g；$FeSO_4 \cdot 7H_2O$，0.01g；$NaS_2O_3 \cdot 5H_2O$，10g；琼脂粉，20g；海水，1000mL。121℃，高压灭菌20min后，制作为琼脂平板备用。

（4）厌氧菌（硫酸盐还原菌SRB）的分离采用GB/T 14643.5—1993（见附录1）中规定的方法进行培养基的制作和细菌计数。

2.3.3.2 鉴定用试剂和培养基的制作

A 革兰氏染液的配制

革兰氏染液配制方法如下：

（1）草酸铵结晶紫染色液。将13.87g结晶紫加入到100mL 95%的酒精溶液之中，配制成结晶紫饱和酒精溶液，取该饱和酒精溶液2mL，加入纯化水18mL稀释10倍，再加入1%的草酸铵水溶液80mL，混合过滤即成。

（2）革兰氏碘溶液。将碘化钾2g置研钵中，加纯化水约5mL，使之完全溶解。再加入碘片1g，予以研磨，并徐徐加水，至完全溶解后，注入瓶中，补加纯化水至全量为300mL即成。

（3）沙黄水溶液。将3.41g沙黄加入到100mL 95%的酒精溶液之中，配制成沙黄饱和酒精溶液，将沙黄饱和酒精溶液以纯化水稀释10倍即成。

B 细胞色素氧化酶试纸的制备

将质地较好的滤纸用1%的盐酸二甲基对苯撑二胺浸润，在室内悬挂风干，干后剪成0.5cm×5cm大小的纸条，放在密封的容器中。4℃冰箱中保存，备用。

C 葡萄糖发酵产气培养基

该培养基用于细菌利用葡萄糖产酸、产气能力的测试，葡萄糖，10g；蛋白胨，5g；1%溴百里草酚兰，3mL；酵母粉，1g；陈海水，1000mL，分装于试管（每个试管都加有一枚倒立的小发酵管）10磅高压灭菌10min后备用。

2.3.3.3 试样的采集与处理

使用盛满自然海水（取自海南省海口市假日海滩）的实验箱，海水温度保持为26℃左右。将挂片用绝缘丝悬挂于实验箱内，实验期间，实验箱的内海水每周更换一次。试样浸泡7d、28d、91d、184d、365d后用灭菌的塑料刮片无菌刮取碳钢腐蚀产物，称重，用无菌海水做10倍系列稀释，并涂布于各种分离培养基平板上，对于分离需氧菌的平板放置于室温下培养48～72h后计数，对于兼性厌氧菌和铁细菌分离的平板放置在蜡烛缸内室温下厌氧培养48～72h后计数，对于硫细菌分离的平板放置于室温下培养7～8d后计数，对于厌氧菌按照附录1中提到的方法进行分离和计数。计数后，将数据换算成每克刮取物中含的细菌数量。每种碳钢的每个时间点均取3个试样。

2.3.3.4 细菌的鉴定

在各分离板中，选择菌落清晰、分散而且菌落数在30～300个之间的平板，随机地挑取30个菌落，用与之相同的分离培养基和分离条件进行纯培养后，置4℃冰箱中保存，供细菌鉴定之用。参照《伯杰细菌鉴定手册》中所列的菌属，并结合细菌的生存环境、细菌培养条件、菌落形态、细菌的形态、革兰氏染色特征、糖发酵特征，氧化酶试验等将需氧及兼性厌氧细菌鉴定到属，对于本方法不能鉴定的需氧及兼性厌氧菌列为未知菌属。对于硫酸盐还原菌本研究没有进行细菌的详细的分类，仅对其进行总体的定性和定量研究。对于铁细菌挑取10个菌落进行鉴定，主要是根据细菌的形态进行分类。

2.4 微生物对25钢腐蚀行为的影响

2.4.1 平均腐蚀速率

自然海水的盐度约为3.3%，溶解氧约为6mg/L，pH值约为8.1。因降雨等因素，每周海水理化指标略有差别，但波动不大。测试结果显示灭菌后海水的盐度、溶解氧和 pH 值和自然海水差别不大，可以认为对实验结果没有影响。

25 钢在 A 组（自然海水组）和 B 组（无菌海水组）中浸泡各个周期的平均腐蚀速率如图 2-1 所示。

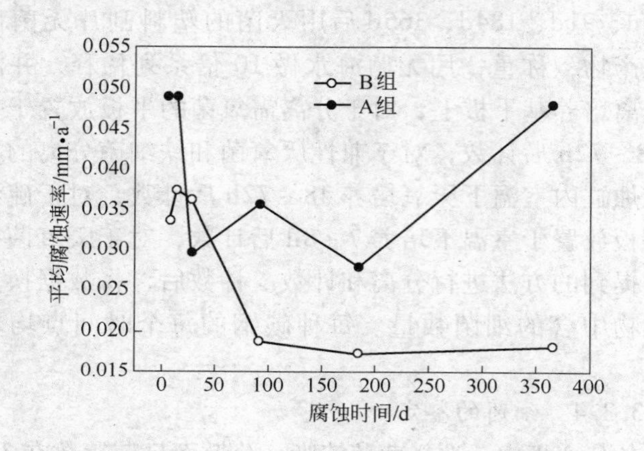

图 2-1　25 钢在海水中的平均腐蚀速率随时间变化的情况

A 组—自然海水组；B 组—无菌海水组

由图 2-1 可以看出，25 钢 A 组和 B 组试样的腐蚀规律有较大差别。A 组试样在腐蚀实验初期，材料的平均腐蚀速率随浸泡时间延长最初保持不变，继而大幅下降，随浸泡时间进一步延长，材料的平均腐蚀速率略有波动，当浸泡时间达到 365d 时，平均腐蚀速率大幅增加至接近腐蚀初期 7d 数值，为 184d 时平均腐蚀速率的 1.7 倍。B 组试样在腐蚀实验初期，材料的平均腐蚀速率随浸泡时间延长略有增大，但随浸泡时间进一步延长而下降，当时间超过 91d 后，延长浸泡时间对材料平均腐蚀速率影响不大。

除 28d 实验周期外，在其他腐蚀周期下，A 组的平均腐蚀速率均大于 B 组。浸泡时间为 7d 时，A 组的平均腐蚀速率为 B 组的 1.4 倍；腐蚀 14d 时，A 组的平均腐蚀速率仍大于 B 组，但差值略有缩小；浸泡28d时，A组的平均腐蚀速率小于B组；浸泡91d时，A组的平均腐蚀速率为B组的1.9倍；进一步延长浸泡时间，B组的平均腐蚀速率变化不大，但A组的平均腐蚀速率有波动，浸泡时间为365d时，A组的平均腐蚀速率快速上升至0.048mm/a，为B组的2.6倍。自然海水和灭菌海水除微生物外，其他腐蚀条件相同，因此上述结果可充分说明微生物对碳钢在海水中腐蚀所起到的显著作用。

2.4.2 腐蚀表面分析

各周期腐蚀试验结束后，首先对试样表面进行肉眼观察，发现在自然海水和无菌海水中腐蚀后试样表面腐蚀产物附着情况有较大差别。A组试样浸泡7d后表面形成一层较薄的黄褐色腐蚀产物层，用刮样刀片轻轻刮取腐蚀产物发现，腐蚀产物层就像一个“壳”，这说明7d后微生物已经在试样表面形成较完整的生物膜。由XRD分析可知，腐蚀产物干燥后为FeO(OH)，见图2-2(a)，由于三种碳钢材料的腐蚀产物XRD谱相近，因此只给出45钢的XRD图谱，下同。随着浸泡时间的延长，A组试样表面腐蚀产物逐渐变厚，当浸泡91d和184d后，腐蚀产物分为两层，内层呈黑色淤泥状，外层呈黄褐色，较为松散，XRD分析表明，黑色内层腐蚀产物和黄褐色外层腐蚀产物干燥后均为FeO(OH)和Fe_2O_3，如图2-2(b)所示。浸泡365d后，腐蚀产物外层仍呈黄褐色，较为松散，XRD分析表明该层腐蚀产物干燥后仍为FeO(OH)和Fe_2O_3；内层黑色产物却出现了不同，靠近外锈层区呈淤泥状，而靠近基体一侧层板结状，试样干燥后磨去黄褐色腐蚀产物层，露出的黑色腐蚀产物中部分呈现白色，由XRD谱，见图2-2(c)，分析可知，腐蚀产物为$CaCO_3$和$FeFe_2O_4$。腐蚀时间小于184d时，清洗掉试样表面腐蚀产物后，肉眼未观察到明显的腐蚀坑。腐蚀365d试样，剥去锈层后，可以观察到部分试样表面局部区域出现较深腐蚀坑，且腐蚀坑随碳钢含碳量增加而增多、增大、增深。腐蚀坑底部可观察到有金属光泽的粉末。由于局部腐蚀，部分试样边角出现缺损。

B组试样浸泡不同周期后，表面附着产物较少，观察试样可清晰地看到基体，XRD分析表明，浸泡7d后表面成分为

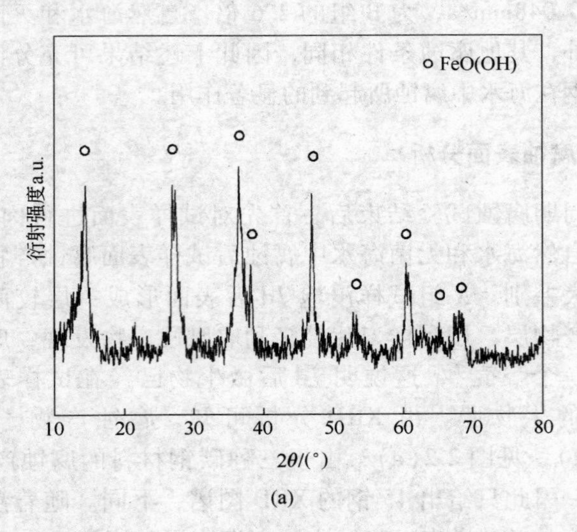

(a)

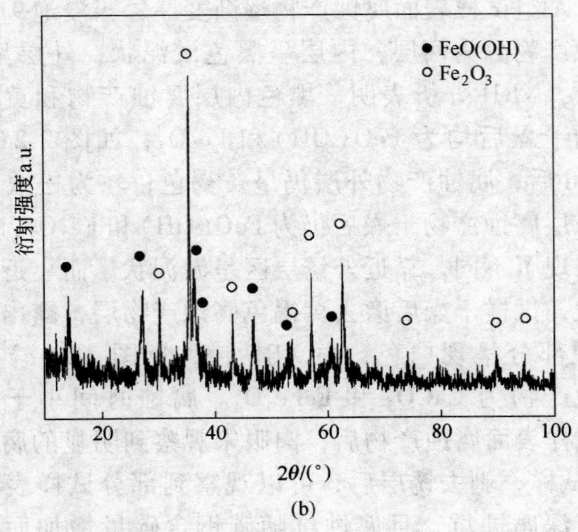

(b)

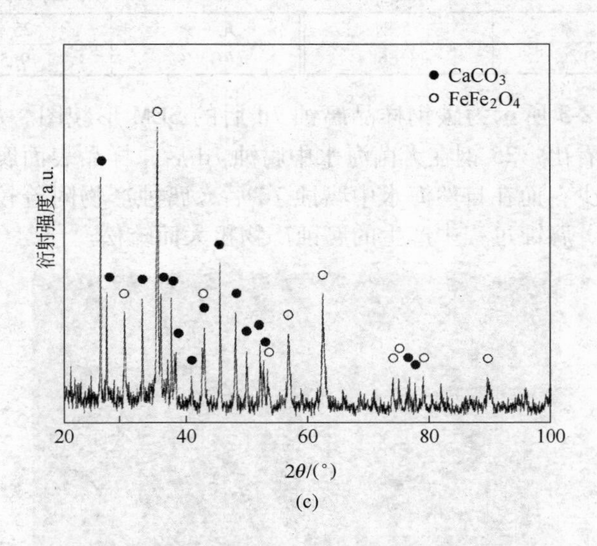

图 2-2　25 钢在自然海水中浸泡后内层腐蚀产物的 XRD 谱
(a) 7d; (b) 184d; (c) 365d

Fe，随着腐蚀时间的延长，腐蚀产物缓慢增厚，腐蚀产物为 FeO(OH) 和 Fe_2O_3，为 $Fe(OH)_3$ 的脱水形式。

为了进一步确定 A 组试样内层黑色腐蚀产物的成分，可刮取黑色腐蚀产物进行烘干、研碎、洗涤、烘干处理后，采用燃烧法测定其中的硫、碳含量。结果表明，浸泡 91d 后，与碳钢基体材料相比，黑色腐蚀产物的硫含量提高了一个数量级，碳含量也远高于铁基体。浸泡 365d 后，内层黑色腐蚀产物硫、碳含量又出现了进一步的提高，不同型号碳钢材料腐蚀产物的硫、碳含量也有着明显的差异，见表 2-2。由表 2-2 可知，浸泡 365d 后，与碳钢基体材料相比，黑色腐蚀产物中硫含量提高了 2 个数量级，碳含量也提高了 1 个数量级；不同型号碳钢材料腐蚀产物中的硫、碳含量是随着基体材料的含碳量的增加而减小。

表 2-2　在自然海水中浸泡 365d 后碳钢内层腐蚀产物中的硫、碳质量分数

元　素	25 钢	元　素	25 钢
$w(S)/\%$	3.66	$w(C)/\%$	9.52

图 2-3 所示为碳钢样品腐蚀 7d 后的 SEM 形貌图。从图 2-3 中可以看出，25 钢在无菌海水中腐蚀 7d 后，样品表面腐蚀产物附着较少；而在自然海水中腐蚀 7d 后，腐蚀产物附着较多，但不均匀，腐蚀过程中产生的腐蚀产物粗大而疏松。

图 2-3　25 钢在海水中浸泡 7d 的表面形貌图
（a）无菌海水；（b）自然海水

浸泡91d后，B组中不同碳钢试样表面形貌相近，腐蚀产物层有所增厚，但仍然没有完全覆盖试样表面，可清晰见到部分基体，如图2-4(a)所示。EDS半定量元素分析表明，挂样91d后，B组试样表面腐蚀产物主要由Fe(86.2%)和O(13.8%)元素构成。

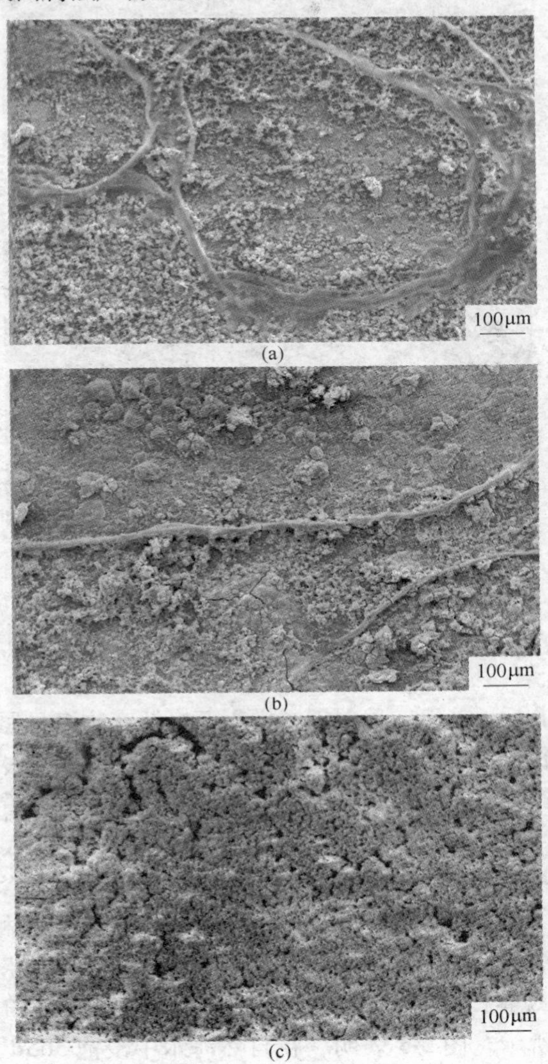

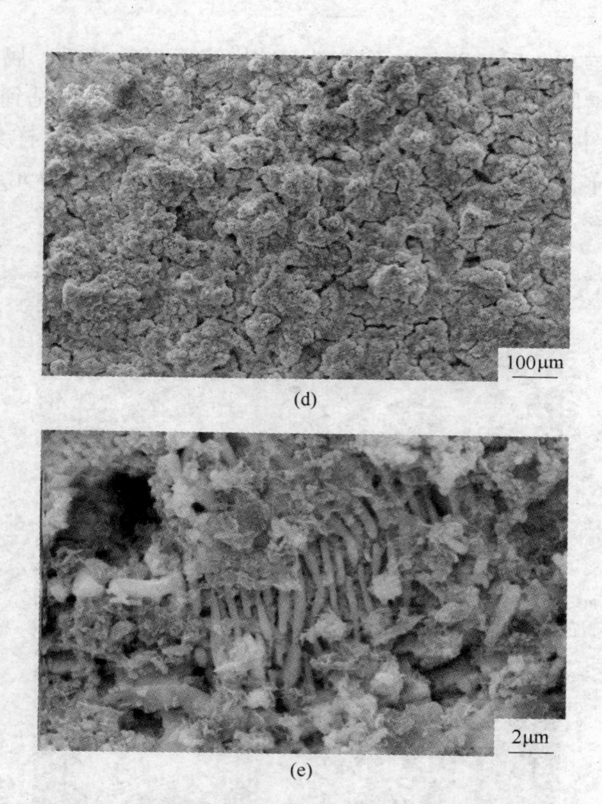

图 2-4　试样在海水中浸泡 91d 后的腐蚀产物形貌图

(a) 无菌海水；(b) ~ (e) 自然海水

而浸泡 91d 后，A 组三种碳钢试样表面腐蚀产物多且厚，腐蚀产物层完全覆盖样品表面，如图 2-4(b) ~ (d) 所示。剥去 A 组试样表层腐蚀产物，对内层腐蚀产物进行放大后观察可以看到大量的细菌存在，见图 2-4(e)。EDS 半定量元素分析表明，A 组试样内层腐蚀产物除 Fe(80.3%) 和 O(17.2%) 元素外，还有含量远高于基体的 C(1.5%) 和 S(1.0%) 元素，这与化学分析结果相符。

浸泡 365d 后，将 A 组试样横截面打磨至 800 号砂纸，用 SEM 进行观察，并对垂直腐蚀产物层方向进行线性扫描，结果如图 2-5 所示。图 2-5 表明，在自然海水中浸泡 365d 后三种碳

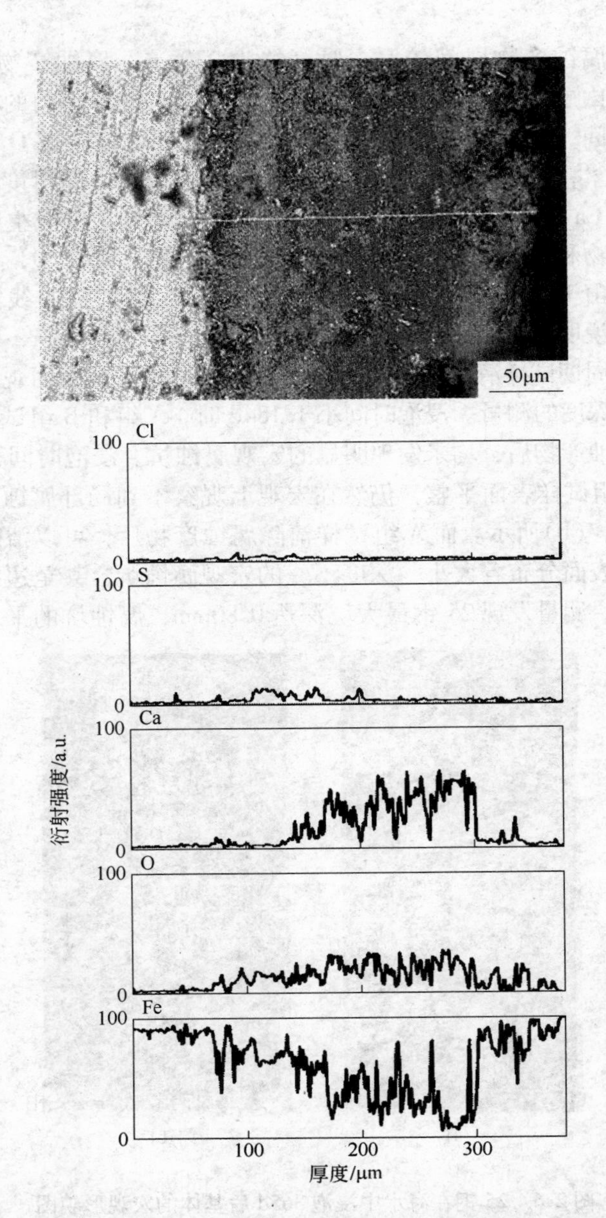

图 2-5　25 钢在自然海水中浸泡 365d 后横截面背散射图像和线性扫描结果

钢试样腐蚀产物层都较厚，厚度约为230μm。腐蚀产物分为3层：最内层靠近基体处腐蚀产物较为疏松，这为细菌的存在提供了空间，线性扫描结果表明，相对外层区域该区域O含量较低，S含量较高，Cl和Ca的含量也较低；锈层中间衬度较暗区域Fe、Ca、O含量丰富，结合XRD分析结果知该区域主要由Fe的氧化物和$CaCO_3$构成；腐蚀产物最外层富含Fe、O，因此该层主要由Fe的氧化物构成。腐蚀产物中线性扫描曲线波动剧烈，这说明各层元素分别不均匀。

各周期试样清除腐蚀产物后，对试样进行宏观表面观察和局部腐蚀深度的测量。浸泡时间小于184d时，A组和B组试样清除表面腐蚀产物后，均未发现明显的宏观腐蚀坑。浸泡时间为365d时，B组试样表面平整，仍然在宏观上观察不到局部腐蚀，如图2-6(a)，(b)所示。而A组试样清除腐蚀产物后，可以清晰地观察到其表面分布着大小、深度不一的宏观腐蚀坑，甚至边缘有掉角现象。测量发现25钢最大坑深达0.80mm，腐蚀坑的平均腐蚀

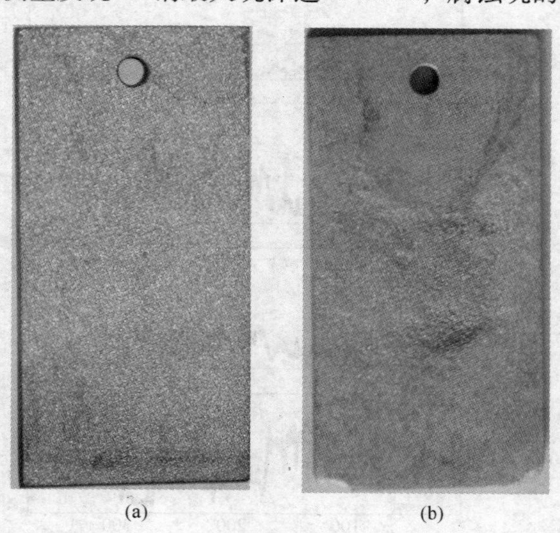

(a) (b)

图2-6　25钢在海水中浸泡365d后基体的宏观形貌图

(a) 自然海水；(b) 无菌海水

深度为0.31mm，点蚀密度为3.5×10^3 个/m^2。由此可见，微生物的存在不但可以增大材料的平均腐蚀深度，在腐蚀时间较长情况下还会造成材料严重的局部腐蚀。

2.4.3 微生物分析

25 钢在海水中浸泡不同时间后每克表面刮取物中细菌数量见表2-3。从表2-3 中可以看出，不同碳钢每克表面刮取物中需氧及兼性厌氧菌的数量初期随着浸泡时间的延长细菌数量增加，当浸泡时间达到91d 的时候，每克刮取物的细菌数量达到最多，而随着浸泡时间的进一步延长，因含氧量下降，其含量有所下降。一年时，需氧及兼性厌氧菌的数量降至最低。而属于厌氧菌的硫酸盐还原菌的含量随腐蚀时间延长，腐蚀层增厚，逐渐增高，但在腐蚀 184d 后，随浸泡时间进一步延长，硫酸盐还原菌的含量又有明显降低，菌量在 184d 达到最大值。铁细菌和硫细菌的数量变化随浸泡时间的变化不明显。对于不同含碳量碳钢，在海水中浸泡不同时间后，除 7d 腐蚀周期外，表现为随着碳钢含碳量的增加，腐蚀产物中需氧及兼性厌氧菌的数量有增加的趋势，而硫酸盐还原菌却随着含碳量的增加而存在降低的趋势，铁细菌和硫细菌的数量变化不明显。

25 钢在海水中浸泡不同时间后刮取物中需氧菌及兼性厌氧菌和铁细菌的菌属组成见表2-3 和表2-4，由表2-3 和表2-4 推算出的细菌数量可见表2-5。结果表明需氧菌及兼性厌氧菌主要由两个菌属的细菌组成，即假单胞菌属、弧菌属，其中属于严格需氧菌的假单胞菌属细菌随着浸泡时间的延长所占的比例减少，而属于兼性厌氧菌的弧菌属的细菌总数所占比例随浸泡时间的延长而增加，达极值后继而下降。表现为初期钢铁腐蚀产物中菌群主要是由需氧菌组成，随着浸泡时间的延长，兼性厌氧菌开始占据主要地位。在浸泡时间达一年时还出现大量的黄杆菌。铁细菌主要是由瑙曼氏菌属和鞘铁菌属组成的，组成比例无明显的规律可循。腐蚀刚刚进行 7d 时，假单胞菌、弧菌、铁细菌、硫杆菌就已达到相当高浓度，因此微生物对碳钢的腐蚀作用在腐蚀初期即已发挥相当大的作用，在腐蚀时间为365d时，腐蚀产物中细菌种类增加，微生物腐蚀也最为严重。

表2-3　25钢在海水中浸泡不同时间后每克腐蚀产物中细菌数量的对数值

（lgCFU/g）

细菌类别	腐蚀时间/d				
	7	28	91	184	365
Aerobe and facultative anaerobe	6.62	7.19	7.45	7.01	6.49
Sulfate reducing bacteria	3.30	4.62	4.83	6.49	4.45
Iron bacteria	5.26	5.46	6.10	5.10	5.78
Sulfur bacteria	5.38	5.93	5.26	4.32	3.94

表2-4　25钢在海水中浸泡不同时间后腐蚀产物中需氧菌及兼性厌氧菌和铁细菌的菌属组成（属于某菌属的菌落数/鉴定的菌落数）

细菌类别	菌　属	腐蚀时间/d				
		7	28	91	184	365
Aerobe and facultative anaerobe	*Pseudomonas*	26/30	18/30	2/30	1/30	2/30
	Vibrio	4/30	12/30	20/30	17/30	6/30
	Flarobacterium					22/30
	undetermined			8/30	12/30	
Iron bacteria	*Naumanniella*	7/10	8/10	3/10	3/10	5/10
	Siderocapsa	3/10	2/10	7/10	7/10	5/10

表2-5　浸泡不同时间的试样中的细菌数量（细菌个数）

腐蚀时间/d	7	28	91	184	365
Pseudomonas	3.6×10^6	1.1×10^7	1.9×10^6	1.2×10^6	2.1×10^5
Vibrio	5.6×10^5	4.2×10^6	1.9×10^7	6.0×10^6	6.2×10^5
Crenothrixandl-eptothrix	1.8×10^5	2.9×10^5	1.2×10^6	1.2×10^5	6.0×10^5
Sulfate-reducing bacteria	2.0×10^3	4.2×10^4	6.8×10^4	3.1×10^6	2.8×10^4
Thiobacillus	2.4×10^5	8.5×10^5	1.8×10^5	2.1×10^4	8.7×10^3
Flavobacterium	—	—	—	—	2.3×10^6

任何在海洋环境中浸泡的固体物质都可成为细菌和其他生物生长的附着物，固体物质表面细菌的数量与组成与浸泡时间和固体材料的组成存在一定的关系，由表2-4可见，25钢在海水中浸泡初期腐蚀产物中的细菌以需氧菌为主，随着浸泡时间的延长开始大量出现兼性厌氧菌，最后厌氧菌也大量出现并达到一个平衡，即在腐蚀产物内共生有需氧菌、兼性厌氧菌和厌氧菌。这种结果的出现与碳钢表面生态环境的变化有关，生物膜形成初期，由于生物膜较薄腐蚀产物较少，其内部含氧量相对较高，因此需氧菌占优势，随着生物膜增厚腐蚀产物增多，其内部开始乏氧，兼性厌氧菌开始占优势并大量繁殖，随着腐蚀产物的进一步增厚和碳钢表面腐蚀坑的出现，其内部高度乏氧，形成了适合厌氧菌生长繁殖的环境，因而开始出现大量的厌氧菌，并最终达到一个平衡，形成需氧菌、兼性厌氧菌和厌氧菌共生的环境。

腐蚀产物中，需氧及兼性厌氧菌的数量初期随着浸泡时间的延长细菌数量增加，而随着浸泡时间的进一步延长细菌数量开始出现下降的趋势，硫酸盐还原菌的数量变化也存在着这一规律，这与微生物在培养基中的生长规律相似，生长初期细菌的营养相对丰富且细菌之间的互相抑制较小，随着细菌的增多，生物膜内部营养逐渐减少，细菌代谢产物对同种细菌的抑制开始占优势，使得细菌含量初期持续增加而后期呈现下降的趋势。

在需氧及兼性厌氧菌中，只有弧菌属细菌产酸，假单胞菌属是严格需氧菌，在厌氧环境下不生长，黄杆菌属的细菌是不产酸但有色素的细菌，一般菌落具有颜色。硫酸盐还原菌均为厌氧性细菌，只有在氧含量极度低的条件下才能够生长。由此可见，碳钢腐蚀产物中细菌的组成随着浸泡时间的不同而发生组成和数量的变化，不同的细菌对氧的需求与消耗或代谢过程中酸的产生均有差异，这些差异对钢铁的腐蚀过程产生了影响，因此可以在一定程度上解释为什么金属浸泡在海水中后，腐蚀速率随浸泡时间的不同而不同，即腐蚀产物中的微生物有时对

25 钢的腐蚀有加速作用，而有时却是抑制作用。

内层腐蚀产物中硫酸盐还原菌含量大于外层腐蚀产物，线性扫描结果显示硫含量分布不均匀，内锈层比外锈层高，这可能与内锈层硫酸盐还原菌的含量较高有关。

2.4.4 微生物腐蚀机理

实验结果表明，各实验周期中 A 组和 B 组试样的平均腐蚀速率相差较大，这是由于微生物的腐蚀作用取决于它的组成和数量，随着腐蚀时间的变化，微生物的种类和数量也在不断变化，因此各阶段微生物对材料的腐蚀机理也各不相同。在腐蚀初期，微生物在碳钢腐蚀产物中就有相当高的含量，这也导致在腐蚀 7d 时，A 组试样的平均腐蚀速率比 B 组快得多。腐蚀初期对腐蚀起主要作用的微生物为好氧菌和兼性厌氧菌，浸泡 7d 时，假单胞菌所占比例最高，假单胞菌为好氧、不产酸菌，且由于腐蚀时间较短，菌膜较薄，产酸菌产生的 H^+ 容易迁移出去，这使得酸腐蚀作用并不明显，经测定，锈层内部较自然海水 pH 值仅下降 0.5（刮取表面腐蚀产物，用精密 pH 试纸测定，取渗湿部分读数）。腐蚀初期微生物的作用在于微生物的物理存在及其新陈代谢活动改变了电化学反应过程，细菌的附着、繁殖改变了碳钢表面物理状态，细菌附着区域含氧量较低，成为阳极，周围区域含氧量较高，成为阴极，形成了氧浓差电池，造成细菌附着区腐蚀较快。菌膜的形成和存在也阻碍了腐蚀产物的脱落，因此 A 组试样表面比 B 组有着更厚的腐蚀产物附着。随着腐蚀时间的延长，细菌的数量进一步增加，菌膜和腐蚀产物层增厚并完全地覆盖整个试样表面，这阻碍了氧的传输，同时大量的好氧菌的呼吸作用也消耗了锈层中的氧，这在一定程度上阻碍了碳钢的腐蚀，因此从腐蚀 7d 到腐蚀 91d，A 组中试样的平均腐蚀速率逐渐减小，甚至在腐蚀 28d 时，A 组中试样的平均腐蚀速率反而低于 B 组试样。随着腐蚀时间的进一步延长，产酸的兼性厌氧菌（弧菌）和厌氧菌（硫酸盐还原菌）数量逐渐增加，产生大量的有机酸或无机酸，导致锈层内部 pH 值显著降低，测定自然海水中浸泡 184d 锈层内部 pH 值为 5.5，比自然海水下降了 2.6，这时影响材料腐蚀的主要是浓差电池和酸腐蚀的共同作用，因此浸泡时间大于 91d 时，自然海水中碳钢的平均腐蚀速率又远大于无菌海水中。当腐蚀时间继续延长时，腐蚀产物层较厚，细菌呼吸代谢产生的 CO_2 无法快速扩散到外界出去，锈层内部高含量的 CO_2 与海水中的 Ca^{2+} 反应，产生大量的 $CaCO_3$，因此，XRD 物相分析和锈层横截面线性扫描均检测出自然海水中浸泡 365d 后试样内层腐蚀产物中含有大量的 $CaCO_3$。板结状 $CaCO_3$ 的形成进一步抑制了离子的扩散，因此内锈层中含有较高含量的 Cl 和 S，内层较高含量的 Cl 可能是腐蚀速率继续增大的部分原因。同时，板结状 $CaCO_3$ 的形成抑制了氧的扩散，因此浸泡 365d 时自然海水中试样腐蚀产物中 Fe 的氧化物形态由 FeO(OH)变成了 $FeFe_2O_4$。自然海水中浸泡 365d 时腐蚀产物中出现了大量的黄杆菌，这可能与腐蚀速率的变化密切相关，但目前国内外关于黄杆菌对金属的腐蚀作用的研究较少，应该引起国内外微生物腐蚀研究人员的关注。

对比自然海水中平均腐蚀速率结果和微生物鉴定结果发现，平均腐蚀速率的变化与硫酸盐还原菌含量的变化并不完全一致，如自然海水中浸泡 184d 时腐蚀产物中硫酸盐还原菌含量最高，但其腐蚀速率却远低于 365d，这说明微生物腐蚀并不是只受某一种细菌的影响，微生物之间的协同作用对碳钢的腐蚀起到重要作用，如碳钢内锈层中存在的异养菌、铁细菌、硫杆菌等都会不同程度地影响钢的腐蚀，而异养菌、铁细菌、硫氧化菌的存在对 SRB 腐蚀有促进作用。碳钢在海水中浸泡初期表面的细菌以需氧菌为主，随着浸泡时间的延长开始大量出现兼性厌氧菌，最后厌氧菌也大量出现并达到一个平衡，形成需氧菌、兼性厌氧菌和厌氧菌共生的环境。碳钢表面细菌的组成随着浸泡时间的不同而发生组成和数量的变化，不同的细菌对氧的需求与消耗或代谢过程中酸的产生均有差异，这些差异对钢铁的腐蚀过程产生了影响，因此可以在一定程度上解释为什么金属浸泡在海水中后，腐蚀速率随浸泡时间的不同而不同，即表面的微生物有时对碳钢腐蚀有加速作用，而有时却是抑制作用。

综上，热带海洋气候下海水中微生物对25钢腐蚀行为的影响为：

（1）海水中微生物的存在显著影响碳钢的平均腐蚀速率，总体规律是在浸泡初期加速碳钢材料的腐蚀，浸泡28d左右又减缓材料的腐蚀，对碳钢起到一定的保护作用，随着浸泡时间的进一步延长，腐蚀速率又逐渐加快。各种碳钢在自然海水中腐蚀速率的变化规律也不尽相同，25钢平均腐蚀速率随浸泡时间的延长最初保持不变，继而出现大幅度的下降，随浸泡时间的进一步延长，材料平均腐蚀速率略有波动，当浸泡时间达到365d时，平均腐蚀速率又出现大幅增加；45钢在腐蚀初期平均腐蚀速率随浸泡时间延长略有增大，接着平均腐蚀速率开始减小，在第91d时平均腐蚀速率达到最低，继而平均腐蚀速率又快速增大；85钢平均腐蚀速率呈现先减小后增大的规律，平均腐蚀速率在第91d时最小，365d时最大。

（2）在自然海水中暴露7d后形成的腐蚀产物层完全覆盖碳钢表面，腐蚀产物层随浸泡时间的延长而增厚，浸泡91d和184d后，腐蚀产物分为两层，内层呈黑色淤泥状，外层呈黄褐色，较为松散，XRD分析表明，内、外层腐蚀产物均为FeO(OH)和Fe_2O_3，浸泡365d后，腐蚀产物厚度约达230μm，但仍分为内、外两层，外层腐蚀产物成分不变，内层腐蚀产物为$CaCO_3$和$FeFe_2O_4$。

（3）在自然海水中暴露91d的碳钢内锈层中有高含量的S和C，并随暴露时间延长而增加，浸泡365d后，与碳钢基体材料相比，内层黑色腐蚀产物中S含量提高了2个数量级，C含量也提高了1个数量级。不同型号碳钢材料腐蚀产物中的S、C含量是随着基体材料的含碳量的增加而减小。

（4）浸泡时间小于184d时，自然海水和无菌海水中试样表面均未发现明显的宏观腐蚀坑。浸泡时间为365d时，无菌海水中试样表面仍然平整，宏观上观察不到局部腐蚀，而自然海水中试样可以清晰地观察到其表面分布着大小、深度不一的宏观腐蚀坑。

（5）碳钢在自然海水中浸泡后，腐蚀产物中微生物主要由假单胞菌、弧菌、铁细菌、硫杆菌和硫酸盐还原菌组成，在浸泡365d后还出现大量的黄杆菌。腐蚀初期碳钢表面主要是由需氧菌组成，随着浸泡时间的延长，兼性厌氧菌开始占据主要地位。硫酸盐还原菌数量随浸泡时间延长先增大，再减小，在184d时数量达到最大。

3 热带海洋气候下海水中微生物腐蚀对25钢力学性能的影响

3.1 试验材料和试样

实验材料为经均匀化退火后的25钢（齐齐哈尔市宏顺重工集团有限公司出产），其化学成分见表2-1。拉伸试样按GB/T 228—2002要求线切割加工，冲击试样按GB/T 229—1994要求线切割加工。试样表面用200号至1200号砂纸逐级磨光，经丙酮除油处理后放置干燥器内备用。

3.2 海洋环境模拟

取海口市假日海滩海滨浴场海水，部分海水经121℃高温蒸汽灭菌20min后，分别进行以下两组实验：A组（自然海水组）取自然海水至玻璃实验箱内，将失重试样和表面分析试样用绝缘丝悬挂其中；B组（无菌海水组）取冷却至室温的灭菌海水至特制无菌玻璃实验箱内，以相同方法将样品悬挂其中，作无微生物影响的对照组，以确定微生物对腐蚀的单因素影响。

挂片采用7d、14d、28d、91d、184d和365d，每个试验周期每种试样做5个平行试样。实验箱内海水温度保持恒定为26℃，每7d更换一次海水，每次换水前后均对自然海水和灭菌海水理化指标进行测定，测定结果显示无菌海水和自然海水理化性能基本相同，盐度大约为33‰，溶解氧大约为6mg/L，pH值大约为8.1。挂片的实验箱静置于无菌室内。

3.3 测试及分析方法

3.3.1 力学性能测定

将腐蚀后的试样从海水中取出。为探索腐蚀所产生的表面缺陷对材料拉伸性能的影响及是否存在氢脆，拉伸试样腐蚀后不经打磨，直接用万能试验机测试腐蚀后材料的力学性能，加载速度为1mm/min。夏比冲击试样用砂纸打磨去表面附着腐蚀产物，使用 Zwick RKP 450 示波冲击试验机，按 GB/T 229—1994 进行冲击实验。

3.3.2 拉伸断口形貌分析

采用扫描电镜，对 25 钢试样拉伸断口微观形貌进行分析，以确定 25 钢材料经微生物腐蚀后的断裂方式和断裂机理。

3.4 微生物腐蚀对25钢力学性能的影响

3.4.1 拉伸性能

25 钢在自然海水和无菌海水中腐蚀不同时间后的抗拉强度测试结果如图 3-1 所示，腐蚀初期，A 组与 B 组试样的抗拉强度相差很小，随着浸泡时间的延长，B 组试样抗拉强度变化不大，A 组试样的抗拉强度持续下降，因此当浸泡时间为 184d 时，B 组试样的抗拉强度明显大于 A 组，并随浸泡时间进一步延长，B

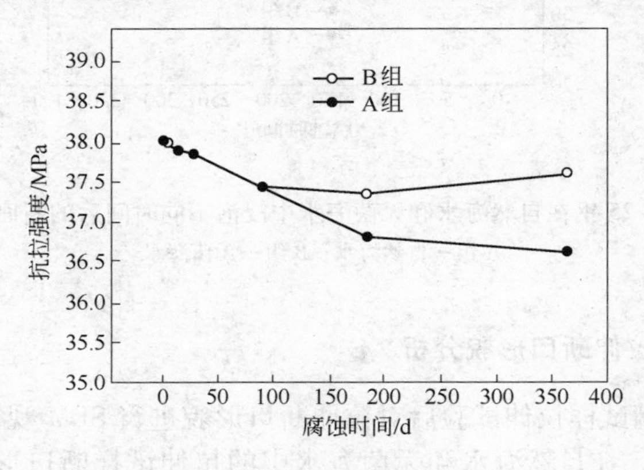

图 3-1 25 钢在自然海水和无菌海水中浸泡不同时间后的抗拉强度
A 组—自然海水；B 组—无菌海水

组和 A 组之间试样抗拉强度的差值逐渐增大。整体上，碳钢腐蚀后的抗拉强度与未腐蚀的空白试样相比下降并不大，腐蚀 365d 后，A 组中 25 钢试样的抗拉强度与未腐蚀的空白试样相比下降了 14MPa，下降幅度仅为 3.7%。

图 3-2 所示为碳钢在自然海水和无菌海水中腐蚀后断面收缩率随浸泡时间的变化，A 组和 B 组试样的断面收缩率都呈下降趋势，随着腐蚀时间的延长，A 组试样的断面收缩率下降更快，当腐蚀 365d 时，A 组试样断面收缩率明显低于 B 组。总体上来讲，与未腐蚀的空白试样相比，在无菌海水中腐蚀后碳钢断面收缩率变化不大，在自然海水中腐蚀后碳钢断面收缩率稍有下降，说明海水和微生物腐蚀对退火后的碳钢塑性影响不大。

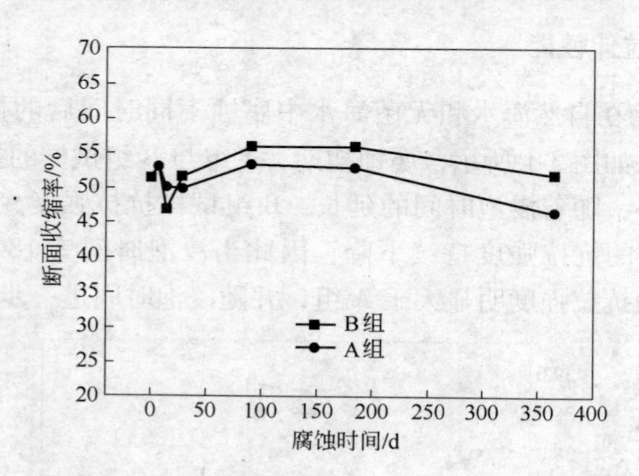

图 3-2　25 钢在自然海水和无菌海水中浸泡不同时间后的断面收缩率

A 组—自然海水；B 组—无菌海水

3.4.2　拉伸断口形貌分析

25 钢试样拉伸试验后对拉伸断口形貌进行 SEM 观察，如图 3-3 所示，在自然海水和无菌海水中的拉伸试样断口形貌相似，都布满了韧窝，拉伸断口中无沿晶断裂的特征，是典型的韧性断裂纤维区的特征，这说明碳钢在自然海水和无菌海水中腐蚀后韧性并没有降低，并没有发现氢脆现象。

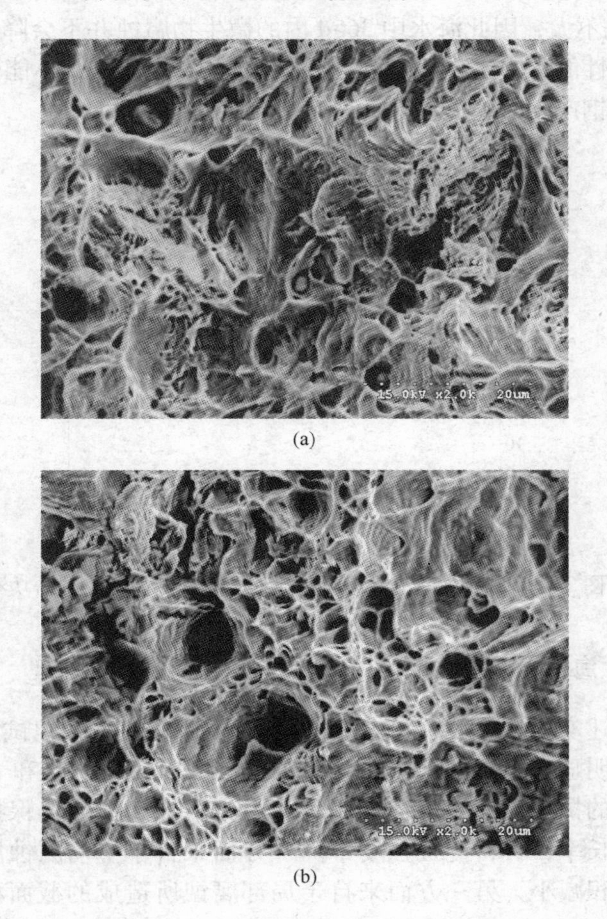

图 3-3 25 钢在海水中浸泡 91d 后的拉伸断口形貌图

（a）自然海水；（b）无菌海水

3.4.3 冲击性能

A 组试样腐蚀不同时间后的夏比冲击功（见图 3-4）（B 组试样的夏比冲击功与 A 组结果相似，这里不再重复给出）表明，与未腐蚀的空白试样相比，腐蚀不同时间后碳钢的夏比冲击功 A_{kv}变化不大，因此海水中 365d 内的微生物腐蚀并不会降低碳钢的冲击性能，这进一步证实了海水和微生物腐蚀并不能使退火后的碳钢产生氢脆。

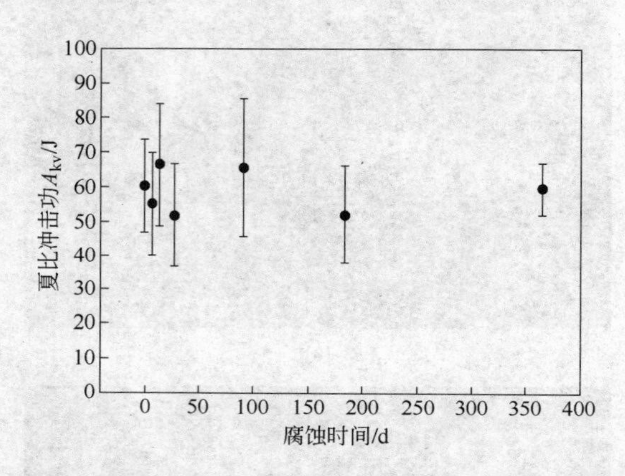

图 3-4　25 钢在自然海水中浸泡不同时间后的夏比冲击功

3.4.4　海水中微生物腐蚀对 25 钢力学性能的影响原理

上述实验结果表明，当腐蚀时间大于 91d 时，B 组试样的抗拉强度明显大于 A 组，并随浸泡时间延长，B 组试样和 A 组试样之间的抗拉强度差值逐渐增大。因为材料腐蚀后仍保持了较高的伸长率，材料抗拉强度下降一方面来自于平均腐蚀所产生的截面积减小，另一方面来自于局部腐蚀所造成的截面积减小和应力集中。为进一步揭示微生物腐蚀所产生的局部腐蚀对材料抗拉强度的影响，将样品尺寸减去相应的平均腐蚀深度计算横截面积再重新计算材料的抗拉强度，在此定义为实际抗拉强度 δ，以揭示微生物引起的局部腐蚀对碳钢抗拉强度的影响，为分析碳钢抗拉强度下降的原因，这里定义一个新参量——实际抗拉强度，以说明由均匀腐蚀引起的试样截面积减小造成的抗拉强度下降。其计算公式为：

$$\delta = \frac{F}{(l - d)(h - d)}$$

式中 F——最大力，N；

l——试样宽度，mm；

h——试样厚度，mm；

d——平均腐蚀深度，mm。

计算结果见图3-5，由图3-5可以看出，各实验周期A组和B组试样的实际抗拉强度波动非常小，基本保持不变，且A、B组的实际抗拉强度值很接近，与未腐蚀的空白试样抗拉强度相比，A组和B组的实际抗拉强度下降均不大，说明腐蚀后造成A、B两组试样抗拉强度下降的主要原因为均匀腐蚀引起的试样横截面减小。因碳钢塑性较好，腐蚀坑对材料的抗拉强度影响不大，说明退火后的碳钢在海水中使用的安全性较好，不易发生突发破坏。与中低碳钢相比，85钢在腐蚀时间较长时A组实际抗拉强度明显低于B组，说明高碳钢抗拉强度受局部腐蚀影响相对较大。

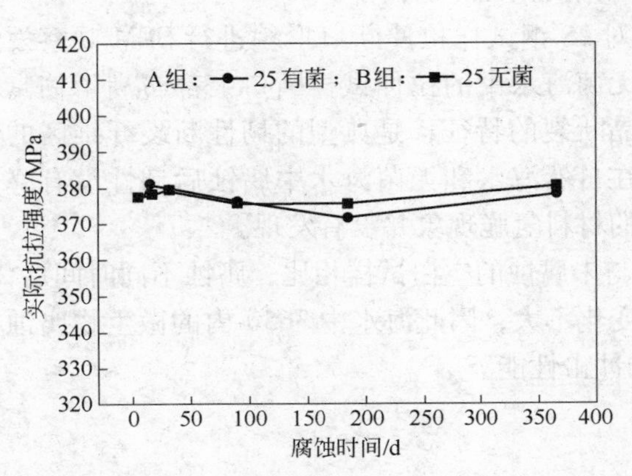

图3-5 25钢在自然海水（A组）和无菌海水（B组）中浸泡不同时间后的抗拉强度

从腐蚀后A、B两组试样断面收缩率和夏比冲击功的保持不变也说明，即使A组试样由于微生物的存在显著降低了材料锈层中的 pH 值，也不能使退火的碳钢产生氢脆。因此文献中报道微生物引起材料的氢脆有可能与冷热加工过程中产生的应力有关。

综上，热带海洋气候下海水中微生物腐蚀对 25 钢力学性能的影响如下：

（1）无菌海水和自然海水腐蚀都会造成碳钢材料抗拉强度下降，但随着浸泡时间的延长，自然海水中试样抗拉强度下降更快，自然海水和无菌海水中试样之间抗拉强度的差值随浸泡时间延长而逐渐增大，这是由于碳钢材料在自然海水中不仅腐蚀速率更快，还会产生严重的局部腐蚀，使试样在拉伸过程中应力集中而容易断裂，导致材料抗拉强度下降。在自然海水中腐蚀 365d 后，与未腐蚀的试样相比，25 钢试样的抗拉强度下降幅度为 3.7%。

（2）在自然和无菌海水中腐蚀后，与未腐蚀的空白试样相比，25 钢材料的断面收缩率变化不大，说明海水和微生物腐蚀对退火后碳钢的塑性影响较小。

（3）对 25 钢试样拉伸断口形貌进行 SEM 观察发现，在自然海水和无菌海水中的拉伸试样断口上都布满了韧窝，拉伸断口中无沿晶断裂的特征，是典型的韧性断裂纤维区的特征，这说明碳钢在自然海水和无菌海水中腐蚀后韧性没有降低，由微生物导致的材料氢脆现象并没有发现。

（4）与未腐蚀的空白试样相比，腐蚀不同时间后 25 钢的夏比冲击功变化不大，因此海水中 365d 内的微生物腐蚀并不会降低 25 钢的冲击性能。

4 热带海洋环境下海水中微生物对 45 钢腐蚀行为的单因素影响

本章选择了在生物腐蚀显著的海南地区，通过室内自然海水和无菌海水中挂样结果对比，研究了热带海洋气候条件下海水中微生物对 45 钢腐蚀行为的单因素影响。

4.1 实验方法

实验材料为 45 号优质碳素钢，均为出厂检验合格圆钢（齐齐哈尔市宏顺重工集团有限公司出产），实验材料成分为 C 0.499，Mn 0.596，Si 0.230，S 0.028，P 0.012，Ni 0.006，Cr 0.020，Mo 0.001，Nb 0.001，Cu 0.014，W 0.003，Al 0.003，V 0.004，Ti 0.001，Fe 余量。

实验分为以下两组：

A 组：有菌组。取自然海水至玻璃实验箱内，将显微观察样品和称重后的失重样品用绝缘丝悬挂其中。

B 组：无菌组。取灭菌海水至特制无菌玻璃实验箱内，以相同方法将样品悬挂其中，作无微生物影响的对照组，以确定微生物对腐蚀的单因素影响。

其他实验方法与第 2 章相同。

4.2 微生物对 45 钢腐蚀行为的单因素影响

4.2.1 平均腐蚀速率

自然海水的盐度大约为 33‰，溶解氧大约为 6mg/L，pH 值大约为 8.1，因降雨等因素，每周海水理化指标略有差别，但波动不大。测试结果显示灭菌后海水的盐度、溶解氧和 pH 值和自然海水差别不大，可以认为对实验结果没有影响。

45 钢在海水中的平均腐蚀速率如图 4-1 所示。从图 4-1 中可以看出，45 钢在自然海水中和无菌海水中的腐蚀规律相近，在腐蚀实验初期，材料的平均腐蚀速率均随浸泡时间延长略有增大，但随浸泡时间进一步延长而下降，当时间超过 91d 后，延长浸泡时间对材料平均腐蚀速率影响不大。

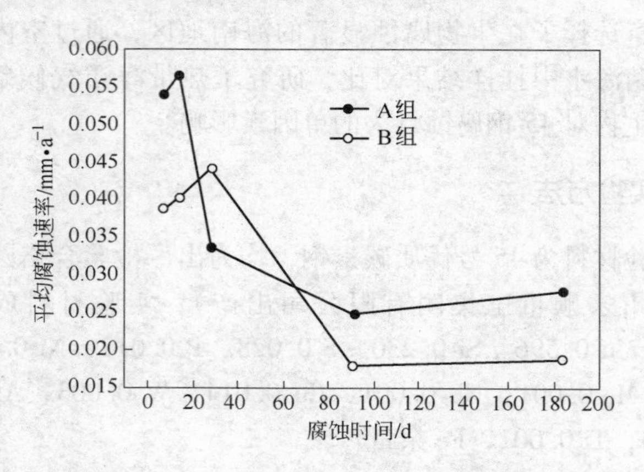

图 4-1　45 钢在海水中的平均腐蚀速率随时间的变化
A 组—自然海水；B 组—无菌海水

除 28d 实验周期，其他腐蚀周期下，45 钢在自然海水中的平均腐蚀速率均大于无菌海水中的平均腐蚀速率。浸泡时间为 7d 时碳钢在自然海水中的平均腐蚀速率为无菌海水中平均腐蚀速率的 1.4 倍，腐蚀 14d 时自然海水中的平均腐蚀速率仍大于无菌海水中的平均腐蚀速率，但差值明显缩小。浸泡时间达到 28d 时，碳钢在自然海水中的平均腐蚀速率小于无菌海水中的平均腐蚀速率，浸泡时间超过 91d 时，碳钢在自然海水中的平均腐蚀速率远大于在无菌海水中的平均腐蚀速率，进一步延长时间，无菌海水中平均腐蚀速率变化不大，但自然海水中的平均腐蚀速率略有上升，浸泡时间为 184d 时，碳钢在自然海水中的平均腐蚀速率为 0.0278mm/a，为无菌海水中平均腐蚀速率的

1.48 倍。自然海水和灭菌海水除微生物外，其他腐蚀条件相同，因此上述结果可充分说明微生物对碳钢在海水中腐蚀所起到的显著作用。

4.2.2 腐蚀产物及表面形貌分析

45 钢在无菌海水和自然海水中腐蚀后，将材料表面及腐蚀箱底部的腐蚀产物干燥后，通过 X 射线衍射物相分析，发现腐蚀产物成分没有差别。化学成分为 FeO(OH) 和 Fe_2O_3。图 4-2 所示为 45 钢在自然海水中浸泡 184d 后的 X 射线衍射图，由于 45 钢在无菌海水浸泡后及腐蚀箱底部的腐蚀产物的成分与自然海水中相同，在此不再给出。

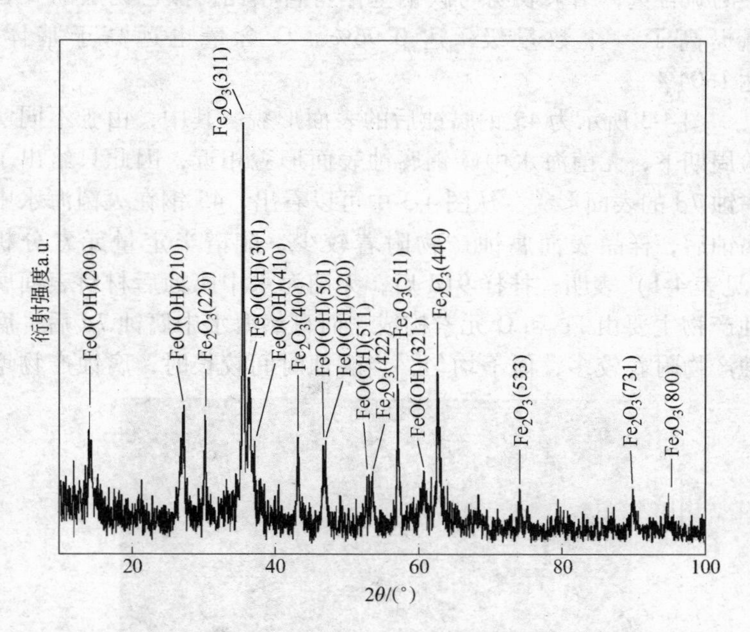

图 4-2　45 钢在自然海水中浸泡 184d 后的 X 射线衍射图

45 钢在自然海水和无菌海水中腐蚀后，材料表面腐蚀产物附着情况有较大差别。样品在无菌海水中浸泡 184d 后，材料表面附着产物较少，可以清晰观察到基体。材料在自然海水中浸泡 184d 后，材料锈层可清晰分为两层，内层呈黑色淤泥状，外层呈黄褐色，较为松散。材料干燥后，进行 X 射线衍射物相分析，发现碳钢在自然海水和灭菌海水中腐蚀产物没有差别。化学成分为 $FeO(OH)$ 和 Fe_2O_3，为 $Fe(OH)_3$ 脱水形成，与腐蚀实验箱底部沉积的腐蚀产物成分相同。而碳钢在自然海水中腐蚀后的黑色内层腐蚀产物和黄褐色外层腐蚀产物干燥后的 X 射线衍射结果也未发现差别。

为进一步确定碳钢在自然海水中内层黑色腐蚀产物的成分，将其刮取、烘干、研碎、洗涤、再烘干后，采取燃烧法测定其中的硫含量，结果表明与碳钢基体材料相比，黑色锈层的 S 含量提高了一个数量级，达 0.96%，C 含量也远高于基体，达 1.04%。

图 4-3 所示为 45 钢腐蚀后的表面形貌。其中，由于不同实验周期下，无菌海水中碳钢腐蚀表面形貌相近，因此只给出了腐蚀 7d 的表面形貌。从图 4-3 中可以看出，45 钢在灭菌海水中腐蚀后，样品表面腐蚀产物附着较少，能谱半定量元素分析（见表 4-1）表明，挂样 91d 后，无菌海水中腐蚀后材料表面腐蚀产物主要由 Fe 和 O 元素构成。而自然海水中腐蚀 7d 后，腐蚀产物附着较多，但不均匀，当腐蚀时间较长时，腐蚀产物增

(a)

(b)

(c)

图 4-3　45 钢在海水中浸泡后内锈层腐蚀产物形貌图
（a）无菌海水中浸泡 7d 表面形貌；（b）自然海水中浸泡 7d 表面形貌；
（c）自然海水中浸泡 91d 表面形貌

多增厚。将自然海水中浸泡 91d 的样品表层腐蚀产物剥离后，从内层腐蚀产物放大后的形貌图中可以看到大量细菌的存在，如图 4-3(c)所示。而自然海水中腐蚀后的样品内层腐蚀产物除 Fe 元素和 O 元素外，还有含量远高于基体的 C 和 S 元素（见表 4-1），与化学分析结果相符，而无菌海水中浸泡的碳钢腐蚀表面能谱分析过程中未探测到 S 元素。

表 4-1　45 钢在无菌海水和自然海水中浸泡 91d 后材料表面的能谱半定量元素分析结果

海　水	元　素	质量分数/%
灭菌海水（B 组）	O	13.8
	Fe	86.2
自然海水（A 组）	O	17.2
	Fe	80.3
	S	1.0
	C	1.5

燃烧法所测定的 45 钢在自然海水中浸泡 184d 后，内锈层中 S 含量为 0.96%，与 EDS 结果相符，但 X 射线分析腐蚀产物中并无硫化物存在，其原因可能有以下两方面：（1）硫可能存在于菌膜中，黑色锈层中除发现高的硫含量外，同时还发现 C 含量也远高于基体，达 1.04%，证明锈层中存在高含量的菌膜有机物，其中可能含有高含量的硫。（2）X 射线实验过程中虽然已采用较长的收集时间，但海水溶液中得到的腐蚀产物的 X 射线衍射图中仍然背底较高（如图 4-2 所示），因此即使存在少量的硫化物，其衍射峰也很难探测得到。

4.2.3　微生物分析

45 钢在自然海水中腐蚀不同时间后锈层的细菌种类、含量见表 4-2。锈层中细菌主要由假单胞菌、弧菌、铁细菌、硫杆菌、硫酸盐还原菌构成。此外锈层中还含有少量动性球菌、螺旋体菌属细菌，因含量较少未在表中列出。从表中可以看出，好氧菌，如假单胞菌、硫杆菌，菌量随腐蚀时间延长变化不大。腐蚀初期，兼性厌氧菌，如弧菌、铁细菌，细菌含量随腐蚀时间延长逐渐增大，在腐蚀时间为 91d 时达到最大值，进一步延长腐蚀时间，因含氧量下降，其含量有所下降。而属于厌氧菌的硫酸盐还原菌的含量随腐蚀时间延长，腐蚀层增厚，逐渐增高。腐蚀刚刚进行 7d 时，假单胞菌、弧菌、铁细菌、硫杆菌就已达到相当高浓度，因此微生物对碳钢的腐蚀作用在腐蚀初期即已发挥相当大的作用。

表 4-2　45 钢在海水中浸泡不同时间后锈层的细菌种类、含量

腐蚀时间 /d	*Pseudomonas* /个数 · g^{-1}	*Vibrio* /个数 · g^{-1}	*Crenothrixandl-eptothrix* /个数 · g^{-1}	*Sulfate-reducing bacteria* /个数 · g^{-1}	*Thiobacillus* /个数 · g^{-1}
7	2.0×10^6	7.5×10^5	1.0×10^5	1.9×10^3	5.2×10^5
28	8.8×10^6	1.3×10^7	3.6×10^5	4.0×10^4	5.1×10^5
91	3.7×10^6	2.1×10^7	6.2×10^5	6.5×10^4	6.0×10^5
184	2.3×10^5	2.9×10^6	5.3×10^4	8.2×10^5	5.2×10^5

4.3　腐蚀机理

上述实验结果表明热带海洋气候下，在其他条件相同情况下，自然海水中 45 钢的平均腐蚀速率与无菌海水中碳钢平均腐蚀速率相比相差较大，证明微生物单因素对材料的平均腐蚀速率有显著影响。随腐蚀时间变化各种微生物的数量不断变化，在腐蚀初期微生物在碳钢腐蚀产物中就有相当高的含量，导致在腐蚀时间为 7d 时，45 钢在自然海水中的平均腐蚀速率为无菌海水中平均腐蚀速率的 1.4 倍。

微生物的腐蚀作用决定于微生物的组成及数量。因此各阶段微生物腐蚀的机理也各不相同。由各种细菌组成及含量结果可知在腐蚀初期对腐蚀起主要作用的微生物应为好氧菌和兼性厌氧菌，浸泡 7d 时，假单胞菌所占比例最高。由于假单胞菌为不产酸菌，且浸泡 7d 时的细菌总量较少，菌膜较薄，产酸菌产生的 H^+ 易于迁移，因此锈层内部的 pH 值下降不大，经测定，锈层内部较自然海水的 pH 值仅下降 0.5（锈层内部 pH 值测定为将腐蚀产物从碳钢表面剥离后，采用精密 pH 试纸蘸取锈层内部腐蚀产物后，取渗湿部分比对读数得到其 pH 值）。因此腐蚀初期，由于 pH 值的下降对 45 钢平均腐蚀速率的贡献不大。腐

蚀初期微生物的作用在于微生物的物理存在及其新陈代谢活动改变了电化学反应过程。细菌的附着、繁殖改变了碳钢表面的物理状态，细菌附着区域氧含量较低，而周围区域氧含量较高，形成了氧浓差电池；细菌附着区成为阳极，周围区域成为阴极，造成细菌附着区腐蚀速度较快。菌膜的形成及细菌的存在也阻碍了腐蚀产物的脱落，因此与无菌海水中腐蚀后的试样相比，自然海水中腐蚀后的试样表面有较厚的腐蚀产物附着。

但随着腐蚀时间的延长，菌膜的增厚，腐蚀产物及细菌数量的增多，阻碍了氧的传输，大量好氧菌的存在也消耗了锈层中的氧，在一定程度上阻碍了钢的腐蚀，因此在腐蚀时间为28d时自然海水中的平均腐蚀速率反而低于无菌海水中的平均腐蚀速率。

随着浸泡时间的进一步延长，产酸的兼性厌氧菌和厌氧菌，如弧菌、硫酸盐还原菌的量逐渐增多。导致锈层内部的pH值显著下降，经测定自然海水中腐蚀184天锈层内部的pH值为5.5，比自然海水pH值下降2.6。因此浸泡时间大于91d时，自然海水中碳钢的平均腐蚀速率远大于无菌海水中碳钢的平均腐蚀速率。

腐蚀时间超过91d后，腐蚀产物中兼性厌氧菌的含量有所下降，硫酸盐还原菌的含量进一步增高，因此自然海水中碳钢的平均腐蚀速率有上升趋势。Von Wolzogen Kuhr and Van der Vlugt 揭示硫酸盐还原菌作用下所发生的反应为：

阳极反应： $4Fe \longrightarrow 4Fe^{2+} + 8e^-$ (4-1)

水离解反应： $8H_2O \longrightarrow 8H^+ + 8OH^-$ (4-2)

阴极反应： $8H^+ + 8e^- \longrightarrow 8H$ (4-3)

SRB阴极去极化反应： $SO_4^{2-} + 8H \longrightarrow S^{2-} + 4H_2O$ (4-4)

腐蚀产物的产生： $Fe^{2+} + S^{2-} \longrightarrow FeS$ (4-5)

总反应方程式为：

$$4Fe + SO_4^{2-} + 4H_2O \longrightarrow 3Fe(OH)_2 + FeS + 2OH^- \quad (4\text{-}6)$$

因此硫酸盐还原菌含量的增高会对平均腐蚀速率起到一定的促进作用，在此条件下氧向基体表面的扩散不再是影响材料平均腐蚀速率的关键因素，材料的平均腐蚀速率很大程度上取决于硫酸盐还原菌的含量，因此与91d实验周期相比，浸泡181d 45钢的腐蚀速率略有增大趋势。

综上，热带海洋环境下海水中微生物对45钢腐蚀行为的单因素影响实验结果表明，海水中微生物的存在显著影响碳钢的平均腐蚀速率。在浸泡初期和浸泡时间较长时，微生物的存在均会严重加速碳钢的腐蚀，但在浸泡时间为28d时，微生物的存在会对碳钢起到一定的保护作用。微生物对45钢平均腐蚀速率的影响与微生物的种类、含量密切相关。腐蚀产物中的微生物主要由假单胞菌、弧菌、铁细菌、硫氧化菌、硫酸盐还原菌组成。随腐蚀时间延长锈层增厚，厌氧菌的含量逐渐增多。

5　海水中弧菌对 45 钢腐蚀行为及力学性能的影响

上述论述表明，热带海洋气候条件下，微生物对碳钢的腐蚀有显著影响，其影响体现在提高宏观腐蚀速率和产生局部腐蚀两方面。如，浸泡时间为365d 时，25 钢在自然海水中的腐蚀速率为无菌海水中腐蚀速率的 2.6 倍；并且，经过 365d 自然海水浸泡后，25 钢表面分布着大小不一的宏观腐蚀坑，最大坑深达 0.80mm，腐蚀坑的平均腐蚀深度为 0.31mm，点蚀密度为 3.1×10^3 个/m^2，而无菌海水浸泡的碳钢表面平整，在宏观上观察不到局部腐蚀。通过对自然海水浸泡后碳钢腐蚀产物进行细菌鉴定，发现在腐蚀的不同时期，锈层中不同位置，细菌中弧菌都占据较大比例。弧菌是产酸菌，产酸菌能够降低局部的 pH 值而可能加速金属的腐蚀。而弧菌为兼性厌氧菌，其菌膜对氧扩散的阻碍和弧菌呼吸作用对氧的消耗也有可能减缓金属的腐蚀。关于弧菌对金属材料的腐蚀研究国内外已有报道，但对腐蚀的作用存在争议，有的认为加速腐蚀，有的认为阻碍腐蚀，但研究多基于较短时间的电化学实验，缺乏较长时间挂样验证，有待进一步实验证明，且很少有相关文献报道弧菌对金属材料力学性能的影响，这给海洋设施的安全使用留下了很大的隐患。45 钢是海洋环境及日常生活中应用最广泛、用量最大的金属材料，故研究热带海洋气候条件下海水环境中弧菌对 45 钢腐蚀行为和力学性能的影响具有十分重要的意义。针对于此，本章通过在热带海洋气候条件下对比 45 钢在自然海水、无菌海水和弧菌海水中的腐蚀行为，论述了弧菌对 45 钢腐蚀行为及力学性能的影响。

5.1　试验材料和试样

实验材料为 45 钢圆钢（齐齐哈尔市宏顺重工集团有限公司

出产），化学成分见4.1节。失重试样、表面分析试样规格尺寸分别为50mm×25mm×3mm和15mm×10mm×3mm，拉伸试样按GB/T 228—2002执行。试样表面均用200号至1200号砂纸逐级打磨后，分别经丙酮除油、蒸馏水冲洗、酒精脱水处理，最后干燥恒重，失重试样称取原始重量（准确到1mg），测量尺寸（准确到0.02mm）。

5.2 微生物来源和培养

菌种采集自浸泡在自然海水中的45钢锈层，将45钢试片浸泡在天然海水中6个月后取出，用灭菌刀刮取锈层，在室温下用2216E培养基进行富集培养，富集液按10^{-1}，10^{-2}，10^{-3}，10^{-4}，10^{-5}进行梯度稀释后在平板上画线分离，鉴定主要是根据被纯化细菌的来源、培养特性、菌落特征、革兰氏染色、氧化酶、葡萄糖发酵等指标进行，鉴定并纯化后的弧菌置于冰箱中冷藏保存，作为本实验的菌种。

5.3 试验介质

取海口市假日海滩海滨浴场海水，部分海水经121℃高温蒸汽灭菌20min后，分别进行以下三组实验：A组（自然海水组）取自然海水至玻璃实验箱内，将试样用绝缘丝悬挂其中；B组（无菌海水组）取灭菌海水至特制无菌玻璃实验箱内，以相同方法将试样悬挂其中，作无微生物影响的对照组，以确定微生物对腐蚀的单因素影响；C组（弧菌海水组）将菌种在30℃条件下在斜面培养基上进行一次活化培养，然后在液体培养基中培养12h后按1%（体积）接种到无菌海水中，用平板计数法计算微生物在无菌海水中的数量。试验箱内实验介质每个星期更换一次，每次换水前后均对试验介质进行理化指标测定，海水温度保持为26℃，实验共进行60d。

5.4 测试及分析方法

定期刮取C组中备用试样表面腐蚀产物于无菌采样管中，

用平板计数法对腐蚀产物中弧菌数量进行计数，研究弧菌在试样表面附着及生长状况。

将腐蚀后的失重试样从海水中取出后，依照 GB 5776—1986 方法清除腐蚀产物，计算平均腐蚀速率。将腐蚀后的显微观察试样从海水中取出后，每种样品取一片，用清水冲洗，并用硬毛刷除去表面疏松的腐蚀产物，然后浸入 Clerke 钝化液中清洗腐蚀产物，取出用蒸馏水冲洗干净，利用无水乙醇超声波脱水，干燥后观察暴露出的钢样表面形貌。为探索腐蚀所产生的表面缺陷对材料拉伸性能的影响及是否存在氢脆，拉伸试样腐蚀后不经打磨，直接用万能试验机测试腐蚀后材料的力学性能，加载速度为 1mm/min。作为对比，同时对未经腐蚀的空白试样进行力学性能测试。

5.5 海水中弧菌对 45 钢腐蚀行为及力学性能的影响

5.5.1 弧菌海水中弧菌生长

图 5-1 所示为弧菌在无菌海水中的生长曲线。由图 5-1 可知，弧菌能在无菌海水中大量生长，在第 3 天左右进入对数生长期，第 5 天左右弧菌海水中微生物的数量达到最大值，然后

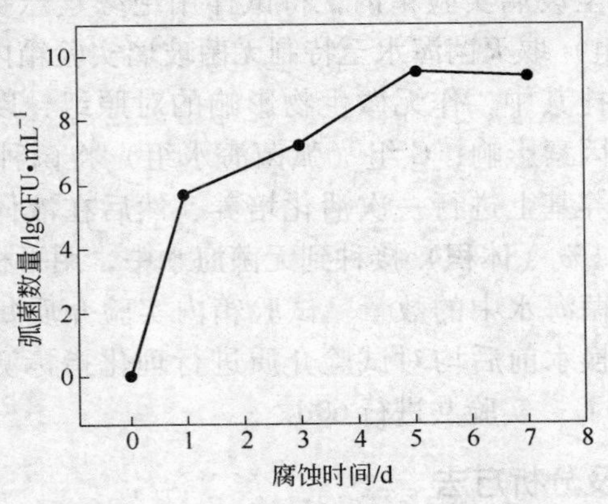

图 5-1 无菌海水中弧菌的含量随时间的变化

随着时间延长微生物数量减少。

5.5.2 腐蚀产物中弧菌生长

如图 5-2 所示，弧菌在 45 钢表面很快附着成膜，成膜后由于营养物质充分，弧菌很快进入对数生长阶段，迅速繁殖，在 30d 左右达到最大值，随后随着腐蚀产物中营养物质的消耗，60d 时弧菌数量又开始减少。

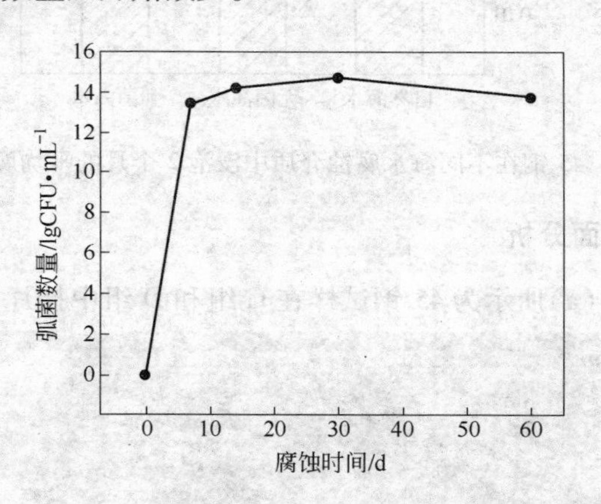

图 5-2　腐蚀产物中弧菌的含量随时间的变化

5.5.3 平均腐蚀速率

挂样前对 A 组、B 组和 C 组海水进行理化性能测试，测试结果显示无菌海水及刚加入弧菌时的弧菌海水的理化性质和自然海水差别不大，盐度大约为 33‰，溶解氧大约为 6mg/L，pH 值大约为 8.1，因此可以认为是微生物单因素实验。

45 钢在 A 组、B 组、C 组中挂片 2 个月后，采用失重法测得平均腐蚀速率如图 5-3 所示。可以看出，由于微生物的附着、新陈代谢活动的影响，45 钢在自然海水和弧菌海水中的平均腐蚀速度均高于无菌海水中，其中 A 组试样的平均腐蚀速率为 B 组的 1.8 倍，C 组试样的平均腐蚀速率为 B 组的 1.2 倍。45 钢在自然海水中的平均腐蚀速率高于弧菌海水中。

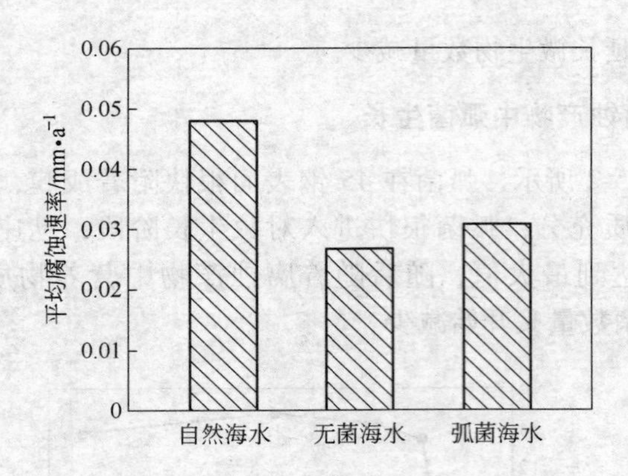

图 5-3 45 钢在不同海水腐蚀介质中浸泡 2 个月的平均腐蚀速率

5.5.4 表面分析

图 5-4(a)所示为 45 钢试样在 C 组和 D 组中挂片 2 个月后表

(a)

(b)

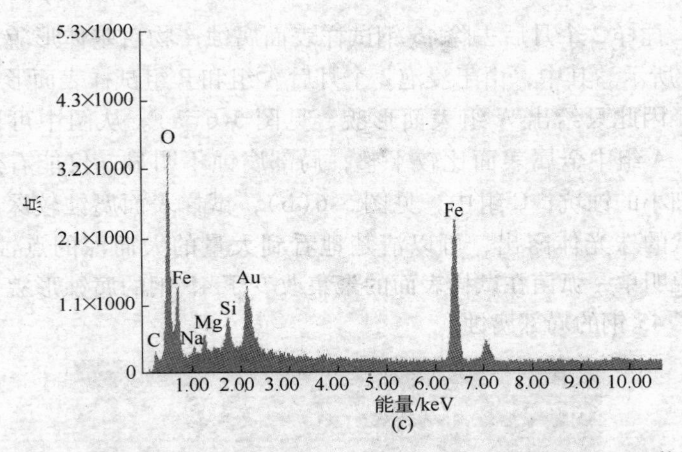

图 5-4　45 钢在 C 组和 D 组中腐蚀 2 个月腐蚀产物形貌及对应的 EDS 能谱图
(a),(b)腐蚀产物形貌；(c) EDS 能谱图

面腐蚀产物形貌，从图 5-4(a)可以看出，试样表面被腐蚀产物完全覆盖，形成了较厚的腐蚀产物层，腐蚀产物层较酥松。将试样表层腐蚀产物剥离后，从内层腐蚀产物放大后的形貌图中可以看到大量的弧菌存在，见图 5-4(b)。EDS 元素分析表明，见图 5-4(c)，C 组的腐蚀产物主要成分为 Fe、O，还有含量远高于基体的 C。XRD 分析表明，腐蚀产物干燥后为 FeO(OH)，如图 5-5 所示。

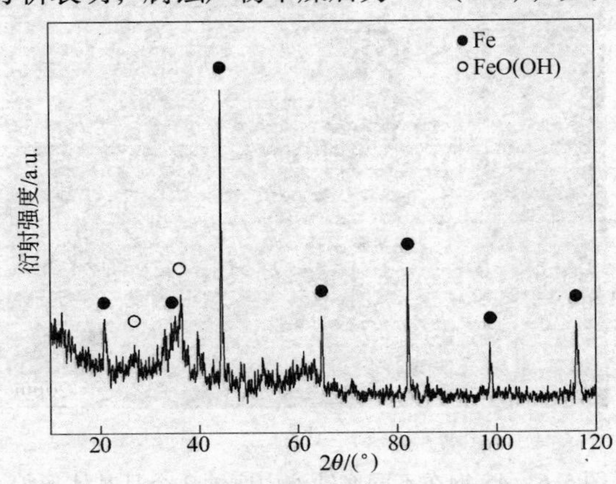

图 5-5　45 钢在弧菌海水中浸泡 2 个月后腐蚀产物的 XRD 谱

挂样2个月后去除45钢试样表面腐蚀产物后基体形貌如图5-6所示。其中，由于浸泡2个月后A组和B组试样表面形貌相近，因此只给出A组表面形貌，见图5-6(a)。从图中可以看出，A组中金属表面比较平整，局部腐蚀不明显，仅能看到少数细小的蚀坑；C组中，见图5-6(b)，试样表面腐蚀较深，片层状的珠光体露出，可以清楚地看到大量的大而深的点蚀坑，这说明单一弧菌在试样表面的聚集改变了45钢的腐蚀形貌，加剧了45钢的局部腐蚀。

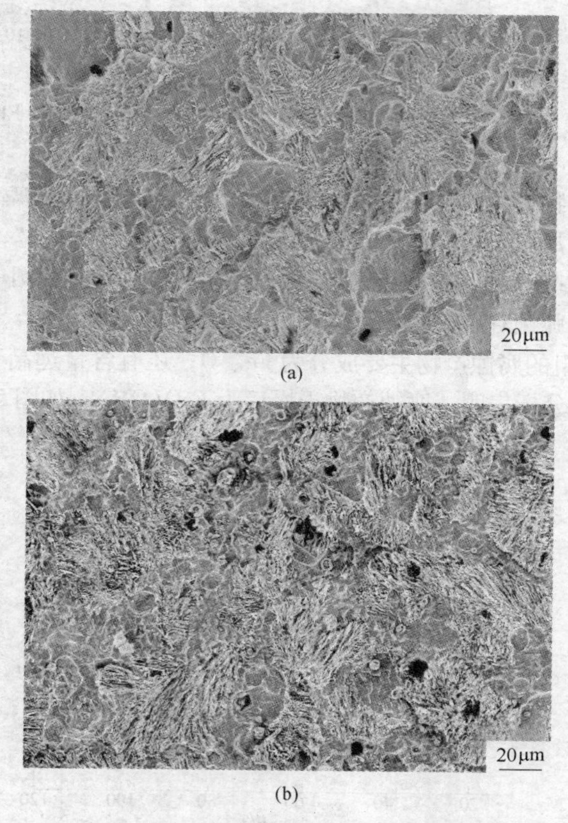

图5-6 45钢在不同腐蚀液中腐蚀2个月基体形貌
(a) A组；(b) C组

5.5.5 力学性能

图 5-7 所示为 45 钢在 A 组、B 组、C 组中腐蚀 2 个月后的力学性能测试结果。从图 5-7 中可以看出，不同海水介质腐蚀后，试样抗拉强度的数值规律均为：C 组 < A 组 < B 组 < 空白试样。可见，在理化性质相同的条件下，微生物腐蚀能明显降低材料的抗拉强度，尤其是弧菌对抗拉强度的影响更加明显。A 组、B 组、C 组中试样经两个月腐蚀之后的伸长率均比空白试样小（如图 5-8 所示），这说明材料在腐蚀后塑性略有降低，但均仍保持了较高的伸长率，未发现氢脆产生。

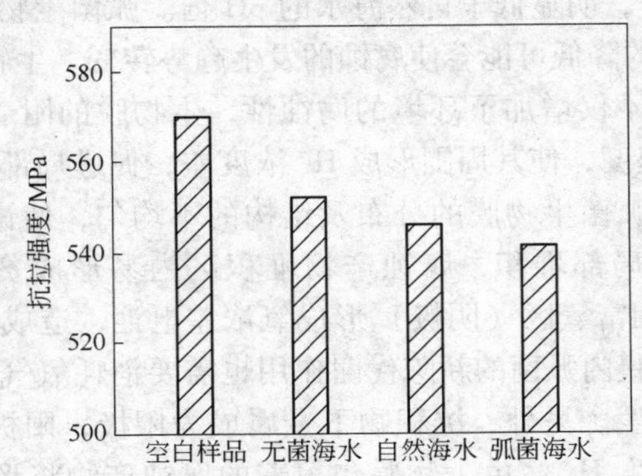

图 5-7 45 钢在不同腐蚀液中腐蚀 2 个月后的抗拉强度

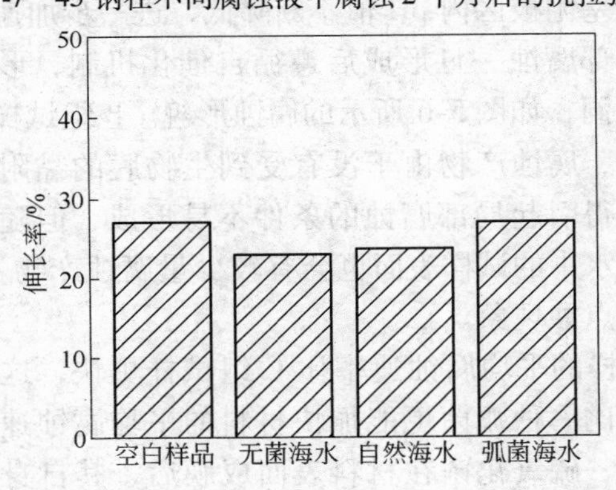

图 5-8 45 钢在不同腐蚀液中腐蚀 2 个月后的伸长率

5.5.6 机理分析

实验结果表明，弧菌对材料的平均腐蚀速率有显著影响。一方面弧菌代谢过程改变腐蚀机制；另一方面弧菌是产酸菌，其代谢产物具有腐蚀性，恶化金属腐蚀的环境，加快材料的腐蚀。弧菌能显著降低附着区域的pH值，引起材料表面严重的局部腐蚀，经测定弧菌海水中浸泡后45钢腐蚀产物的pH值为5.0（腐蚀产物pH值测定为将腐蚀产物从碳钢表面剥离后，采用精密pH值试纸蘸取锈层内部腐蚀产物后，取渗湿部分比对读数得到其pH值），明显低于自然海水的pH值。弧菌生物膜/金属界面内pH值的降低可能会使腐蚀的发生趋势转变，生物膜内酸性物质的产生不仅增加了环境的腐蚀性，生物膜的附着也将减缓H^+的扩散速度，使其周围形成H^+浓度差，促进局部浓差腐蚀。此外，由于弧菌生物膜的分布及结构的不均匀，使试样表面腐蚀产物出现局部堆积，腐蚀产物堆积区内易形成贫氧区（阳极），与周围富氧区（阴极）形成氧浓差电池，造成局部腐蚀。同时，生物膜内弧菌的新陈代谢作用也需要消耗氧气，导致阴、阳极区的产生。另外，沉积物下金属成为阳极，阳极区腐蚀产物水解后产生H^+，由生物膜包覆着的腐蚀产物将形成扩散壁垒，造成闭塞阳极区内pH值不断降低，进一步加速了碳钢的局部腐蚀。局部腐蚀一旦形成后遵循自催化机制，形成深而不规则的腐蚀孔洞，如图5-6所示的腐蚀形貌。B组试样由于没有微生物的存在，腐蚀产物由于没有受到生物膜的黏附作用而大量脱落，这使得引起局部腐蚀的条件不易形成，但随着时间的推移，无菌海水中的试样表面也会有较少量腐蚀产物不均匀附着，并逐渐出现点蚀现象。

A组试样的平均腐蚀速率比C组试样更快，这说明微生物的协同作用比单种弧菌更能加快材料的平均腐蚀速率，如好氧的假单胞菌、硫氧化菌在材料表面成膜后，其自身代谢活动不仅给材料带来腐蚀作用，还为兼性厌氧的弧菌、铁细菌及厌氧的 SRB 提供生长条件；铁细菌和 SRB 的共同作用也可加速材料的腐蚀进程。

A 组、B 组、C 组试样抗拉强度均低于空白试样抗拉强度，说明经腐蚀后材料抗拉强度降低。但 A 组、C 组试样抗拉强度比 B 组更低，这说明微生物的存在使材料腐蚀加快，材料的抗拉强度也下降得更快。而 C 组试样抗拉强度比 A 组、B 组均低，说明弧菌海水介质虽然所产生的平均腐蚀速率小于自然海水，但其对拉伸强度的影响更为显著。

因为材料腐蚀后仍保持了较高的伸长率，材料抗拉强度下降一方面来自于平均腐蚀所产生的截面积减小，另一方面来自于局部腐蚀所造成的截面积减小和应力集中。为进一步揭示微生物腐蚀所产生的局部腐蚀对材料抗拉强度的影响，仍然采用第 3 章所定义的实际抗拉强度 δ，以揭示微生物引起的局部腐蚀对碳钢抗拉强度的影响，实际抗拉强度测定结果如图 5-9 所示，为对比将材料的抗拉强度也在图 5-9 中对比画出。

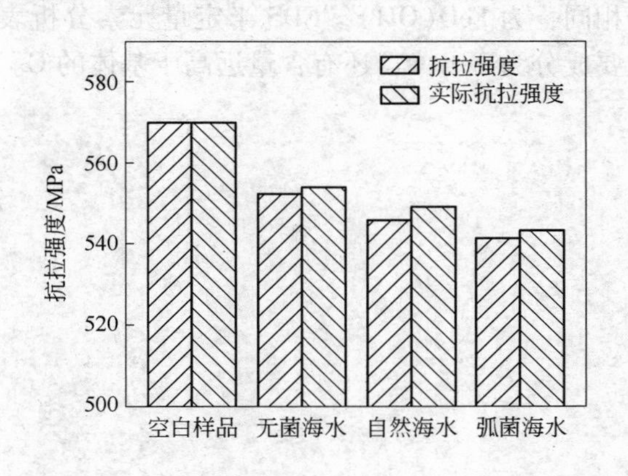

图 5-9　45 钢在不同腐蚀液中腐蚀 2 个月后的实际抗拉强度

由于实际抗拉强度除去了因腐蚀造成材料实际截面积减小的影响，故其反映了局部腐蚀对材料抗拉强度的影响。由图 5-9 可知，C 组试样实际抗拉强度比 A 组、B 组均小，说明弧菌严重的局部腐蚀降低了材料的抗拉强度。弧菌不仅使得试样表面出现大面积腐蚀，某些区域还出现严重的点蚀或缝隙腐蚀，这样不仅使试样的承力面积减少，还造成试样在拉伸过程中应力集中，造成材料因局部应力过大而发生断裂，局部腐蚀越严重，材料抗拉强度越低。这也进一步解释了弧菌海水中试样比自然海水中试样平均腐蚀速率小，但其抗拉强度却比自然海水中更低。

综上所述，海水中弧菌对45钢腐蚀行为及力学性能的影响主要为：

（1）单一弧菌在材料表面的聚集能明显加速45钢的腐蚀速率，并引起试样表面发生严重的局部腐蚀，这使得材料的抗拉强度下降更快。

（2）海水中单一弧菌腐蚀对45钢塑性的影响并不明显，不会引起碳钢材料产生氢脆。

（3）45钢在弧菌海水中浸泡2个月后，干燥后的表面腐蚀产物成分相同，为FeO(OH)，EDS半定量元素分析表明，腐蚀产物的主要成分为Fe、O，还有含量远高于基体的C。

6 海水中假单胞菌对45钢腐蚀行为及力学性能的影响

第2章所述研究工作表明，南海海域假单胞菌在碳钢腐蚀初期锈层菌群中一直占据着主导地位，其对碳钢的腐蚀作用不容忽视，因此，研究假单胞菌对金属材料腐蚀的影响具有重要意义。目前，关于单一假单胞菌对金属材料的腐蚀研究国内外已有报道，但对腐蚀的影响也还存在争议，有的认为加速腐蚀，有的认为阻碍腐蚀，但研究多基于较短时间的电化学实验，缺乏较长时间挂样验证，且电化学研究所用培养介质为假单胞菌的培养基，有较强缓蚀作用影响实验结果的科学准确性，有待进一步实验证明，且很少有相关文献报道假单胞菌对金属材料力学性能的影响，这给海洋设施的安全使用留下了很大的隐患。针对于此，本章通过室内挂样，对比45钢在不同海水中腐蚀结果，研究了热带海洋气候条件下海水中单一假单胞菌对45钢腐蚀行为和力学性能的影响。

6.1 试验材料和试样

实验材料为45钢圆钢（齐齐哈尔市宏顺重工集团有限公司出产），化学成分与第4章所用材料相同。失重试样、表面分析试样规格尺寸分别为50mm×25mm×3mm和15mm×10mm×3mm，拉伸试样按GB/T 228—2002执行。试样表面均用200号至1200号砂纸逐级打磨后，分别经丙酮除油、蒸馏水冲洗、酒精脱水处理，最后干燥恒重，失重试样称取原始质量（准确到1mg），测量尺寸（准确到0.02mm）。

6.2 微生物来源和培养

菌种采集自浸泡在自然海水中的45钢锈层，用灭菌刀刮取在自然海水中浸泡6个月后的45钢试样锈层，用2216E培养基进行富集培养，鉴定主要是根据被纯化细菌的来源、培养特性、菌落特征、革兰氏染色、氧化酶、葡萄糖发酵等指标进行，鉴定并纯化后的假单胞菌置于冰箱中冷藏保存，作为本实验的菌种。

6.3 试验介质

取海口市假日海滩海滨浴场海水分别进行以下三组实验：A组（自然海水组），取自然海水至腐蚀试验箱内，用绝缘丝悬挂试样于其中；B组（无菌海水组），取经121℃高温蒸汽灭菌20min并冷却至室温的无菌海水至特制无菌腐蚀试验箱内，以相同方法悬挂试样；C组（假单胞菌海水组），将经活化后的假单胞菌菌种接入液体培养基中培养12h，按1%（体积分数）接种到无菌海水中，用平板计数法计算微生物数量。各组试验箱内实验介质每个星期更换一次，每次更换前后均对试验介质进行理化性能测定，海水温度保持为26℃，实验共进行60d。

6.4 测试及分析方法

定期刮取C组中试样表面腐蚀产物于无菌采样管中，用平板计数法对腐蚀产物中微生物数量进行计数，研究微生物在试样表面附着及生长状况。取腐蚀后的失重试样，依照GB 5776—1986清除腐蚀产物，计算平均腐蚀速率。取腐蚀后的显微观察试样，用蒸馏水轻轻漂洗，酒精脱水后烘干，使用扫描电镜（SEM）观察腐蚀表面形貌，并采用能谱（EDS）半定量分析确定腐蚀产物的元素组成。腐蚀产物分析完毕后，用硬毛刷除去试样表面疏松的腐蚀产物，同样按GB 5776—1986清除腐蚀产物，采用SEM观察试样暴露出的表面基体形貌。用万能试验机按GB/T 228—2002对腐蚀后试样进行拉伸实验，为了比较腐蚀前后力学性能的变化，同时对未经腐蚀的空白试样进行拉伸实验。

6.5 假单胞菌对45钢腐蚀行为及力学性能的影响

6.5.1 腐蚀产物中微生物的生长变化

图6-1、图6-2所示分别为假单胞菌在假单胞菌海水中和在45钢腐蚀产物中的生长变化图。由图6-1可以看出，腐蚀时间为1~5d时，假单胞菌海水腐蚀介质中假单胞菌的含量随腐蚀时间的延长而增大，在腐蚀时间为5d时，假单胞菌量达最大值9.5×10^{9}CFU/mL，随海水中营养物质的消耗，假单胞菌数量随腐蚀时间进一步延长逐渐下降。该研究结果说明，假单胞菌可以接种于海水中大量生长，实验过程中C组腐蚀介质中一直存在大量假单胞菌，为假单胞菌对碳钢腐蚀影响的单因素实验。

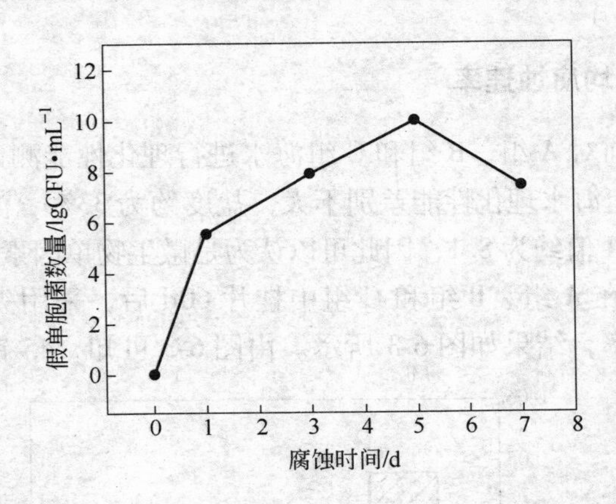

图6-1 假单胞菌海水中假单胞菌的含量随时间的变化

图6-2所示，C组中附着在45钢表面假单胞菌的含量在腐蚀时间为7d时已达到6.3×10^{13}CFU/g，远高于腐蚀介质中假单胞菌的含量，随时间延长假单胞菌含量逐渐增加，在30d时达最大值9.1×10^{14}CFU/g。腐蚀时间超过30d后，随菌膜和腐蚀介质层增厚，内层腐蚀产物中营养物质和含氧量消耗减少，腐蚀产物中假单胞菌含量也随之下降。

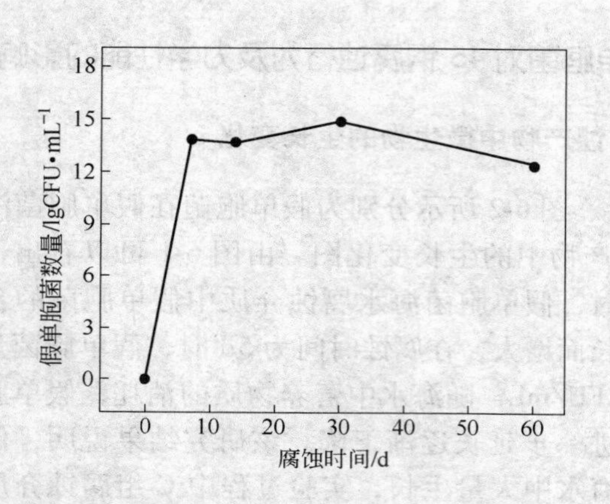

图 6-2　腐蚀产物中假单胞菌的含量随时间的变化

6.5.2　平均腐蚀速率

挂样前对 A 组、B 组和 C 组海水进行理化性能测试，测试结果显示四组海水理化性能差别不大，盐度约为 33‰，溶解氧约为 6mg/L，pH 值约为 8.1，因此可以认为是微生物单因素实验。

45 钢在 A 组、B 组和 C 组中挂片 60d 后，采用失重法测平均腐蚀速率，结果如图 6-3 所示。由图 6-3 可知，45 钢在 3 种不

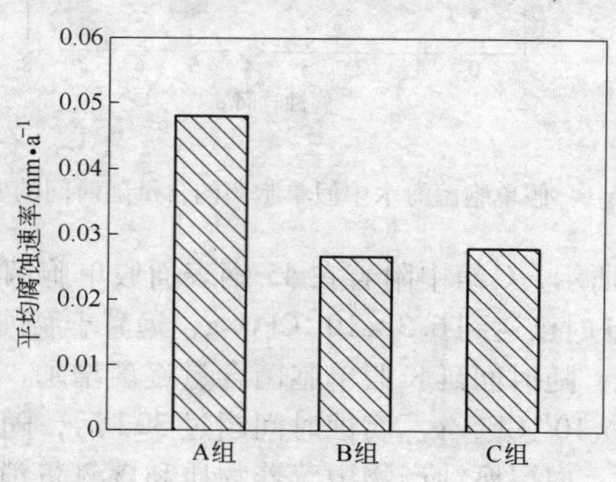

图 6-3　45 钢在不同海水腐蚀介质中浸泡 2 个月的平均腐蚀速率

同腐蚀环境下平均腐蚀速率明显不同，不含微生物的无菌海水组（B组）中的平均腐蚀速率最小，含多种微生物的自然海水组（A组）平均腐蚀速率最大，含单一微生物的C组和D组的平均腐蚀速率较B组大，较A组小，这说明单一假单胞菌在样表面的聚集明显加快了45钢的腐蚀速率，而自然海水中多种微生物的协同作用比单一微生物对45钢腐蚀的促进作用更加明显。

6.5.3 表面分析

图6-4所示为45钢试样在C组中挂片2个月后表面腐蚀产物形貌及能谱图，从图6-4中可以看出，试样表面被腐蚀产物完全覆盖，形成了较厚的腐蚀产物层，腐蚀产物层较酥松。EDS元素分析表明（见图6-4(c)），腐蚀产物的主要成分为Fe、O，

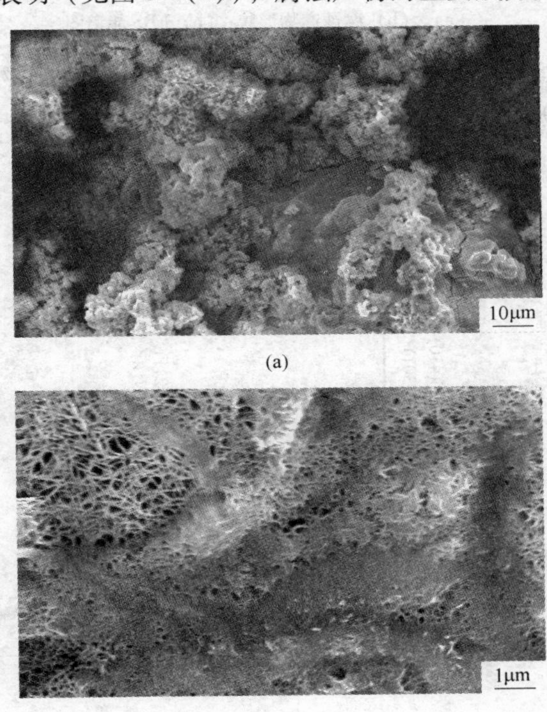

(a)

(b)

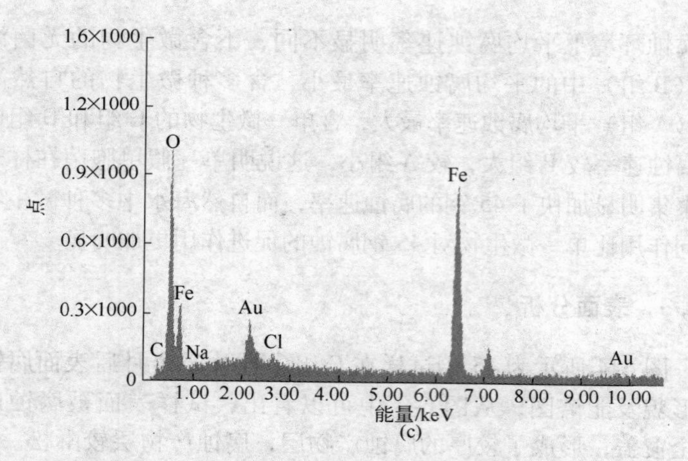

图 6-4　45 钢在 C 组中腐蚀 2 个月腐蚀产物形貌及对应(b)的 EDS 能谱图(c)

（a），（b）腐蚀产物形貌；（c）EDS 能谱图

还有含量远高于基体的 C。XRD 分析表明，腐蚀产物干燥后为 FeO(OH)，如图 6-5 所示。

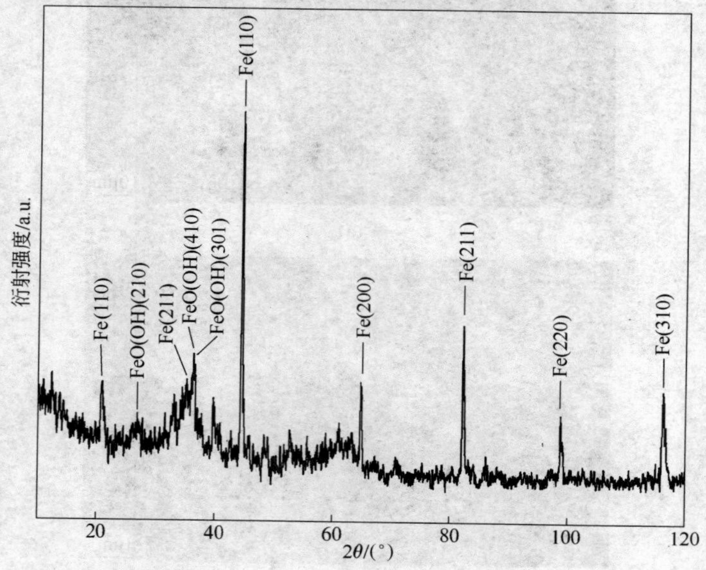

图 6-5　45 钢在假单胞菌海水中浸泡 2 个月后腐蚀产物的 XRD 谱

挂样2个月后去除45钢试样表面腐蚀产物后基体形貌如图6-6所示。其中，由于浸泡2个月后A组和B组试样表面形貌相近，因此只给出A组表面形貌，见图6-6(a)。从图6-6中可以看出，A组中金属表面比较平整，局部腐蚀不明显，仅能看到少数细小的蚀坑；C组试样表面比较平整，但发生了明显的点蚀，出现了大量的大而深的点蚀坑，众多点蚀坑相连之处形成了更大的孔洞，这说明单一假单胞菌在表面的聚集改变了45钢

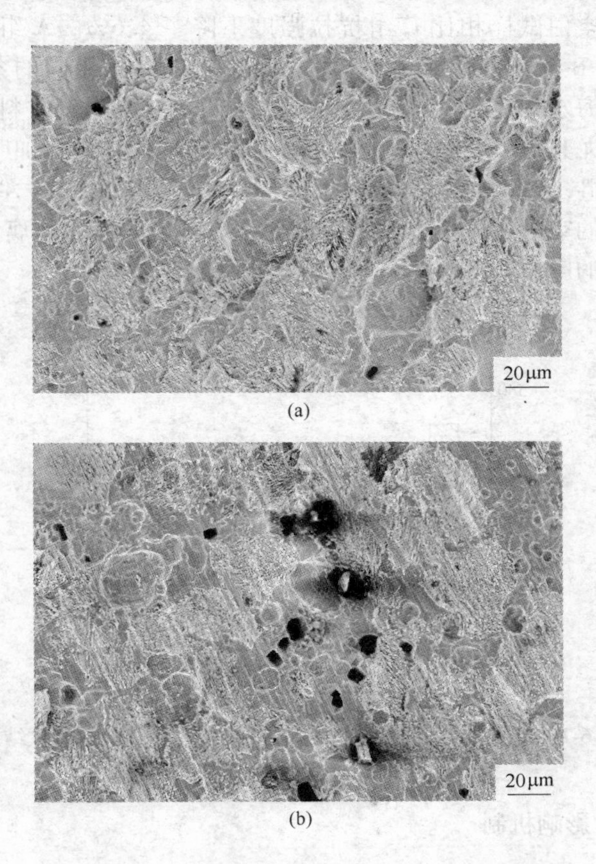

图6-6　45钢在不同腐蚀液中腐蚀2个月基体形貌

(a) A组；(b) C组

的腐蚀形貌，加剧了45钢的局部腐蚀。

6.5.4 力学性能

图6-7所示为45钢在A组、B组和C组中腐蚀2个月后的拉伸性能测试结果。从图6-7中可以看出，经不同海水介质腐蚀后，45钢试样的抗拉强度都明显低于未经腐蚀的空白试样。试样抗拉强度的数值规律均为：C组＜A组＜B组＜空白试样，其中，与空白试样相比C组抗拉强度下降了4.6%，A组下降了4.2%，B组下降了3.1%。可见，在理化性质相同的条件下，与无菌海水相比，存在微生物的腐蚀环境更能降低材料的抗拉强度，尤其是单一假单胞菌对抗拉强度的降低作用更加明显。A组、B组、C组中试样经腐蚀后伸长率均保持在25%左右，与未腐蚀的空白试样相比没有明显变化，这说明微生物腐蚀对45钢塑性的影响并不明显，不会引起45钢产生氢脆。

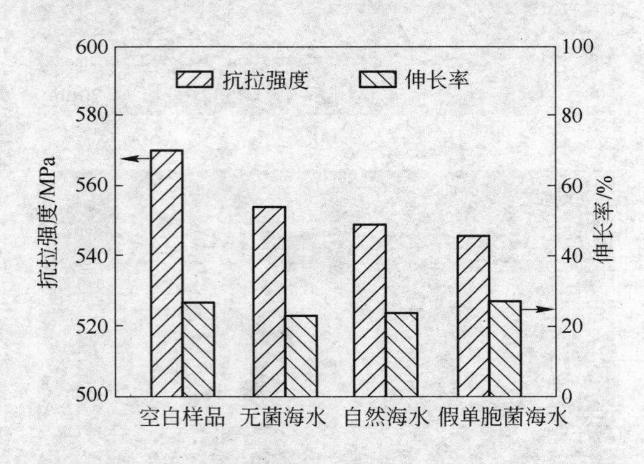

图6-7　45钢在不同腐蚀液中腐蚀2个月后力学性能测试结果

6.5.5 影响机制

实验结果表明，在理化性能相同时，C组试样的平均腐蚀速率比B组大，这说明假单胞菌的存在能加快45钢的腐蚀。假单胞菌在试样表面不均匀物理附着改变了碳钢表面的电化学反应过程。假单胞菌附着区域一方面阻碍氧的传输，另一方面假单胞菌是异养、好氧菌，其新陈代谢作用快速消耗氧气，因此该区域氧含量较低成为阳极，而周围区域氧含量较高成为阴极，形成了氧浓差电池，增大了碳钢的平均腐蚀速率，并产生严重的局部腐蚀。此外，假单胞菌胞外聚合物（EPS）的黏附作用阻碍了腐蚀产物的脱落，使试样表面腐蚀产物出现局部堆积，进一步阻碍了氧的传输，加速了氧浓差电池腐蚀。局部腐蚀一旦形成后遵循自催化机制，形成深而不规则的腐蚀孔洞，如图 6-6(b)所示的腐蚀形貌。A 组试样的平均腐蚀速率比 C 组试样更快，这说明自然海水中微生物的协同作用比单种假单胞菌更能加快材料的平均腐蚀速率，如好氧菌在材料表面成膜后，其自身代谢活动不仅给材料带来腐蚀作用，还为腐蚀性较强的厌氧菌（如 SRB）提供生长条件；另外，一些细菌之间的协同作用也能加快材料的腐蚀，如铁细菌和 SRB 的共同作用更能加速材料的腐蚀进程。

A 组、B 组、C 组试样抗拉强度均低于空白试样抗拉强度，这说明材料经腐蚀后抗拉强度降低。A 组、C 组试样抗拉强度比 B 组更低，这说明微生物的存在使材料的抗拉强度下降更显著。C 组试样抗拉强度比 A 组低，而 C 组试样平均腐蚀速率比 A 组小，这说明材料腐蚀后抗拉强度的降低不仅仅只受平均腐蚀速率的影响。为进一步说明微生物对材料抗拉强度的影响，仍采用第 3 章所定义的实际抗拉强度 δ 分析，以排除由均匀腐蚀引起的试样截面积减小造成的抗拉强度下降，揭示微生物引起的局部腐蚀对碳钢力学性能的影响。

由于实际抗拉强度除去了因腐蚀造成材料实际截面积减小的影响，故其反映了局部腐蚀对材料抗拉强度的影响。由图 6-8 可知，C 组试样实际抗拉强度比 A 组、B 组都小，这说明假单胞菌引起的局部腐蚀会降低 45 钢的抗拉强度。假单胞菌引起的局部腐蚀不仅使试样的承力面积减少，还造成试样在拉伸过程

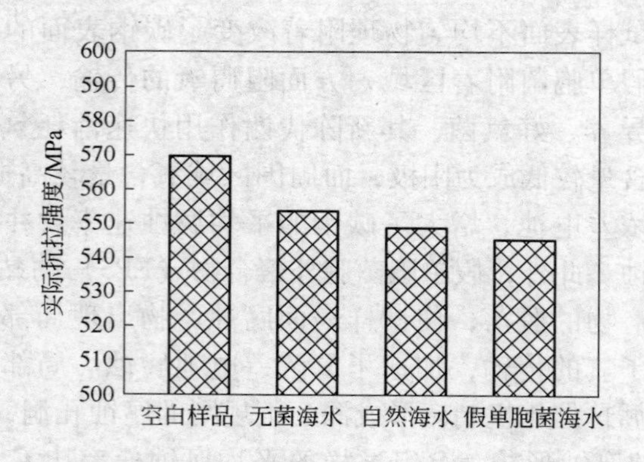

图 6-8　45 钢在不同腐蚀液中腐蚀 2 个月后实际抗拉强度测试结果

中应力集中，造成材料因局部应力过大而发生断裂，大大降低了材料的抗拉强度。因此为保证海洋设施的安全，应加强对假单胞菌腐蚀的防护。

综上所述，海水中假单胞菌对 45 钢腐蚀行为及力学性能的影响主要表现为：

（1）单一假单胞菌在材料表面的聚集能明显加速 45 钢的腐蚀速率，并引起试样表面发生严重的局部腐蚀，这使得材料的抗拉强度下降更快。

（2）海水中单一假单胞菌腐蚀对 45 钢塑性的影响并不明显，不会引起碳钢材料产生氢脆。

（3）45 钢在假单胞菌海水中浸泡 2 个月后，干燥后的表面腐蚀产物为 FeO(OH)，EDS 半定量元素分析表明，腐蚀产物的主要成分为 Fe、O，还有含量远高于基体的 C。

7 金属在海洋环境中的污损及防护

7.1 概述

海洋污损生物也称海洋附着生物。污损生物的种类很多，至1947年，世界已经记录约有2000种海洋污着生物，目前，估计已发现有4000~5000种。我国沿海已记录了614种，这些种类分别隶属于海洋菌类、藻类以及海洋动物的各个主要门类。海洋藻类主要是硅藻（*Bacillariophyta*）和浒苔（*Enteromorpha*）、石莼（*Ulva*）、水云（*Ectocarpus*）等。海洋动物主要是海绵（如*Mycale adhaerens*）、水螅（*Tubularia mesembryanthemum*）、苔藓虫（如总合草苔虫*Bugulaneritina*）、管栖多毛类（如美丽盘管虫*Hydroideselegans*）、双壳类软体动物（如近江牡蛎*Ostrearivularis*）、蔓足类甲壳动物（如网纹藤壶*Balanus reticulatus*）和海鞘（如褶瘤海鞘*Styela plicata*）等的一些种类。世界各地区的污损生物分布有各地的特点，但由于船只携带的结果，许多适应力较强的污着生物种属广泛分布于世界海域。对于各种不同的基质，不同浸水深度，不同季节，不同浸泡周期，所附着的生物也有显著差异。

海洋生物的附着改变了金属/海水界面的物理-化学环境，例如：氧浓度，盐度，pH值，氧化还原电位和导电性，因而影响着材料的腐蚀行为。由于碳钢的塑性、焊接性、强度等综合性能和经济性，决定了它在海洋工程中的应用优势，因此对碳钢的生物腐蚀研究是人们所关注的焦点。目前，关于碳钢微生物腐蚀的研究已较多，而海水中宏观生物对碳钢的腐蚀行为研究还相对较少，除对藤壶略有研究外其他宏观生物对金属的腐蚀作用据作者所知还仍为空白。本章主要介绍海洋环境宏观生物（这里主要指动物）污损及对钢的腐蚀两方面的研究进展。

7.2 我国海洋环境宏观生物污损

污损生物种类、生物量，因海水温度、盐度、营养物、透明度、水流等因素不同呈明显季节变化、年度变化和地域变化；此外，不同水深、同一地区港内、港外都有显著差别。我国沿岸海域，从北至南，附着期越来越长。渤海沿岸附着盛期是6～9月（月平均水温20～26℃）。北黄海污损生物附着季节和渤海大同小异。南黄海的苏南海岸与东海江游沿岸附着季节相类似，5～10月都有大量生物附着，从6月份开始（月平均水温20℃以上）才有藤壶等石灰质外壳的大型种类附着，12月至第二年2月或3月（月平均水温10℃以下）几乎没有生物附着。福建南部与广东沿岸附着期基本相同，3月份多数港口虽然仍有生物附着，但数量少。海南岛及西沙海域全年都有生物附着（月平均水温都在20℃以上），但各月份的附着强度不同。

青岛站研究表明，附着生物种类，在全浸区主要为苔藓虫、海藻及少量石灰虫、藤壶；在潮差区主要为牡蛎及少量藤壶等。海生物的附着除与上述的季节因素有关外，还取决于受污染程度。如，青岛试验站远离市区港湾，水质清洁，海生物附着量比室内港湾少，如碳钢试样在全浸区暴露1年，在青岛站附着面积约为15%～20%左右，而在前海小青岛港湾附着面积约为40%。潮差区附着比全浸区多，如不锈钢试样暴露实验1年，在潮差区附着面积为50%，在全浸区为20%。附着生物种类，在全浸区主要为苔藓虫、海藻及少量石灰虫、藤壶；在潮差区主要为牡蛎及少量藤壶等。

舟山站海水透明度较低，海生物附着较少。如碳钢暴露1年，在全浸区附着面积为50%左右，主要种类为藻类、藤壶、苔藓虫、盘管虫、柏螅等；在潮差区附着面积为5%～10%，主要种类为藤壶、海藻等。海生物附着是我国4个海水腐蚀网站较少的试验地点。

厦门站海生物一年四季生长。碳钢和低合金钢在全浸区暴露1年，附着面积100%，主要种类为主要为网纹藤壶、水螅、苔虫、海葵、牡蛎、少量玻璃海鞘、树枝虫和贻贝及海藻等。在潮差区暴露1年，附着面积30%左右，2年附着面积60%左右，4年附着面积100%，主要种类为藤壶、牡蛎。

榆林站海生物一年四季生长旺盛，全年均有生物附着，主要为苔藓虫、海鞘、牡蛎、苔虫、藤壶及海藻。表层海水中钢样表面硬壳型宏观生物（牡蛎、藤壶为主）大量而不均匀附着，加剧了钢样的局部腐蚀。钢样腐蚀产物中掺杂的碳酸盐沉淀物（主要是 $CaCO_3$ 及少量 $Mg(OH)_2$）比青岛站的多几倍至几十倍，且呈不连续分布。表层海水中钢样腐蚀产物中硫酸盐还原菌（SRB）含量比青岛站的大1~2个数量级，FeS含量榆林站大于青岛站。

A3钢在海水中的腐蚀速度及硬壳海生物污损面积见表7-1。从表7-1中可以看出，榆林站生物污损程度最为严重。

表7-1　A3钢在海水中的腐蚀速度及硬壳海生物污损面积

实验点	腐蚀速度/mm·a^{-1}		硬壳海生物污损面积（括号内数据为海生物污损面积）比例/%	
	第1年	暴露2~8年平均腐蚀速度	1年	2~8年
青岛	0.19	0.093	15(20)	20(25)
舟山	0.19	0.12	35(65)	35(70)
厦门	0.20	0.073	70(75)	75(100)
湛江	0.13	0.13	25(100)	25(100)
榆林	0.10	0.046	95(100)	95(100)

上述研究结果为依据钢腐蚀实海挂样国家标准站点及深度挂样结果。而严涛、严文侠等人对海南岛东部海域（远岸，水深百米以上海域）生物污损调查表明，琼东海区安置在浮标下支架处的表层试板（水下1m），其表面几乎全被以纤细美螅和

半球美螅为主，其间夹杂着舟形藻、斑条藻、亚得里亚海杆线藻等小型海藻的软污损生物所覆盖，余下部分则被茗荷、鹅茗荷两种有柄蔓足类和钳蛤、牡蛎等双壳类软体动物所占据。另外，污损生物群落中还栖息着附着密度高达4485个/m^2的板钩虾。该水层总生物量为705.42g/m^2，其中有柄蔓足类居首位，占56.25%；其次为水螅，为32.67%。

位于水下10m处的第二层试板，其上的污损生物种类主要是海藻、水螅和有柄蔓足类。海藻不仅仍与水螅混杂生长在一起，而且种类和数量也多于表层试板；至于有柄蔓足类则有茗荷、鹅茗荷、细板条茗荷和条茗荷4种。该水层总生物量为636.86g/m^2，其中有柄蔓足类占61.55%，水螅为33.34%。

位于水下25m处的第三层试板，其上的污损生物群落仍以海藻、水螅和有柄蔓足类为主，但总生物量仅有207.88g/m^2。与前两层试板相比，该处水螅的量有所增加，其生物附着量占总生物量的63.41%；而有柄蔓足类则降至31.30%。虽然海藻仅占总生物量的3.55%，但种类多达10种。至于硬性污损生物，只记录到少量的褶牡蛎和块斑藤壶。活动性种类主要是海蜘蛛。

位于水下50m的第四层试板，生物污损主要由水螅和有柄蔓足类引起。水螅以纤细美螅和双齿树枝螅为主，是该水层的优势种，其生物附着量占总生物量的94.95%。有柄蔓足类只出现细板条茗荷和耳条茗荷两个种，它们的附着密度分别为400个/m^2和4个/m^2。海蜘蛛的附着密度高达1425个/m^2。

第五层试板（水下100m）则主要被纤细美螅、半球美螅、双叉树枝螅及细板条茗荷所污损，两外还有个别的块斑藤壶附着。在5个水层种，该处的污损生物附着量最低，只有27.76g/m^2。

离岸距离对污损生物分布也有一定影响，随着离岸距离的增加，牡蛎和藤壶的种类和数量均有所下降，尤以后者为甚。此外，1~10m水层的生物附着量最大；且污损生物群落具有明显的垂直分带现象。

黄宗国等人曾调查了位于海南岛东北部清澜港的生物污损状况，发现港内外污损生物种类存在着显著差异：港内优势种是网纹藤壶、牡蛎和苔藓虫，未见钟巨藤壶、有柄蔓足类等外海性种类而港外的污损生物群落则以钟巨藤壶为主，并有一定量的有柄蔓足类出现，此时的网纹藤壶和牡蛎等仍作为重要种类而存在，该调查结果与琼州海峡污损生物的有关报道基本一致，因此港湾、近岸、远岸海域生物污损生物种类均有较大差异。

7.3 国外藤壶幼体附着研究进展

目前有关附着动物研究最多的是生物附着过程、影响因素及抑制，而海生物附着过程、抑制研究最多的生物为藤壶，其他种类研究较少。对藤壶附着的研究对防止藤壶附着，进而防止由藤壶附着所造成的船舶航速减低、浮标浮力下降、管道堵塞、涂料脱落、减轻宏观生物造成的金属局部腐蚀加速等都有重要作用。因此本节将系统介绍国外对藤壶幼体附着的研究进展。

藤壶属无柄蔓足类，壳两侧对称，体形为1个平截的圆锥体，外壁由一定数目（通常为6个）的钙质板，包括峰板、吻板和1~3对侧板，不同程度或整个愈合覆盖结合而成。壳板的中间部分较厚，两侧延伸部分较薄，覆盖邻板的延伸部分称为辐部，被邻板覆盖的延伸部分为翼部。圆形壳口有2对盖板，可以开闭。软体部分包被于壳内，蔓足可从盖板开口伸出，捕食浮游生物。藤壶的基底通常宽阔，固着或一部分固着在适当的物体上，为钙质或膜质。软体部分，由头部皮肤在钙质板内扩展成外套膜包被体躯。胸部有6对双枝型蔓足，腹部退化，偶有尾附肢。口器包括上唇，成对的触须、大颚、小颚和第2小颚。

藤壶生活在潮间带及潮下带，常成群附着于岩石和水下建筑物上。藤壶的繁殖期长，中国北方常见种，如纹藤壶繁殖期为半年（5~10 月），而南方的一些种，如网纹藤壶（如图 7-1 所示）周年都可繁殖，大部分种在温度高的 7 月份为附着高峰期。附着后的藤壶在 2~3 个月可长成最大体积。潮间带种生活力很强，能耐受长期周期性干燥。

图 7-1　网纹藤壶

藤壶的幼虫时期经历了一系列的变态：浮游，无节幼体，腺介幼体。腺介幼体是一种特殊的幼体形式，它无需摄食，此阶段仅仅是为了选择附着、变态的适宜地方。游着的腺介幼虫被流动的水流牵引附着到底质上，它们开始用其小触角运动。这种附着是可逆的。如果幼体不变态，它们能重新恢复游泳阶段，因为它们还保留着游泳的能力。一旦幼体附着，腺介幼虫便开始探查它所附着底质的各方面的理化性质。腺介幼虫以有规律的“步伐”在底质表面上运动，运动的距离一般较短，且每一步都很少改变方向或停止。当幼虫找到适宜的附着物后，从其第一触角第三节的附着吸盘的开口处分泌出胶体腺，第一触角被胶体包围，腺介幼虫开始了固着生活，然后再变态为成体。因此对藤壶附着变态的研究关键是研究藤壶腺介幼虫的生理、生态学特性。国内对这方面的研究报告较为少见，据国外有关文献表明，在腺介幼虫阶段，藤壶附着变态主要受物理、化学及生物三方面因素的影响。了解藤壶附着机制将对防污工作有很大的帮助，也是海洋涂料研究者们所关心的问题。

7.3.1 物理因素对藤壶附着的影响

物理因素影响藤壶附着变态的物理因素过去倾向于研究幼虫对光照、重力及底质性质的反应，但近来的研究重点转向了研究水流及底质与幼虫附着方式之间的关系。

7.3.1.1 水流的影响

水流状态可用靠近底质边缘的水流速率倾斜度（s^{-1}）来表征。水流速度倾斜度：

$$\left(\frac{\partial v}{\partial Z}\right)=\rho^{\frac{1}{2}}\eta^{\frac{1}{2}}\omega^{\frac{1}{2}}rg' \tag{7-1}$$

式中 ω——角速度；

r——半径；

g'——常量，约等于0.616；

ρ——密度；

η——水的黏度。

当底质表面的水流速率倾斜度高于50/s时，腺介幼体受水流刺激，有较高的游泳能力，并能立刻在此底质上附着。这个临界速率相当于0.52～1.04cm/s的水流。腺介幼体的被动附着行为随底质表面的水流速率倾斜度的增大而提高，当水流速率倾斜度达到60～80/s时，藤壶在底质上的附着率最高。腺介幼虫并不是被动地随流而下地任意附着，而是逆着水流以寻找附着之处。当附着率最大时，底质表面的水流速率倾斜度将与腺介幼虫的最大游动速度相当，这样可计算出幼体附着处离表面轴心的距离。当水流速率倾斜度超过100/s时，附着率将减小。当底质表面的水流速率倾斜度达到400/s时，已没有幼体能够附着其上。而且当底质表面的水流速率倾斜度介于200～400/s之间时，腺介幼虫的附着仅是暂时的。只有在水流处于中等流速时，腺介幼虫的附着才是永久性附着，但当底质表面的水流速率倾斜度太小时，腺介幼虫有可能恢复游泳状态。藤壶的集群也与水流直接相关，但流速与附着并不呈线形关系。

7.3.1.2 底质特征

底质表面的粗糙程度也影响藤壶的附着。腺介幼虫更喜欢在有凹沟的表面上附着变态，而不喜欢平坦的表面上附着。当腺介幼体处在有沟纹的表面上时，幼虫可以靠触角来感知地形。幼体依靠刚毛来寻找底质，刚毛在底质上的运动就像留声机上的唱针在唱盘上的运动。不规则的底质引起的神经冲动有可能诱发影响幼体的附着及变态。

里奇（Rittsch）和科斯特洛（Costlow）在1989年，尤尔（Yule）和沃克（Walker）在1984年和1987年均提出了底质的表面能（与表面张力和潮湿度有关）对藤壶附着有很大的影响，他们认为藤壶易附着于有较高表面能及潮湿度的地方，而且存在着临界点问题。藤壶仅在高于此临界表面能的底质上附着。在自然水域中，湿度的变化很大，即表面能的变化也很大。表面能的迅速变化是因为表面吸附了生物大分子，但菌膜能改变幼体对表面能的敏感性。

7.3.1.3 其他物理因素

除上述原因外，光线、颜色、温度、盐度等其他物理因素都影响藤壶的附着变态。伯克（Burke）发现腺介幼体似乎喜欢在暗处附着，暗处与亮处的附着比率为1∶0.63，但它也能被微弱的红光所诱导。就颜色来说，白色与黑色对幼体的附着无影响，但腺介幼虫更倾向于在橘色与绿色的底质上附着，而不愿意在黄色的底质上附着。此外温度、盐度对藤壶附着变态也有影响，太高与太低的盐度都将降低幼体的附着；温盐因素还因种类及其生活的区域而异。帕特尔（Patel）与克利斯普（Crisp）报道，在热那亚港，纹藤壶1年中最高的附着率一般发生在温度22~32℃之间，而在日本的Ago海湾却是26~30℃。还很难确定上述的各种因素哪个更重要，1983年罗伯特·伯克（Robert D. Burke）认为它们依次的关系是地形>光线>水流。

但也有学者反对这种观点。

7.3.2 化学因素对藤壶附着的影响

与物理因素相比，化学因素可能对藤壶附着变态的影响更大，这方面的研究报告不胜枚举。目前，比较受人们关注的是节肢蛋白，其被基质表面吸收后能刺激藤壶腺介幼虫的表皮，使其倾向于在含有这类物质的表面上附着。但目前仍不能确定幼体是受节肢蛋白的诱导而在含有其的底质上附着，或是幼体接触到这些物质后，而决定在此附着。此外，节肢蛋白在幼体附着变态中的具体作用仍不清楚。最近发现，另一类蛋白——腺介幼虫主蛋白与其附着也紧密相关，若腺介幼体体内缺少，藤壶将推迟附着，从而减低其附着率。

另一被广泛研究的领域是各种离子对幼体变态的影响。1986 年里茨尔夫（Rittschof）、梅基（Maki）等人认为 K^+、Mg^{2+}、Ca^{2+} 均能抑制幼体的附着。其中 K^+ 可影响早期幼体的变态，而其余阳离子则影响幼体晚期的变态。而且除了 Ca^{2+}，当环境中一种阳离子被另一阳离子所代替时，也表现出抑制效应。低浓度的 Ca^{2+} 和高浓度的 Mg^{2+} 都将抑制幼体的附着。且 Ca^{2+} 还被认为是诱导腺介幼体变态的主要离子。大部分的这些离子只要在毫摩尔级就可影响幼体的附着。莫斯（Morse）等人认为藤壶腺介幼体对环境中诱导化学因子的要求随幼体的生长时期而异，早期幼体对化学诱导因子的要求较高，而晚期幼体对化学因子的要求则较低。

海洋底栖动物幼体的附着变态与神经递质或生物活性物质有密切关系。但韦纳（Weiner）等人认为外源性神经递质如 GABA，L-多巴胺等对藤壶的附着影响不大。帕斯尔斯（Pazoles）、李（Lee）等人对 SITS-Sulfony lisothiocyanost ilbene（磺酰基，异硫氰酸芪）研究表明，SITS 不仅是一种阴离子阻遏剂，还能阻碍 ATP 酶（腺苷三磷酸水解酶）活性，葡萄糖-6-磷酸酶的火星及 ATP 对 Ca^{2+} 的吸收力，里茨尔夫（Rittschof）认

为它是 Ca^{2+} 通道的阻遏剂，它通过降低 Ca^{2+} 浓度及抑制其他诱导附着的因素从而抑制藤壶的附着变态。此外，加拉格纳（Gallagner）认为印防已毒素与印防已苦内酯的混合物可阻碍脊椎动物与无脊椎动物的 Cl^{-1} 通道。1986 年里茨尔夫（Rittschof）等人发现仅 $10^{-6} \sim 10^{-5}$ mol/L 的印防已毒素就可强烈地抑制藤壶幼体的变态，而 db-CAMP 起第二信使作用，却可促进藤壶附着。

目前，人们都致力于寻找无毒的防污试剂。其主要方向就是提取某些藻类及海洋生物的活性物质或是一些激素的类似物。1986 年里茨尔夫等人从海三色紫罗兰中提取出的附着抑制剂是一些小分子量的物质，此活性物质可被紫外线吸收。1984 年斯坦丁（Standing）等人报道了八射珊瑚体内含有诱导及抑制藤壶幼体附着的物质。1993 年里纳（Rina Goto）等人从海绵中提取出一种具有强防污性能的物质。1985 年里茨尔夫等人从 Leptogorgia virgulata 中分离出的低分子量物质也表现出抑制幼体附着的特性，这些物质都是几种化合物的混合物，当把它们纯化时，抑制特性便消失了。此外对激素类似物的研究也是一大热点。1992 年 Anthonys Clear 等人对 RH5849（1,2-二苯酰，1-t-丁基肼）这种蜕皮激素的类似物的研究表明，RH5849 能缩短幼体的蜕皮阶段与相应的生理变化时间，并促使其附着。ZR-512（乙基，3,7,11-三甲基十二烷-2，4-二烯）和 ZR515（异丙基，11-对甲氧基-3，7，11-三甲基十二烷-2，4-二烯）是另一类的蜕皮激素的类似物，将幼体暴露在 100×10^{-12} mol/L 的 ZR-512，3h 便可使幼体全部变态，暴露 1h 可导致 50% 幼体变态。而 ZR-515 却表现出抑制变态的性质。了解这些合成的蜕皮激素的特性，对防污试剂的研制有极为重要的意义。

7.3.3 生物因素对藤壶附着的影响

人们早就发现藤壶的附着与同种的生物有密切关系，而且所表现出的关系是复杂多样的。藤壶喜欢附着于同类附近，将藤壶组织提取物涂在底质表面，可诱导生物在此表面附着，藤壶的这种群居特性可能与其繁衍有关。一些藤壶喜欢在特殊的食物源附近附着，如 Nshihira，某些藤壶喜欢附着于一些特殊的褐藻上。而蓝藻的存在可抑制藤壶幼虫的附着。生物间竞争与捕食的关系也可影响藤壶的附着，1982 年在热那亚港，杰拉奥（Geraoi）和罗麦罗恩（Romairone）发现，介属幼虫附着的时间与藤壶腺介幼虫是相同的，于是龙介属幼虫与腺介幼虫之间发生了竞争，当龙介属幼虫附着较多时，藤壶附着率下降。此外，被囊动物 Diploso ma listerianum 也为藤壶的竞争动物。而腹足类骨螺可摄食其附近的藤壶，因此在骨螺附着的附近，藤壶附着的数量较低。但是当周围的水质被污染时，藤壶却表现出较高的附着率，可见藤壶的抗污能力比它的竞争者及捕食者强。

细菌等微生物对藤壶的附着也有着重要的影响。1990 年梅基（Maki），里茨尔夫等人认为：（1）微生物膜可影响藤壶幼体的附着，如当一种深海链球菌浓度达 25μg/mL 时，可以起到完全抑制幼虫附着作用；（2）单种细菌菌膜可诱导或抑制其附着，且某些抑制性细菌的抑制作用随菌膜老化而抑制作用增强；（3）同种菌膜被不同底质吸收时所表现出的作用是不相同的；（4）细菌的胞外聚合物对幼体的附着也起抑制或诱导作用；（5）藤壶对细菌菌膜的反应与幼体的年龄及菌落的年龄有关。总之，底质、细菌与腺介幼虫三者之间的关系是复杂的。目前还有很多方面，如胞外聚合物抑制成分的组分及所起的作用等都还不清楚。藤壶的附着变态是一个极其复杂的过程，受多种因素的影响。物理、化学及生物这三方面因素不是单独起作用的，而是相互影响的。如：细菌菌膜能改变藤壶幼体对表面能的敏感性。藤壶喜欢附着于潮间带藻类附近，不仅因为这些藻类可能具有某种吸引藤壶附着的化学因子，还因为藻叶摩擦底质，可改变底质的物理特性，并能改变水流与其他非生物特性，同时它也影响了捕食性生物的密度。藤壶的附着不仅是个生态学问题，同时也是生理、生化学问题，物理、化学因素都是它的外在原因，最终都将通过生物体内的生理、生化变化而作出应答。如：幼体对水流、光照或底质的反应就都是通过神经冲动引起一系列生理、生化反应而表现出抑制性或诱导性，而各类化学因子则更直接地通过表皮或各感受器的吸收引起体内各种相应化学物质的变化而影响其附着。生物因素则较复杂，有些可归结为间接的物、化因素，而有些则是自然选择、演化的结果。三种因素很难分清究竟是哪一种因素起的作用大，因此对各种因子的综合性研究将是今后研究藤壶及各类污损生物附着生物学的方向。

7.4　宏观生物附着对金属腐蚀行为的影响

宏观生物附着对金属腐蚀行为有较大影响。大多调查研究发现，宏观生物污损在一定程度上可以降低腐蚀速率，但显著提高钢的局部腐蚀深度。如马士德将 A3 钢、3C 钢挂在青岛、厦门、榆林 3 个海上试验站的海水全浸区和潮差区。全浸区研究结果表明，榆林和厦门试验站的钢板在腐蚀一年后其表面基本长满污损生物，之后各种生物始终附着，但生物种类略有变化。青岛站样品表面的生物附着量始终较少，仅有少量的小藤壶和小牡蛎，在腐蚀 8 年后取样时，未见到生物附着。年平均腐蚀率的顺序和平均腐蚀深度相同，均为青岛 > 厦门 > 榆林。钢的平均局部腐蚀深度顺序为榆林 > 厦门 > 青岛。腐蚀速率与海水平均水温顺序相反的原因在于被以石灰质为底的污损生物（藤壶、牡蛎等）附着的钢表面，不再接触海水，故而被污损生物附着的面积愈大，被保护的面积愈大，所以腐蚀率低。

污损的表面造成钢表面缺氧状态，同时也可以给硫酸盐还原菌的存在提供条件。澳大利亚海岸全浸区钢腐蚀研究表明，腐蚀一段时间后，钢的失重与腐蚀时间成线性增加的变化规律，为典型的硫酸盐还原菌对钢的腐蚀规律。此时表面由于宏观生物的附着造成表面缺氧状态，氧的扩散速度已不再是腐蚀速率的控制因素，腐蚀速度完全取决于硫酸盐还原菌，因此失重与腐蚀时间成线性增加的变化规律。我国榆林站（宏观生物污损最严重）钢的腐蚀结果也表明，与其他站点相比，榆林站钢样锈层内部有大量硫酸盐还原菌存在，但失重与时间并不成线性变化规律而比其他站点小。这反映了微生物与环境、钢相互作用是复杂的。评估有微生物的腐蚀不能单独基于检测微生物的数量，还必须考虑大型海生物的污损、锈层、内锈层/钢界面的供氧条件，嗜氧、厌氧微生物种群的共同作用等。

对不锈钢生物附着后的研究表明，多数牡蛎、藤壶牢固地附着在不锈钢表面，难以除掉，它们的下面没有发生腐蚀。一些海生物（牡蛎、藤壶）的周围有棕红色的腐蚀产物，除去这些海生物，可以看到海生物底座下有蚀坑。不锈钢表明多数蚀点是由牡蛎和藤壶引起的。较深的蚀点都发生在牡蛎、藤壶的底座下。观察发现，引起局部腐蚀的牡蛎、藤壶脱落后，由于它底座下的腐蚀活化区与海水直接接触，供氧充分，活化表面再次钝化。

露西亚纳（Luciana V. R. de Brito）等人将碳钢以三种方式浸放在海水中：

（1）任由宏观生物附着；

（2）只选择藤壶附着；

（3）防止宏观生物附着（可用尼龙网保护试样架）。

结果表明，宏观生物附着后，腐蚀电位变化范围为 $-665.75 \sim -517.50$mV（$Ag/AgCl_{KCl}$），腐蚀电位变化与宏观生物附着无关。宏观生物附着降低钢的失重量，但增加局部腐蚀深度。（3）的处理方式虽然也有一定局部腐蚀出现，但腐蚀坑深度远小于（1）和（2）处理方式。最严重的局部腐蚀出现在（1）方法处理的样品中，说明藤壶虽然对局部腐蚀有显著影响，但其他生物也将导致局部腐蚀。

有关生物附着对金属腐蚀机理的研究只发现有关藤壶的报道。马士德等人将藤壶杀死，比较藤壶死前后钢表面腐蚀情况，结果表明，活藤壶的附着对钢腐蚀起一定的保护作用，其基座下金属明显高于周围金属，但其周围比其他未附着区域局部腐蚀严重，形成环状腐蚀坑形貌，说明其新陈代谢产物（CO_2、氨、硫化氢等）对周围金属有一定腐蚀作用。死亡后的藤壶对钢腐蚀影响显著，主要为局部腐蚀。马士德发现藤壶死后，不锈钢内部涌出大量红褐色铁锈，因此将其称之为“开花腐蚀”。伊西瓦尔（M. Eashwar）在更早时间也报道藤壶死后将造成钢严重的局部腐蚀。其原因为藤壶在腐烂过程中其体内大量酸性物质的释放和生物对其的分解均在其周围产生了大量酸性物质，包括 CO_2、HNO_3、H_3PO_4、H_2SO_4、H_2S 等（pH 值最低可达 3 ~ 4），低的 pH 值将其基座中心部位的钙化物溶解，造成其底部钢的腐蚀，酸液沿其基座下面发射状沟渠扩展，导致底座与钢表面缝隙产生，进而造成缝隙腐蚀。

虽然海洋宏观生物附着是普遍现象，而且对材料局部腐蚀有显著影响，但由于海生物生长周期长，且受多种因素影响，研究难度大，这方面报道较之微生物腐蚀更少，有关宏观生物对金属腐蚀机理研究目前除藤壶对钢腐蚀有上述一定报道外，未见有对其他生物种类详细研究。藤壶对材料的腐蚀研究也较浅，所进行的实验室研究较大程度脱离了真实环境，而且细节较少，如活藤壶新陈代谢产物分析、生物酶的影响，生物腐烂过程中产生的酸具体种类、浓度、pH 值都没有研究。宏观生物腐蚀对碳钢力学性能影响、对应力腐蚀影响、对腐蚀疲劳等综合体现宏观生物腐蚀对材料性能影响方面未见报道。

7.5 海洋生物污损的防治

宏观生物附着是海洋用钢不可避免的现象，由于宏观生物附着所带来的轮船耗油量增加、涂料脱落等经济问题一直备受关注。防止生物附着一直是人们大力追寻的目标，发展防污涂料是防污的主要方法。

目前船舶防损的主要防污方法有以下几方面。

7.5.1 机械防污损法

机械法一方面通过机械打磨抛光，使游艇船体玻璃钢材料表面具有高的光洁度，减少污损生物的附着。另一方面是通过特制的铲除船底海生物的工具，定期对船底及船壳上的附着生物进行铲除，有条件也可以通过将游艇停泊在淡水区一周，使海生物死亡，并通过人工清除。但这些方法费时长，耗资大，它涉及修船、检修室和工厂等，游艇频繁进行机械防污损，将导致大量人力物力的浪费，因此应尽量采取其他有效防污损方法来延长游艇进坞时间，减少机械防除方法使用频率。

7.5.2 防污涂料

传统的防污涂料中其防污剂大多采用有毒物质，如有机锡（三丁基氟化锡、三丁基氧化锡、三苯基氢氧化锡、甲基丙烯酸三丁基锡）、氧化汞、氧化亚铜、DDT、敌百虫等。含有机锡的自抛光漆（SPC）被发明后，因其防污有效期长，降低了燃料消耗和延长了进坞时间间隔，而成为主要的船舶防污涂料，被广泛应用于世界各国。自有机锡对海洋环境的污染得到证实后，有机锡防污涂料的使用已经逐渐受到限制。由72个国家签署并由国际海事组织（IMO）的海洋环境保护委员会于2001年10月提出的条约将开始生效，这项条约规定，含有机锡的防污涂料自2003年1月1日之后不再用于船舶上，而在2008年1月1日之前，这些涂料将在所有船舶上除去。该条约还规定了一项科学框架，即对将来证明有害的防污系统作了国际性的限制。为此，世界各国加紧研究开发替代有机锡的新产品。由于铅和汞化合物对环境的长期危害，这些生物杀伤剂在许多国家的防污涂料中已严禁使用。除有机锡外，最重要的杀生物剂是铜系化合物，包括金属铜、硫氰酸亚铜、氧化亚铜、有机铜化合物（例如苯基铜、甲基乙烯基锂铜、乙基氰化锂铜、三氟乙硼丁基铜等）、铜螯合物（例如2-巯基吡啶氧化铜、吡啶甲酸酰胺铜、乙酰丙酮铝铜、亚乙基二酰胺铝铜等）以及铜合金等。这些铜系防污剂在海水中的防污效果都参差不齐，与许多禁用的防污剂相比，铜系化合物的防污效果要略逊一筹。目前销蚀型铜防污涂料是有机锡涂料的最好替代品，尽管它的防污效果不如有机锡类那样出色，但使用铜系防污涂料也是一种权宜手段，因为加拿大已对防污涂料里铜的释放作了限制；而荷兰在其领海里禁止清洗含铜涂料；在美国，海军和环保局已写信给有关排放标准部门要控制船舶可能在港口和公海上释放的物质种类和数量，而在这些所制订的标准里铜被称为不希望有的排放物质，在我国造船界也称之为“黑色污染”。许多船舶业主和涂料制造商们相信铜在防污剂中的使用最终会被拒绝，或许在 20 年之内。随后又出现了以农药 DDT、敌百虫等为防污剂的防污涂料，这一系列的防污涂料的毒性同样使海洋环境受到威胁。

7.5.3 自抛光防污涂料

随着有机锡防污涂料在世界范围内的禁用，目前自抛光涂料的发展方向是无锡自抛光涂料。根据可生物降解或水解树脂分为：可水解醇酸或聚酯类、丙烯酸酯类、环氧或聚氨酯类、有机硅类。无锡自抛光防污涂料主要使用有毒防污剂（主要是氧化亚铜），也包括环保防污剂。环保型防污剂从漆膜中释放后迅速降解而失去毒性，对海洋环境危害极小。但无锡自抛光的效果仍远不如有机锡自抛光涂料。

7.5.4 新型防污高分子材料

这类防污是通过赋予涂层或基材的表面以特殊性能，使海生物难以附着或附着不牢从而达到防污目的。此类涂料国外称为污损释放涂料（Fouling-release coating），区别于一般的防污涂料。

生物污损是从蛋白质、多糖等高分子物质的黏着开始的，因此控制其表面的性能就可以削弱这种黏结力。这里所说的表面性能是指表面能、官能团排列及表面形态等。

生物污损与表面能有很大的关系，试验表明，在 20 ~ 25mJ/m^2 内，材料不易产生污损。涂料的表面能决定了海生物在其表面的附着强度，涂层表面能越低，海生物附着越困难，即使有附着，附着强度也不大，当涂有低表面能涂层的舰船以一定速度开动时，附着在其表面的海生物就会自动脱落。低表面能防污涂料不具有毒性，有效期长，是取代有毒防污涂料的一个重要方向。低表面能防污涂料的主要成分为有机硅或有机氟低表面能树脂为基料，配以交联剂、低表面能添加剂及其他助剂组成的体系。其中后者有更低的表面能，是目前所能找到的表面能最低的材料，但前者显示出更好的防污效果。

硅橡胶加上甲基及苯基的硅系配合物有不错的防污效果，但其附着力、强度等方面性能较差，通常增加一道过渡层来改善附着力，目前美国海军正在快速军舰上和一些商船试用这种涂料。国际油漆（International paint）公司开发出了硅系防污涂料 Intersleek，具有自清洁性能，世界上许多高速轮船公司都采用了 Intersleek 涂料。西格玛涂料（Sigma coating）公司也已开发出了新的硅系涂料，效果很好，但也仅限于几种特殊的用途，尚无法在大型轮船上应用。

高分子 PTFE 有极低的表面能，是理想的选择，但因其不溶于溶剂，不熔化、软化，无法用普通方法制成涂膜，因此研究上转向了其衍生物，如氟化环氧、氟化多元醇、氟化丙烯酸酯等。美国海军“鹦鹉号”涂以全氟烷基聚醚聚氨酯，10μm 聚氟乙烯粉末为填料的防污漆，已有在舰 7 年的记录，但每隔半年必须上排，用高压枪冲去附着不牢的生物，只适用于小型船只。美国 Aerojet-Gerenal 公司合成了一种带有氟化侧链的聚醚多元醇，经异氰酸酯固化后，具有低表面自由能、高憎水性、低摩擦系数、污损释放等特性，它与水的静态接触角受氟化侧链的影响，从 107° ~137°不等，污损生物附着不牢，较易脱附，是一种有希望的防污材料。

单纯的低表面能防污涂料往往只能使海生物附着不牢，需定期清理。附着生物一旦长大将很难除去，清理过程中会破坏涂膜。因而目前其应用范围有很大的局限性，多应用于高速船，而对难以定期上坞清理的大型船只应用较少。

目前，科学家们将碳纳米管融进油漆中，研制出一种可阻止藻类和藤壶附着物。碳纳米管可在分子层面改变油漆表面，当船舶移动时，附着生物可轻易被冲走。

我国洛阳舰船材料研究所对低表面能防污涂料研究较成熟，已经有多种产品供舰船防污损使用。海南大学吴进怡等人研究开发的纳米抗菌环保涂料具有长效抗菌、环保、低表面能特点，其在实海挂样实验中显示了一定的防污效果。该类涂料在游艇长期停泊过程中的防污性能较差，并不能彻底解决游艇壳体污损问题。

7.5.5 具有微观相分离结构的防污涂料

现在许多高分子材料应用于制造人工脏器，由于在使用上大多数要与血液相接触，因此需要具有优良的抗凝血性能，人们在这方面做了大量研究。于 1972 年首先提出高分子材料的微观非均相结构具有优良的血液相容性，认为非均相结构尺寸达到 0.1 ~0.2μm 时就有抗凝血性。冈野等人合成了由甲基丙烯酸羟乙酯与苯乙烯组成的嵌段共聚物，发现此嵌段共聚物表面亲水/疏水微观结构与血浆蛋白吸附之间有相关性，指出材料表面产生的蛋白质吸附是与材料中亲水性与疏水性各自的微观区域相对应的，表面层状微相分离结构的尺寸在 30 ~50μm 时，有明显的血小板黏附抑制作用。

贝尔（Baier）指出，生物的污损与血管内血栓的形成有很大的相似性，都是从蛋白质或生理物质的附着开始的。而具有微相分离结构的高分子材料是优良的抗凝血材料，基于这一点，开发出了具有微相分离结构的防污涂料，并得到了应用。

这类涂料的难点是如何在多变的施工条件下形成相分离结构，及如何控制微相分离结构在一定的尺寸范围内。这既可以通过化学方法如合成嵌段共聚或接枝共聚树脂，也可以通过物理方法如共混来达到。但应注意的是，物理共混可能会使低表面能物质在表面聚集，当表层被磨蚀后，防污性能可能会急剧下降，因此，目前多采用化学方法。而有机硅及有机氟树脂由于本身具有一定的防污性能，因此其衍生物也成了研究的重点。

7.5.5.1　有机氟防污涂料

Asahi Glass 公司用异氰酸酯固化 C_2ClF_3-环己基乙烯基醚—乙基乙烯基醚—羟丁基乙烯基醚的嵌段共聚物制成防污漆，12个月后仅有30%附着海生物。

日本的防污涂料专利中广泛地应用到一种氟烷基代丙烯酸酯单体 $CH_2=CHCOO(CH_2)_2C_8F_{17}$(17FMA)，该单体侧链有很强的疏水性，与其他丙烯酸单体嵌段共聚后，制成的防污涂料防污性能很好，有推广应用价值。例如，Nippon oils and fat 公司的一种防污涂料是将甲基丙烯酸甲酯与17FMA 共聚，产物与一种醇酸树脂共混制成防污涂料，期效12个月；该公司另一类似的涂料用做渔网防污，6个月无污损，12个月污损仅为0.11~0.18kg/m^2。

7.5.5.2　有机硅防污涂料

Nippon paint 公司发明了一种具有微相分离结构的防污涂料，这种涂料由两种以上不相容的树脂组成，可在表面形成直径10~20nm 的粒状突起结构，具有良好的防污效果。

7.5.5.3　大型海洋动物表皮的仿生

大型海洋动物如鲨鱼、海豚、鲸的表皮不附着海洋动物，非常光滑。美国、德国的科学家观察了这些大型海洋动物的表皮结构，这些表皮的表面存在微米级沟槽，同时能分泌出黏液，这样的特殊结构能够阻止海生物的附着，科学家正在通过仿生的方法，利用化学手段模拟这些表层结构，并取得了一定进展。一旦这一技术取得成功，防污涂料会成为真正的无毒防污涂料。

7.5.6　电流防污损技术

电流防污损技术是一种较先进的环保型防污损技术，其对海水环境无污染。原理为，在阳极和阴极之间通以电流，海水在阳极表面被电解，产生次氯酸。阳极的电极表面由次氯酸离子覆盖，这样就可以防止微生物、藻类、贝类等海洋生物的附着。在此电解原理之上发展起来的表面涂膜防污技术，是在船壳接触海水的钢板上，先涂覆绝缘涂膜，然后在其上再涂敷导电性涂膜，把这种涂膜作为阳极，通过电解起到防污作用。表面涂膜防污技术是一种对海水环境无污染的先进环保型防污损技术，日本已开始将其应用于舰船防污损，我国从 1991 年开始进行导电高分子材料防污涂料研究，也取得了一些进展。此外，有研究表明，每一种微生物细胞都有特定的氧化还原电位，当外界施加的电位超过细胞的氧化还原电位时，外界就可以和微生物细胞发生电子交换，微生物细胞因失去电子被氧化而使其活性大大降低直至死亡。基于这一原理的电流防污方法也称为电化学方法，日本学者用电化学的方法对循环水中的大肠杆菌进行了杀菌，结果表明，施加电位为 0.7V（SCE），时间为 30min，其杀菌率达 100%。目前，对电化学杀菌的研究主要集中在工业用水、循环水、食品加工等领域。在腐蚀微生物的电化学杀菌研究方面，循环伏安法表明，在外加电位为 0.4V，作用时间为 10min 时，SRB 的存活率小于 10%。目前电流防污技术所用电流多为直流，少数采用交流。脉冲电流亦可起到防污损作用，佩雷斯-罗（R. E. Pérez-Roa）研究表明，通以脉冲电流后，可使藤壶的附着率由 40% 下降至 5% 以下。

目前所用电防污技术均为电流防污方法，虽然有专利和文献称为电场防污，但其本质上均需有电流通过。电流防污技术虽然可环保有效地防止污损，但其耗电大，需阴阳极相对，阳极选择及对防护体结构限制大。而且，虽然通过导电涂膜方式可以将电流法应用于船体和海洋设施的防污，但其对涂料导电性、耐海水电解性及对电解设备要求高，耗能大，因此目前国外也仅用于小型设施和船舶。另外，目前导电膜的导电性和耐海水电解性仍需提高。

外加电场杀菌是一种新兴的非热杀菌方法，外加高压电场下，有无电流通过均可以起到杀菌作用。其实质是利用高强度脉冲电场瞬时破坏微生物的细胞膜，大幅增加了细胞膜的可渗透性，使微生物死亡。无论是动物、植物还是微生物的细胞，当外加电场作用时，都会被诱导产生横跨膜电位差。当整个横跨膜电位差达到极限值时，使膜结构变成无序状态，形成细孔，外加电场的反复作用（脉冲）使细孔增多增大，渗透能力增强，渗透程度取决于应用的电场强度、脉冲波形、脉冲宽度和脉冲数。外加高压电场杀菌在食品行业已有一定的研究，在果汁等液态食品的加工中已显示出特有的优越性，但由于其研究时间较短，目前还未见应用于其他行业。该种杀菌方式安全无害，具有传递均匀、处理时间短、能耗低等特点，如能将其有效运用于海洋设施及船舶生物污损的防治，其将有效杀灭材料表面微生物防止微生物膜的形成，进而由于微生物膜这一宏观生物附着的基础被破坏，藻类及藤壶等宏观生物的附着也将受到抑制，此外，外加高压脉冲电场本身也可能起到对藻类及藤壶等宏观生物幼虫细胞的破坏作用，从而起到全面防止污损的作用。外加电场防污方法无需电流通过，对涂料导电性及电极结构要求不高，因此具有良好的应用前景。将耐阳极溶解的高导电粉体（防止漏电电流引起的阳极溶解）及一定粒径钛酸钡粉体加入涂料中，涂装固化，得到具有一定导电性的涂层，涂层的介电常数达500以上。于其表面分别滴以45钢海水腐蚀锈层中大量存在的假单胞菌、弧菌菌液，菌液浓度均达10^8CFU/mL，通以电场强度40kV/cm，矩形电脉冲，脉冲宽度为2μs的高压脉冲电场，10min后鉴定涂层表面液体细菌含量均下降为零，即杀菌率达100%。由此看来，高压脉冲电场有极佳的抗微生物污损作用。

7.5.7 可溶性硅酸盐为主防污剂的无毒防污涂料

海洋污损生物的适宜生长环境是pH值为7.5~8.0的微碱性海水，强碱或强酸性的环境下均不易生存。用碱式硅酸盐为成膜物，可以开发出便宜无毒的防污涂料，但此种涂料的有效期不长，理化性能差，与实际应用尚有一段距离。

7.5.8 生物防污剂涂料

从海生物中提取分离筛选防污损活性的天然产物（天然生物防污剂），利用自抛光等技术制备成的防污涂料。天然防污剂的研究是合成天然防污涂料的关键，到1993年止，已发现海洋生物中52种具有防污损活性的物质，预计今后将会从分离出来的6000多种活性物质中发现新的防污剂，辣椒素等陆生植物的提取物也具有防污性能。海南大学吴进怡等人选取海南南海领域颤藻、褐藻等藻类，大量培养后提取其中活性物质发现部分藻类的提取物种含有防污损活性物质。但此类防污涂料具有成本过高、时效过短特点，与实际应用还有较远距离。生物防污剂主要包括以下几类。

7.5.8.1 陆生植物

最近人们从各种桉树中提取了一些防污活性物质。如1989年雅玛西塔（Yamashita）等人从桉树（Eucalyptus rubida）叶子甲醇提取物中分离出的1,2-二苯乙烯糖苷和土大黄苷酰化物，1992年霍德（Hodo）等人从桉树叶子甲醇提取物中分离出的reside A和reside B，以及1996年辛（Singh）等人从桉树叶子苯提取物中分离出的sideroxylonal A，经过生化试验证明它们对紫贻贝的附着有忌避作用。

7.5.8.2 海洋细菌

早在1946年Harris就发现有些细菌膜可避免藤壶幼虫和管虫附着。1960年克里斯普（Crisp）和赖兰（Ryland）报道了苔藓虫幼虫亲和未被细菌成膜的表面，而不亲和细菌膜。1989年纪伟尚等人发现氧化硫杆菌和排硫杆菌具有防污能力，由于它们在代谢过程中产生硫酸，能够抑制大型海洋生物的附着。通过细胞固定化技术制成的防污涂料，在海上做挂片试验表明具有较强的防污能力。1994年古冀东（Gu JiDong）和梅基（Maki）等人在贝类防污着细菌的研究中指出，一些细菌的代谢产物中具有多糖和蛋白质成分存在，可防止生物附着。1995 年科恩·亚（Kon-ya）等人研究细菌 Alteronassp 代谢物对藤壶的抑制作用时，分离出了泛醌-8，生化试验表明，泛醌-8 能有效地抑制藤壶幼虫的附着。

研究表明，海洋细菌对无脊椎动物的幼虫的抑制作用具有相当的普遍性。目前这方面的研究非常活跃，但离实际应用还有相当距离，技术上还有许多难点：（1）必须找到一种或几种能广谱防止生物附着的细菌；（2）制成涂料后细菌应仍具有活性；（3）该涂料还必须经受不同海域、不同季节、海港内特殊环境、干湿交替、船舶航行时海水的冲刷等环境的考验。而价格也是另一个必须考虑的重要因素。

7.5.8.3 海洋无脊椎动物

经过对多种海绵次生代谢物的研究，分离提取出许多具有防污活性的物质，并对一些化合物的结构进行了鉴定。在加勒比海的 Curacao 岛采集的 35 种海绵，发现其中 22 种的乙酸乙酯提取物在 0.1mg/mL 下对藤壶幼虫的附着有明显的抑制作用。从日本东京西南 1000km 的 Yakushima 岛采集的海绵 Acanthelle cavemosa，其提取物能抑制藤壶幼虫的附着和变态，在生化分析法指导下分离提取出三种新的双萜烯甲酰胺化合物 Kalihinenes X，Y，Z，它们抑制藤壶幼虫附着和变态的 ED5。分别为 0.49mg/mL、0.45mg/mL、1.1mg/mL，并且在此浓度下无毒性。从日本东京南面 300km 的 Hachiji-Jima 岛采集到海绵 Pseudoceratina purpurea，发现其甲醇提取物能抑制藤壶幼虫的附着和变态作用，经分离提纯得到一种新的含两个 4,5-二溴吡咯-2-羰基单元的衍生物，其抑制藤壶幼虫附着和变态的 ED50 为 8.0mg/mL，而其致幼虫死亡的浓度高于 30mg/mL。

除了海绵以外，人们对珊瑚类也做了较多的研究。塔吉特（Targett）等人从珊瑚中提取的龙虾肌碱和水性提取物，可防海洋底栖硅藻的附着。生化试验表明，龙虾肌碱和其类似化合物吡啶、烟酸和吡啶羧酸都能抑制硅藻的生长，而且羧基在吡啶环的2位上对其活性有重要贡献。1984年斯坦丁（Standing）等人发现某些珊瑚的粗提物能抑制藤壶的附着。里茨尔夫（Rittschof）等人对这种粗提物进行了研究，认为其主要成分是萜烯类化合物，并在较低浓度下呈现抑制性，且无毒性，而在高浓度下有毒。

7.5.8.4　*海洋植物*

这方面的研究目前相对较少，据报道，可从大叶藻和红藻中分别提取具有防污活性的物质。

目前，关于天然防污剂的研究还处在基础理论研究阶段，距商业化应用还有相当的距离。但天然防污剂是设计仿生低毒防污剂的先导化合物，其研究有深远的意义。现在防污涂料的可控释放技术日趋成熟，若与高效的天然防污剂相配合，完全可以制出无污染、高效的仿生防污涂料。

7.5.9　仿生涂料

大型海洋动物如鲨鱼、海豚、鲸的表皮不附着海洋动物，非常光滑。美国、德国的科学家观察了这些大型海洋动物的表皮结构，这些表皮的表面存在微米级沟槽，同时能分泌出黏液，这样的特殊结构能够阻止海生物的附着。根据研究这些大型哺乳动物防生物附着的机理，科学家正在通过仿生的方法，利用化学手段模拟这些表层结构，可以研制无毒仿生防污涂料，并取得了一定进展。一旦这一技术取得成功，防污涂料会成为真正的无毒防污涂料。由于技术上的难度，该类涂料还未实际应用。

传统的防污涂料由于环境问题正受到越来越多的限制，开发安全高效的防污涂料已迫在眉睫。仿生防污作为一种全新的防污方法，没有传统防污涂料的环境污染问题，各国学者对此做了大量的研究工作，不断开发出具有潜在应用价值的防污剂和防污涂料。仿生防污涂料目前还存在一些问题，但伴随着环保要求的不断提高，涂料技术的不断发展，必将逐渐替代传统的防污涂料。

上述对宏观生物分布、附着、宏观生物对钢的腐蚀、防污损技术进行了介绍，其中宏观污损生物分布、生物附着、抗污损技术都有较多研究，而宏观生物对材料腐蚀的影响机理还相当欠缺，需要大力发展，为海洋设施使用寿命预测、海洋设施的安全设计、腐蚀防护提供理论基础。

附　　录

附录 1

中华人民共和国国家标准

GB/T 14643. 5—1993

工业循环冷却水中硫酸盐还原菌的测定 MPN 法

Industrial circulating cooling water—Sulfate-reading bacteria—MPN test

1　主题内容与适用范围

本标准规定了工业循环冷却水中硫酸盐还原菌的测定方法。

本标准适用于工业循环冷却水中硫酸盐还原菌的测定，也适用于原水、生活用水及黏泥中硫酸盐还原菌的测定。

2　引用标准

GB 603　化学试剂　试验方法所用制剂及制品的制备

GB 6682　分析实验室用水规格和试验方法

3　方法提要

本法采用多试管发酵技术，在（29 ±1）℃培养21d，如果试管内产生黑色沉淀并伴有硫化氢臭味的表明阳性反应，采用MPN 技术对被测试样中的硫酸盐还原菌进行计数。

4 试剂和材料

本试验方法中，除特殊规定外，应使用分析纯试剂和符合GB 6682中三级水的规格。

4.1 磷酸氢二钾（HG 3—1228）；

4.2 氯化铵（GB 685）；

4.3 硫酸钠（GB 9853）；

4.4 氯化钙；

4.5 硫酸镁（GB 671）；

4.6 乳酸钠；

4.7 酵母汁：生化试剂；

4.8 硫酸亚铁铵（GB 661）；

4.9 维生素C；

4.10 氯化钠（GB 1266）；

4.11 氢氧化钠（GB 629）；40g/L溶液；

4.12 盐酸（GB 622）；1+11溶液；

4.13 硫代硫酸钠（GB 637）；

4.14 乙醇（GB 678）：75%（V/V）溶液；

4.15 牛皮纸；

4.16 医用脱脂棉。

5 仪器和设备

5.1 无菌箱（室）或超净工作台；

5.2 蒸汽压力灭菌器；

5.3 生化培养箱；

5.4 电热干燥箱：温度可控制在(60~280)℃±2℃；

5.5 电热恒温水浴锅：恒温范围(37~100)℃±2℃；

5.6 刻度吸管：1mL；

5.7 刻度吸管：5mL；

5.8 试管：150mm×15mm并配上密封的塞子；

5.9　试管架；

5.10　刻度三角瓶：500mL；

5.11　磨口三角瓶：100mL；

5.12　磨口试剂瓶：1000mL；

5.13　容量瓶：1000mL。

6　试验前准备

6.1　无菌水的制备

将水分装在100mL磨口三角瓶中，每瓶40mL，每个三角瓶塞子和瓶口间插入一小纸片来防止粘连，每个瓶子的瓶口均用牛皮纸包扎，以防污染，用蒸汽压力灭菌器（121±1）℃灭菌15min。

6.2　培养基的制备

6.2.1　称取下列试剂：

磷酸氢二钾	0.5g；
氯化铵	1.0g；
硫酸钠	0.5g；
氯化钙	0.1g；
硫酸镁	2.0g；
乳酸钠	3.5g；
酵母汁	1.0g

将上述试剂溶解在1000mL水中，用氢氧化钠溶液（4.11）或盐酸溶液（4.12）调节pH值至7.2±0.2，并分装在500mL刻度三角瓶中，每瓶不超过350mL，瓶口塞上棉塞，并用牛皮纸包好，用蒸汽压力灭菌器（121±1）℃灭菌15min。

6.2.2　硫酸亚铁铵溶液：在培养基使用的当天称取1.2g硫酸亚铁铵，在无菌箱（室）内均匀地摊在离紫外线灯30cm处灭菌30min，在无菌操作下，把硫酸亚铁铵溶解于事先准备好的无菌水（6.1）中，混匀。

6.2.3　维生素C溶液：在培养基使用的当天称取0.4g维生素

C，在无菌箱（室）内均匀地摊在离紫外线灯 30cm 处灭菌 30min。在无菌操作下，把维生素 C 溶解于事先准备好的无菌水（6.1）中，混匀。

6.2.4 在无菌操作下，按每 100mL 培养基（6.2.1）各加入 1.0mL 硫酸亚铁铵溶液（6.2.2）和 1.0mL 维生素 C 溶液（6.2.3）。

6.3 无菌稀释水的制备

6.3.1 生理盐水的配制：称取 8.50g 氯化钠溶解在 1000mL 水中，混匀。

6.3.2 将生理盐水（6.3.1）分装在 100mL 磨口三角瓶中，每瓶 45mL，每个三角瓶塞子和瓶口间插入一小纸片，塞紧瓶塞，每个瓶子的瓶口均用牛皮纸包扎以防污染，用蒸汽压力灭菌器 (121 ±1)℃ 灭菌 15min。

6.4 刻度吸管的灭菌

6.4.1 将洗净并烘干后的吸管粗端塞上医用脱脂棉，棉花量要适宜，长度大约 10 ~ 15mm，棉花不宜露在口外，多余的棉花可以用火焰烧掉。

6.4.2 每支刻度吸管用 1 条约 40 ~ 50mm 宽的牛皮纸条，以 45° 左右角度螺旋形卷起来，吸管的尖端在头部，粗端用多余纸条折叠打结，不使散开。标上度量，若干支扎成一束，置电热干燥箱中，于 (160 ±2)℃ 灭菌 2h。

6.5 试管的灭菌

将洗净并烘干后的试管塞上密封的塞子，数支一捆，每捆管口用牛皮纸包扎，置电热干燥箱中，于 (160 ±2)℃ 灭菌 2h。

6.6 采样瓶的灭菌

将洗净并烘干后的 1000mL 磨口试剂瓶瓶口和瓶颈用牛皮纸裹好，扎紧，置电热干燥箱中，于 (160 ±2)℃ 灭菌 2h。

6.7 硫代硫酸钠灭菌

将硫代硫酸钠放在无菌箱（室）内，并均匀地摊在离紫外线灯 30cm 处灭菌 30min。

7 测定步骤

7.1 水样的采集

7.1.1 用无菌采样瓶采集被测样品，在取样过程中，要保护瓶口和颈部，防止这些部分受杂菌污染，瓶内要灌满水样。

7.1.2 若采集的水中有余氯，应在采样前，在无菌操作下，于无菌采样瓶（6.6）中加入硫代硫酸钠（6.7），加入量为每升水样约0.1g。

7.1.3 水样采集后，应立即进行测定，如果在2h内不能进行测定，应把水样放在冰箱中，于4～10℃保存，存放时间不宜超过24h。经冷冻保存后的水样需测定时，从冰箱中取出，于30℃左右活化4～5h，再进行测定。

7.2 无菌箱（室）灭菌

把试验所用的无菌培养基、无菌稀释水、无菌吸管等用品放入无菌箱（室）内，打开紫外线灯灭菌30min。

7.3 水样的稀释和接种

7.3.1 水样放入灭过菌的无菌箱（室）（7.2）中，立即用75%（V/V）乙醇溶液浸泡的医用脱脂棉球擦手，点燃无菌箱（室）内的酒精灯。

7.3.2～7.3.7 条操作应在无菌箱（室）内火焰区进行。

7.3.2 选择适宜的稀释度，应使最后一个稀释度接种培养后无铁细菌生长，在空白稀释水样瓶上标上稀释度数。

7.3.3 用10倍稀释法稀释水样，即用5mL无菌吸管（6.4）吸取5mL水样注入45mL空白稀释水中充分摇匀，此时稀释度为10^{-1}。

7.3.4 另取一支5mL无菌吸管吸取5mL稀释度为10^{-1}，水样注入第二个稀释水中，充分摇匀，此时稀释度为10^{-2}，依次类推，直至需要的稀释度为止。

7.3.5 将水样（包括稀释水样）分别接种于无菌试管（6.5）中，试管置试管架上，每个稀释度重复接种5管（根据需要也可重复接种3管或4管），每管接种1mL，每接一个稀释度更换一支无菌吸管。

7.3.6 另取一组试管培养基不接水样，作为空白。

7.3.7 用事先在水浴上加热至60℃，并迅速冷却到20℃的无菌培养基（6.2.4）灌满试管(7.3.5)和(7.3.6)盖上密封盖子。

7.4 培养

在生化培养箱中，于(29±1)℃培养21d。

8 计数与报告

8.1 凡产生黑色沉淀并伴有硫化氢臭味的表示有硫酸盐还原菌存在，以“+”（阳性）表示，其余试管以“-”（阴性）表示。

8.2 如果空白出现阳性反应，表明测定过程中有污染，本次测定无效。

8.3 算出10进位稀释管中阳性试管数，以阳性组合指数记录下来。

8.4 在10进位稀释中多于3个稀释度时，阳性组合的指数只需要用其中依次的3个稀释度，对这3个稀释度的决定是先选出5管全部阳性反应的最大稀释度，然后选出其次相连的两个更高的稀释度，算出阳性组合指数（见例表中示例1、2、4）。

8.5 若按照8.4所规定的原则选出3个稀释度后，有更高的稀释仍然产生一个阳性试管，就应该将这一个阳性试管并入所选择的最高稀释的阳性结果中（见例表中示例3）。

8.6 根据阳性组合的指数，查表（附表A）得出最大可能的菌数（MPN）除以阳性组合指数的第一位数字的稀释度数，即为每毫升水样中硫酸盐还原菌的菌数（如果每个稀释度重复接种4管或3管，根据阳性组合的指数查附录B表B.1或附录C表C.1）。

例表

示例	稀释度、生长情况及阳性试管数					阳性组合指数	报告方式 个/mL
	10^{0}	10^{-1}	10^{-2}	10^{-3}	10^{-4}		
1	+++++ 5	+++++ 5	++−−− 2	−−−−− 0	−−−−− 0	520	$5.0/10^{-1}=50$
2	+++++ 5	++++− 4	++−−− 2	−−−−− 0	−−−−− 0	542	$25/10^{0}=25$
3	+++++ 5	+++−− 3	+−−−− 1	+−−−− 1	−−−−− 0	532	$14/10^{0}=14$
4	+++++ 5	+++++ 5	+++++ 5	+−−−− 1	−−−−− 0	510	$3.5/10^{-2}=3.5\times10^{2}$

9 精密度

9.1 由于微生物是不稳定的，精确的试验不能实现，精密度表达仅能按 MPN 程序。

9.2 在样品中细菌的分布是不规则的，有时细菌成倍地吸附到小顺粒上，MPN 正确度随着平行管的增加而增加，当使用 5 个平行管时，每管加 1mL 样品时测定结果的置信度为 95%。

附　录　A

五个平行管最大可能的菌数

（补充件）

表 A.1

指数	个/mL	指数	个/mL	指数	个/mL	指数	个/mL
000	0.0	203	1.2	400	1.3	513	8.5
001	0.2	210	0.7	401	1.7	520	5.0
002	0.4	211	0.9	402	2.0	521	7.0
010	0.2	212	1.2	403	2.5	522	9.5
011	0.4	220	0.9	410	1.7	523	12.0
012	0.6	221	1.2	411	2.0	524	15.0
020	0.4	222	1.4	412	2.5	525	17.5
021	0.6	230	1.2	420	2.0	530	8.0
030	0.6	231	1.4	421	2.5	531	11.0
100	0.2	240	1.4	422	3.0	532	14.0
101	0.4	300	0.8	430	2.5	533	17.0
102	0.6	301	1.1	431	3.0	534	20.0
103	0.8	302	1.4	432	4.0	535	25.0
110	0.4	310	1.1	440	3.5	540	13.0
111	0.6	311	1.4	441	4.9	541	17.0
112	0.8	312	1.7	450	4.0	542	25.0
120	0.6	313	2.0	451	5.0	543	30.0
121	0.8	320	1.4	500	2.5	544	35.0
122	1.0	321	1.7	501	3.0	545	45.0
130	0.8	322	2.0	502	4.0	550	25.0
131	1.0	330	1.7	503	6.0	551	35.0
141	1.1	331	2.0	504	7.5	552	60.0
200	0.5	340	2.0	510	3.5	553	90.0
201	0.7	341	2.5	511	4.5	554	160.0
202	0.9	350	2.5	512	6.0	555	180.0

附　录　B

四个平行管最大可能的菌数

（补充件）

表 B.1

指数	个/mL	指数	个/mL	指数	个/mL	指数	个/mL
000	0.0	113	1.3	231	2.0	402	5.0
001	0.2	120	0.8	240	2.0	403	7.0
002	0.5	121	1.1	241	3.0	410	3.5
003	0.7	122	1.3	300	1.1	411	5.5
010	0.2	123	1.6	301	1.6	412	8.0
011	0.5	130	1.1	302	2.0	413	11.0
012	0.7	131	1.4	303	2.5	414	14.0
013	0.9	132	1.6	310	1.6	420	6.0
020	0.5	140	1.4	311	2.0	421	9.5
021	0.7	141	1.7	312	3.0	422	13.0
022	0.9	200	0.6	313	3.5	423	17.0
030	0.7	201	0.9	320	2.0	424	20.0
031	0.9	202	1.2	321	3.0	430	11.5
040	0.9	203	1.6	322	3.5	431	16.5
041	1.2	210	0.9	330	3.0	432	20.0
100	0.3	211	1.3	331	3.5	433	30.0
101	0.5	212	1.6	332	4.0	434	35.0
102	0.8	213	2.0	333	5.0	440	25.0
103	1.0	220	1.3	340	3.5	441	40.0
110	0.5	221	1.6	341	4.5	442	70.0
111	0.8	222	2.0	400	2.5	443	140.0
112	1.0	230	1.7	401	3.5	444	160.0

附　录　C

三个平行管最大可能的菌数

（补充件）

表 C.1

指数	个/mL	指数	个/mL	指数	个/mL
000	0. 0	201	1. 4	302	6. 5
001	0. 3	202	2. 0	310	4. 5
010	0. 3	210	1. 5	311	7. 5
011	0. 6	211	2. 0	312	11. 5
020	0. 6	212	3. 0	313	16. 5
100	0. 4	220	2. 0	320	9. 5
101	0. 7	221	3. 0	321	15. 0
102	1. 1	222	3. 5	322	20. 0
110	0. 7	223	4. 0	323	30. 0
111	1. 1	230	3. 0	330	25. 0
120	1. 1	231	3. 5	331	45. 0
121	1. 5	232	4. 0	332	110. 0
130	1. 6	300	2. 5	333	140. 0
200	0. 9	301	4. 0		

附加说明：

本标准由中华人民共和国化学工业部提出。

本标准由化工部天津化工研究院归口。

本标准由南京大学和南京中山水处理公司负责起草。

本标准主要起草人丁美芳、解正宽、蒋振祥、曾昭琪。

附录 2

中华人民共和国国家标准

GB/T 14643.6—2009
代替 GB/T 14643.6—1993

工业循环冷却水中菌藻的测定方法 第 6 部分：铁细菌的测定 MPN 法

Examination of bacteria and algae in industrial circulating cooling water
Part 6: Examination of iron bacteria—MPN test

前 言

GB/T 14643《工业循环冷却水中菌藻的测定方法》分为以下几个部分：

第 1 部分：黏液形成菌的测定 平皿计数法
第 2 部分：土壤菌群的测定 平皿计数法
第 3 部分：黏泥真菌的测定 平皿计数法
第 4 部分：土壤真菌的测定 平皿计数法
第 5 部分：硫酸盐还原菌的测定 MPN 法
第 6 部分：铁细菌的测定 MPN 法

本部分为 GB/T 14643 的第 6 部分。

本部分代替 GB/T 14643.6—1993《工业循环冷却水中铁细菌的测定 MPN 法》。

本部分与 GB/T 14643.6—1993 相比，在技术内容上并无变化，只是对文本结构和文字进行了修改。

本部分的附录 A、附录 B、附录 C 为规范性附录。

本部分由中国石油和化学工业协会提出。

本部分由全国化学标准化技术委员会水处理剂分会（SAC/TC 63/SC 5）归口。

本部分负责起草单位：中海油天津化工研究设计院、天津正达科技有限责任公司。

本部分主要起草人：朱传俊、张全、邵宏谦。

本部分于 1993 年首次发布。

工业循环冷却水中菌藻的测定方法
第6部分：铁细菌的测定　MPN法

1　范围

GB/T 14643的本部分规定了工业循环冷却水中铁细菌的测定方法。

本部分适用于工业循环冷却水中铁细菌的测定，也适用于原水、生活用水及黏泥中铁细菌的测定。

2　规范性引用文件

下列文件中的条款通过GB/T 14643的本部分的引用而成为本部分的条款。凡是注日期的引用文件，其随后所有的修改单（不包括勘误的内容）或修订版均不适用于本部分，然而，鼓励根据本部分达成协议的各方研究是否可使用这些文件的最新版本。凡是不注日期的引用文件，其最新版本适用于本部分。

GB/T 603 化学试剂试验方法中所用制剂及制品的制备（GB/T 603—2002，ISO 6353-1：1982，NEQ）

GB/T 6682 分析实验室用水规格和试给卞洛（GB/T 6682—2008，ISO 3696：1987，MOD）

3　方法提要

本法采用多试管发酵技术，在（29 ± 1）℃培养14d，如果试管内棕色消失而且形成褐色或黑色沉淀，表明阳性反应，采用MPN技术，对被测试样中的铁细菌进行计数。

4　试剂和材料

本部分所用试剂，除非另有规定，应使用分析纯试剂和符合 GB/T 6682 中三级水的规定。

试验中所需制剂及制品，在没有注明其他要求时，均按 GB/T 603 之规定制备。

4.1 硫酸镁。

4.2 硫酸铵。

4.3 磷酸氢二钾。

4.4 氯化钙。

4.5 硝酸钠。

4.6 柠檬酸铁铵。

4.7 氯化钠。

4.8 氢氧化钠溶液：40g/L。

4.9 盐酸溶液：1 +11。

4.10 硫代硫酸钠。

4.11 乙醇溶液：75%（体积分数）。

4.12 牛皮纸。

4.13 医用脱脂棉。

5 仪器、设备

5.1 无菌箱（室）或超净工作台。

5.2 蒸汽压力灭菌器。

5.3 生化培养箱。

5.4 电热干燥箱：温度可控制在 60 ~280℃。

5.5 刻度吸管：1mL。

5.6 刻度吸管：5mL。

5.7 试管：150mm ×15mm。

5.8 试管架。

5.9 磨口三角瓶：100mL。

5.10 磨口试剂瓶：1000mL。

5.11 容量瓶：1000mL。

6 试验前准备

6.1 培养基的制备

称取下列试剂：

硫酸镁 0.5g；

硫酸铵 0.5g；

磷酸氢二钾 0.5g；

氯化钙 0.5g；

硝酸钠 0.5g；

柠檬酸铁铵 10.0g

将上述试剂溶解在1000mL水中，用氢氧化钠溶液或盐酸溶液调节pH值至6.8±0.2，并分装在试管中，每管5mL，塞上棉塞，数支一捆，每捆管口用牛皮纸包扎，用蒸汽压力灭菌器于(121±1)℃灭菌15min。

6.2 无菌稀释水的制备

6.2.1 生理盐水的配制：称取8.5g氯化钠溶解在1000mL水中，混匀。

6.2.2 将生理盐水分装在100mL磨口三角瓶中，每瓶45mL。每个三角瓶塞子和瓶口间插入一小纸片，塞紧瓶塞，每个瓶子的瓶口用牛皮纸包扎以防污染，用蒸汽压力灭菌器于（121±1)℃灭菌15min。

6.3 刻度吸管的灭菌

6.3.1 将洗净并烘干后的刻度吸管粗端塞上医用脱脂棉，棉花量要适宜，长度大约10～15mm，棉花不宜露在口外，多余的棉花可以用火焰烧掉。

6.3.2 每支刻度吸管用一条约40～50mm宽的牛皮纸条，以45°左右角度螺旋形卷起来，吸管的尖端在头部，粗端用多余的纸条折叠打结，不使散开，标上度量，若干支扎成一束，置电热干燥箱中，于（160±2)℃灭菌2h。

6.4 采样瓶的灭菌

将洗净并烘干后的1000mL磨口试剂瓶瓶口和瓶颈用牛皮纸裹好，扎紧，置电热干燥箱中，于（160±2）℃灭菌2h。

6.5 硫代硫酸钠灭菌

将硫代硫酸钠放入无菌箱（室）内，并均匀地摊在离紫外线灯30cm处，灭菌30min。

7 测定步骤

7.1 水样的采集

7.1.1 用无菌采样瓶采集被测样品，在采样过程中，要保护瓶口和颈部，防止这些部分受杂菌污染，瓶内要留下足够的空间，以备测定之前摇匀。

7.1.2 若采集的水中有余氯，应在采样前，在无菌操作下，于无菌采样瓶中加入灭过菌的硫代硫酸钠，加入的量为每升水样约0.1g。

7.1.3 水样采集后应立即进行测定，如果在2h内不能进行测定，应把水样放在冰箱中于4～10℃保存，存放时间不宜超过24h。经冷冻保存后的水样需测定时，从冰箱中取出，于30℃左右活化4～5h，再进行测定。

7.2 无菌箱（室）灭菌

把试验所用的无菌培养基、无菌稀释水、无菌吸管等用品放入无菌箱（室）内，打开紫外线灯灭菌30min。

7.3 水样的稀释和接种

7.3.1 水样放入灭过菌的无菌箱（室）中，立即用75%乙醇溶液浸泡的医用脱脂棉球擦手，点燃无菌箱（室）内的酒精灯。对水样的稀释和接种的操作应在无菌箱（室）内的火焰区进行。

7.3.2 选择适宜的稀释度，应使最后一个稀释度接种培养后无铁细菌生长，在空白稀释水样瓶上标上稀释度数。

7.3.3 用10倍稀释法稀释水样，即用5mL无菌吸管吸取5mL水样注入45mL空白稀释水中充分摇匀，此时稀释度为10^{-1}。

7.3.4 另取一支5mL无菌吸管吸取5mL稀释度为10^{-1}，水样注入第二个稀释水中，充分摇匀，此时稀释度为 10^{-2}，依次类推，直至需要的稀释度为止。

7.3.5 将水样（包括稀释水样）分别接种于装有培养基的试管中，试管置试管架上，每个稀释度重复接种 5 管（根据需要也可重复接种 3 管或 4 管），每管接种 1mL，每接一个稀释度更换一支无菌吸管。

7.3.6 另取一组试管培养基不接水样，作为空白。

7.4 培养

在生化培养箱中于（29±1）℃培养 14d。

8 计数与报告

8.1 凡产生褐色或黑色沉淀且原培养基中棕色消失变为透明状者，表明有铁细菌存在，以“+”（阳性）表示，其余试管以“-”（阴性）表示。

8.2 如果空白出现阳性反应，表明测定过程中有污染，本次测定无效。

8.3 算出 10 进位稀释管中阳性试管数，以阳性组合指数记录下来。

8.4 在 10 进位稀释中多于 3 个稀释度时，阳性组合的指数只需要用其中依次的 3 个稀释度，对这 3 个稀释度的决定是先选出 5 管全部阳性反应的最大稀释度，然后选出其次相连的两个更高的稀释度，算出阳性组合指数（见表 1 示例 1、2、4）。

8.5 若按照 8.4 所规定的原则选出 3 个稀释度后，有更高的稀释仍然产生一个阳性试管，就应该将这一个阳性试管并入所选择的最高稀释的阳性结果中（见表 1 示例 3）。

8.6 根据阳性组合的指数，查表 A.1 得出最大可能的菌数（MPN）除以阳性组合指数的第一位数字的稀释度数，即为每毫升水样中铁细菌的菌数（如果每个稀释度重复接种 4 管或者 3 管，根据阳性组合的指数查附录 B，表 B.1 或附录 C 表 C.1）。

表 1

示例	稀释度、生长情况及阳性试管数					阳性组合指数	报告方式 个/mL
	10^0	10^{-1}	10^{-2}	10^{-3}	10^{-4}		
1	+++++ 5	+++++ 5	++−−− 2	−−−−− 0	−−−−− 0	520	$5.0/10^{-1}=50$
2	+++++ 5	++++− 4	++−−− 2	−−−−− 0	−−−−− 0	542	$25/10^0=25$
3	+++++ 5	+++−− 3	+−−−− 1	+−−−− 1	−−−−− 0	532	$14/10^0=14$
4	+++++ 5	+++++ 5	+++++ 5	+−−−− 1	−−−−− 0	510	$3.5/10^{-2}=3.5\times10^2$

9 精密度

9.1 由于微生物是不稳定的，精确的试验不能实现，精密度的表达仅能按 MPN 程序。

9.2 在样品中细菌的分布是不规则的，有时细菌成倍地吸附到小颗粒上，MPN 正确度随着平行管的增加而增加，当使用 5 个平行管，每管加 1mL 样品时，测定结果的置信度为 95%。

附 录 A

(规范性附录)

五个平行管最大可能的菌数

五个平行管最大可能的菌数见表 A. 1。

表 A. 1

指数	个/mL	指数	个/mL	指数	个/mL	指数	个/mL
000	0. 0	203	1. 2	400	1. 3	513	8. 5
001	0. 2	210	0. 7	401	1. 7	520	5. 0
002	0. 4	211	0. 9	402	2. 0	521	7. 0
010	0. 2	212	1. 2	403	2. 5	522	9. 5
011	0. 4	220	0. 9	410	1. 7	523	12. 0
012	0. 6	221	1. 2	411	2. 0	524	15. 0
020	0. 4	222	1. 4	412	2. 5	525	17. 5
021	0. 6	230	1. 2	420	2. 0	530	8. 0
030	0. 6	231	1. 4	421	2. 5	531	11. 0
100	0. 2	240	1. 4	422	3. 0	532	14. 0
101	0. 4	300	0. 8	430	2. 5	533	17. 0
102	0. 6	301	1. 1	431	3. 0	534	20. 0
103	0. 8	302	1. 4	432	4. 0	535	25. 0
110	0. 4	310	1. 1	440	3. 5	540	13. 0
111	0. 6	311	1. 4	441	4. 9	541	17. 0
112	0. 8	312	1. 7	450	4. 0	542	25. 0
120	0. 6	313	2. 0	451	5. 0	543	30. 0
121	0. 8	320	1. 4	500	2. 5	544	35. 0
122	1. 0	321	1. 7	501	3. 0	545	45. 0
130	0. 8	322	2. 0	502	4. 0	550	25. 0
131	1. 0	330	1. 7	503	6. 0	551	35. 0
141	1. 1	331	2. 0	504	7. 5	552	60. 0
200	0. 5	340	2. 0	510	3. 5	553	90. 0
201	0. 7	341	2. 5	511	4. 5	554	160. 0
202	0. 9	350	2. 5	512	6. 0	555	180. 0

附　录　B
(规范性附录)

四个平行管时最大可能菌数

四个平行管最大可能的菌数见表 B. 1。

表 B. 1

指数	个/mL	指数	个/mL	指数	个/mL	指数	个/mL
000	0. 0	113	1. 3	231	2. 0	402	5. 0
001	0. 2	120	0. 8	240	2. 0	403	7. 0
002	0. 5	121	1. 1	241	3. 0	410	3. 5
003	0. 7	122	1. 3	300	1. 1	411	5. 5
010	0. 2	123	1. 6	301	1. 6	412	8. 0
011	0. 5	130	1. 1	302	2. 0	413	11. 0
012	0. 7	131	1. 4	303	2. 5	414	14. 0
013	0. 9	132	1. 6	310	1. 6	420	6. 0
020	0. 5	140	1. 4	311	2. 0	421	9. 5
021	0. 7	141	1. 7	312	3. 0	422	13. 0
022	0. 9	200	0. 6	313	3. 5	423	17. 0
030	0. 7	201	0. 9	320	2. 0	424	20. 0
031	0. 9	202	1. 2	321	3. 0	430	11. 5
040	0. 9	203	1. 6	322	3. 5	431	16. 5
041	1. 2	210	0. 9	330	3. 0	432	20. 0
100	0. 3	211	1. 3	331	3. 5	433	30. 0
101	0. 5	212	1. 6	332	4. 0	434	35. 0
102	0. 8	213	2. 0	333	5. 0	440	25. 0
103	1. 0	220	1. 3	340	3. 5	441	40. 0
110	0. 5	221	1. 6	341	4. 5	442	70. 0
111	0. 8	222	2. 0	400	2. 5	443	140. 0
112	1. 0	230	1. 7	401	3. 5	444	160. 0

附　录　C

（规范性附录）

三个平行管时最大可能菌数

三个平行管最大可能的菌数见表 C. 1。

表 C. 1

指数	个/mL	指数	个/mL	指数	个/mL
000	0. 0	201	1. 4	302	6. 5
001	0. 3	202	2. 0	310	4. 5
010	0. 3	210	1. 5	311	7. 5
011	0. 6	211	2. 0	312	11. 5
020	0. 6	212	3. 0	313	16. 5
100	0. 4	220	2. 0	320	9. 5
101	0. 7	221	3. 0	321	15. 0
102	1. 1	222	3. 5	322	20. 0
110	0. 7	223	4. 0	323	30. 0
111	1. 1	230	3. 0	330	25. 0
120	1. 1	231	3. 5	331	45. 0
121	1. 5	232	4. 0	332	110. 0
130	1. 6	300	2. 5	333	140. 0
200	0. 9	301	4. 0		

附录 3

中华人民共和国化工行业标准

HC/T 3950—2007

抗菌涂料

Antihacterial coating

前　言

本标准规定了抗菌涂料的抗细菌性能、抗霉菌性能以及对抗菌效果的评价方法，还规定了抗菌耐久性及寿命评价方法。本标准的抗菌性能要求和试验方法参考日本国家工业标准 JIS Z2801—2000《抗细菌加工制品——抗细菌试验方法和抗细菌效果》。

本标准的附录 A、附录 B 为规范性附录。

本标准由中国石油和化学工业协会提出。

本标准由全国涂料和颜料标准化技术委员会归口。

本标准起草单位：中国建筑材料科学研究总院，中国化工建设总公司常州涂料化工研究院、深圳方浩实业有限公司、立邦涂料（中国）有限公司、深圳市海川实业股份有限公司、广东省微生物分析检测中心、中国疾病预防控制中心、北京富亚涂料有限公司、广东美涂士化工有限公司、卜内门太古漆油（中国）有限公司、奥麒化工有限公司、上海富臣化工有限公司、北京星牌建材有限责任公司、海虹老人牌涂料（深圳）有限公司、江苏晨光涂料有限公司、江苏常秦纳米材料有限公司、德因莎哈利本化学有限公司。

本标准主要起草人：王静、冀志江、陈延东、赵玲、段质美、陈仪本、陈西平、李霞、蒋和平、肖波勇、许钧强、熊荣、董庆光、叶荣森、刘小健、乔亚玲、林丹、缪国元、吴金龙、于占锋、王继梅、丁楠。

抗菌涂料

1 范围

本标准规定了建筑和木器用抗菌涂料的术语、定义、产品分类、技术要求、检验方法、检验规则、标志、包装和贮存。

本标准适用于具有抗菌功能的建筑用涂料和木器用涂料，其他涂料可参照使用。

2 规范性引用文件

下列文件中的条款通过本标准的引用而成为本标准的条款。凡是注日期的引用文件，其随后所有的修改单（不包括勘误内容）或修订版均不适用于本标准。然而，鼓励根据本标准达成协议的各方研究是否可使用这些文件的最新版本。凡是不注日期的引用文件，其最新版本适用于本标准。

GB/T 1250 极限数值的表示方法和判定方法

GB/T 3186 色漆、清漆和色漆与清漆用原材料—取样（GB/T 3186—2006，idt ISO 15528：2000）

GB 4789.2 食品卫生微生物学检验 菌落总数测定

GB/T 9750 涂料产品包装标志

GB/T 9756 合成树脂乳液内墙涂料

GB/T 13491 涂料产品包装通则

GB 18581 室内装饰装修材料 溶剂型木器涂料中有害物质限量

GB 18582 室内装饰装修材料 内墙涂料中有害物质限量

GB 19258 紫外线杀菌灯

GB 19489 实验室 生物安全通用要求

3 术语和定义

3.1 抑菌 bacteriostasis

抑制细菌、真菌、霉菌等微生物生长繁殖的作用称为抑菌。

3.2 杀菌 sterlization

杀死细菌、真菌、霉菌等微生物营养体和繁殖体的作用称为杀菌。

3.3 抗菌 antibacterial

抑菌和杀菌作用的总称为抗菌。

3.4 抗菌涂料 antibacterial coating

具有抗菌作用的涂料称为抗菌涂料。

4 产品分级

按抗菌效果的程度，抗菌涂料分为两个等级：Ⅰ级和Ⅱ级。Ⅰ级适用于抗菌性能要求高的场所，Ⅱ级适用于有抗菌性能要求的场所。

5 技术要求

5.1 抗菌涂料的常规性能：应符合相关产品标准规定的技术要求。

5.2 抗菌涂料的有害物质限量：合成树脂乳液水性内用抗菌涂料应符合 GB 18582 中技术要求规定，溶剂型木器抗菌涂料应符合 GB 18581 中技术要求规定。

5.3 抗菌涂料的抗菌性能应符合表 1 和表 2 的规定。

表1 抗细菌性能

项目名称	抗菌率/%	
	Ⅰ	Ⅱ
抗细菌性能	≥99	≥90
抗细菌耐久性能	≥95	≥85

表2 抗霉菌性能

项目名称	长霉等级/级	
	Ⅰ	Ⅱ
抗霉菌性能	0	1
抗霉菌耐久性能	0	1

6 试验方法

6.1 取样

产品按 GB/T 3186 的规定进行取样。样品分为两份：一份密封保存；另一份作为检验用样品。

6.2 抗菌涂料的物理性能

按相关产品标准规定的检验方法进行检验。

6.3 抗菌涂料的有害物质含量

按 GB 18582 或 GB 18581 中试验方法的规定进行抗菌涂料有害物质限量检验。

6.4 抗细菌性能试验

按附录 A 规定的方法进行试验。从事抗菌试验的实验室应符合 GB 19489 规定的实验室生物安全管理和设施条件要求。

6.5 抗霉菌性能试验

按照附录 B 规定的方法进行试验。从事抗霉菌试验的实验室应符合 GB 19489 规定的实验室生物安全管理和设施条件要求。

6.6 抗菌耐久性能试验

采用 1 支 30W、波长为 253.47nm 的紫外灯，紫外灯符合 GB 19258，抗菌涂料试板距离紫外灯 0.8 ~1.0m，照射 100h，经处理后的试板抗菌耐久性能按附录 A 和附录 B 方法进行试验。

7　检验规则

7.1　检验分类

产品检验分出厂检验和型式检验。

7.1.1　出厂检验项目按照相关涂料产品标准中规定的出厂检验项目进行。

7.1.2　型式检验项目包括本标准所列的全部技术要求。

7.1.2.1　正常生产情况下，每半年至少进行一次型式检验。

7.1.2.2　有下列情况之一时，应进行型式检验：

a）产品试生产定型鉴定时。

b）产品主要原材料及用量或生产工艺有重大变更时。

c）停产半年以上又恢复生产时。

d）国家技术监督机构提出型式检验时。

7.2　检验结果的判定

7.2.1　检验结果的判定按 GB/T 1250 中修约值比较法进行。

7.2.2　抗细菌性能和抗霉菌性能 4 项指标均达到Ⅰ级时，该抗菌涂料样品可判为Ⅰ级，其中有 1 项不符合即判为Ⅱ级。

7.2.3　抗细菌性能和抗霉菌性能 4 个项目的检验结果均达到本标准要求时，该产品为符合本标准要求。如有一项检验结果未达到本标准要求时，应对保存样品进行复验，如复验结果仍未达到标准要求时，该产品为不符合本标准要求。

8　标志、包装和贮存

8.1　标志

8.1.1　产品包装标志除应符合 GB/T 9750 的规定外，按本标准检验合格的产品可在包装标志上明示。

8.1.2　对于由双组分或多组分配套组成的涂料，包装标志上应明确各组分配比。对于施工时需要稀释的涂料，包装标志上应明确稀释比例。

8.2　包装

按 GB/T 13491 中各级包装要求的规定进行。

8.3 贮存

产品贮存时应保证通风、干燥，防止日光直接照射，水性抗菌涂料冬季时应采取适当防冻措施，溶剂型抗菌涂料应采取防火措施。产品应根据其类型定出贮存期，并在包装标志上明示。

附 录 A
（规范性附录）
抗菌涂料——抗细菌性能试验方法

A.1　原则

本方法通过定量接种细菌于待检验样板上，用贴膜的方法使细菌均匀接触样板，经过一定时间的培养后，检测样板中的活菌数，并计算出样板的抗细菌率。

A.2　条件

A.2.1　主要设备

A.2.1.1　恒温培养箱(37 ±1)℃、冷藏箱 0 ~5℃、超净工作台、生物光学显微镜、压力蒸汽灭菌器、电热干燥箱。

A.2.1.2　灭菌平皿、灭菌试管、灭菌移液管、接种环、酒精灯。

A.2.2　主要材料

A.2.2.1　覆盖膜

聚乙烯薄膜，标准尺寸为(40 ±2)mm ×(40 ±2)mm、厚度为0.05 ~0.10mm。用70%乙醇溶液浸泡10min，再用无菌水冲洗，自然干燥。

A.2.2.2　培养基

A.2.2.2.1　营养肉汤培养基（NB）

牛肉膏	5.0g
蛋白胨	10.0g
氯化钠	5.0g

制法：取上述成分依次加入1000mL蒸馏水中，加热溶解后，用0.1mol/L NaOH溶液（分析纯）调节pH值为7.0 ~7.2，分装后置压力蒸汽灭菌器内，121℃灭菌30min。

A. 2. 2. 2. 2 营养琼脂养基（NA）

1000mL 营养肉汤（NB）中加入 15g 琼脂，加热熔化，用 0. 1mol/L NaOH 溶液调节 pH 值为 7. 0 ~ 7. 2，分装后置压力蒸汽灭菌器内，121℃灭菌 30min。

A. 2. 2. 3 试剂

A. 2. 2. 3. 1 消毒剂

70% 乙醇溶液。

A. 2. 2. 3. 2 洗脱液

含 0. 85% NaCl 的生理盐水。为便于洗脱可加入 0. 2% 无菌表面活性剂（如吐温 80）。用 0. 1mol/L NaOH 溶液或 0. 1mol/L HCl 溶液调节 pH 值为 7. 0 ~ 7. 2，分装后置压力蒸汽灭菌器内，121℃灭菌 30min。

A. 2. 2. 3. 3 培养液

营养肉汤（NB）/生理盐水溶液。建议用于大肠杆菌的培养液浓度为 1/5，金黄色葡萄球菌的培养浓度为 1/100。为便于洗脱可加入 0. 2%。

无菌表面活性剂（如吐温 80）。用 0. 1mol/L NaOH 溶液或 0. 1mol/L HCl 溶液调节 pH 值为 7. 0 ~ 7. 2，分装后置压力蒸汽灭菌器内，121℃灭菌 30min。

A. 2. 3 检验菌种

a）金黄色葡萄球菌（Staphylococcus aureus）AS1. 89。

b）大肠埃希氏菌（Escherichia cali）AS1. 90。

根据产品的使用要求，可增加选用其他菌种作为检验菌种，但菌种应由国家级菌种保藏管理中心提供。

A. 2. 4 样品

A. 2. 4. 1 阴性对照样品

编号 A，是直径 90mm 或 100mm 的灭菌培养平皿 50mm × 50mm 内平板。

A. 2. 4. 2 空白对照样品

编号 B，是未添加抗菌成分的涂料试板，此对照涂料样品要求不含有任何无机或有机抗菌剂、防霉剂、防腐剂。可由中国建筑材料科学研究总院定点供应。

A.2.4.3 抗菌涂料试验样品

编号C，是添加抗菌成分的涂料试板。

A.2.4.4 涂料试板制备

制备试板所用底材通常应是实际使用底材（例如水泥板、木板、金属板、塑料板、贴胶纸板）。涂料的施涂一般为两次涂刷，第一遍表干后涂刷第二遍，涂膜厚度湿膜小于100μm。试板涂刷后于标准条件下干燥7d（夏天南方梅雨季节要求在空调条件下干燥7d），保证试板漆膜完全干后再用于实验。将涂刷好的试板裁成50mm×50mm大小的试板10片，在试验前应进行消毒，建议用超净工作台中紫外灭菌灯消毒处理试板5min，备用。

A.3 操作步骤

A.3.1 菌种保藏

将菌种接种于营养琼脂培养基（NA）斜面上，在（37±1）℃下培养24h后，在0~5℃下保藏（不得超过1个月），作为斜面保藏菌。

A.3.2 菌种活化

使用保藏时间不超过2周的菌种，将斜面保藏菌转接到平板营养琼脂培养基上，（37±1）℃下培养18~20h，试验时应采用连续转接2次后的新鲜细菌培养物（24h内转接的）。

A.3.3 菌悬液制备

用接种环从A.3.2培养上取少量（刮1~2环）新鲜细菌，加入培养液中，并依次做10倍递增稀释液，选择菌液浓度为$(5.0 \sim 10.0) \times 10^5$cfu/mL的稀释液作为试验用菌液。按GB 4789.2《食品卫生微生物学检验 菌落总数测定》的方法操作。

A.3.4 样品试验

分别取0.4~0.5mL试验用菌液（A.3.3）滴加在阴性对照样（A）、空白对照样（B）和抗菌涂料样（C）上。

用灭菌镊子夹起灭菌覆盖膜分别覆盖在样（A）、样（B）

和样（C）上，一定要铺平且无气泡，使菌均匀接触样品，且于灭菌平皿中，在（37±1）℃、相对湿度 RH>90% 条件下培养 24h，每个样品做 3 个平行试验。

取出培养 24h 的样品，分别加入 20mL 洗液，反复洗样（A）、样（B）、样（C）及覆盖膜（最好用镊子夹起薄膜冲洗），充分摇匀后，取洗液接种于营养琼脂培养基（NA）中，在（37±1）℃下培养 24～48h 后活菌计数，按 GB 4789.2《食品卫生微生物学检验　菌落总数测定》的方法测定洗液中的活菌数。

A.4　检验结果计算

将以上测定的活菌数结果乘以 1000 为样品 A、样品 B、样品 C 培养 24h 后的实际回收活菌数值，数值分别为 A、B、C，保证试验结果要满足以下要求，否则试验无效。

同一空白对照样品 B 的 3 个平行活菌数值要符合（最高对数值－最低对数值）/平均活菌数值对数值≤0.3；样品 A 的实际回收活菌数值 A 应均不小于 1.0×10^5CFU/片，且样品 B 的实际回收活菌数值 B 应均不小于 1.0×10^4CFU/片。

抗细菌率计算公式为：

$$R = (B - C)/B \times 100\%$$

式中　R——抗细菌率（%），数值取三位有效数字；

B——空白对照样 24h 后平均回收菌数（CFU/片）；

C——抗菌涂料样 24h 后平均回收菌数（CFU/片）。

附　录　B

（规范性附录）

抗菌涂料——抗霉菌性能试验方法

B.1　原则

本方法用以测定抗菌涂料在霉菌生长的条件下对霉菌的抑制作用。

本方法规定将一定量的孢子悬液喷在待测样品和培养基上，通过直接观测长霉程度来评价抗菌涂料的长霉等级。

B.2　条件

B.2.1　主要设备

B.2.1.1　恒温恒湿培养箱（28 ± 1）℃和相对湿度 RH > 90%、冷藏箱 0 ~ 10℃、超净工作台，离心机、生物光学显微镜、压力蒸汽灭菌器、电热干燥箱。

B.2.1.2　血球计数板、灭菌平皿、灭菌试管、灭菌移液管、灭菌离心管、灭菌锥形瓶、接种环、酒精灯。

B.2.2　主要材料

B.2.2.1　阴性对照样品

50mm × 50mm 无菌滤纸。

B.2.2.2　空白对照样品

编号 A，是未添加抗菌成分的涂料试板，对照样品要求与 A.2.4.2 中要求一致，样品试板制备参照 A.2.4.4 进行。

B.2.2.3　抗菌涂料试吸样品

编号 B，是添加抗菌成分的涂料试板，样品试板制备参照 A.2.4.4 进行。

以上 B.2.2.2 和 B.2.2.3 中所有样品试验前均应进行消毒，建议用无菌水冲洗，然后用灭菌紫外灯照射灭杂菌 5min。

B. 2. 3 试剂和培养基

B. 2. 3. 1 营养盐培养液

硝酸钠（$NaNO_3$） 2. 0g

磷酸二氢钾（KH_2PO_4） 0. 7g

磷酸氢二钾（K_2HPO_4） 0. 3g

氯化钾（KCl） 0. 5g

硫酸镁（$MgSO_4 \cdot 7H_2O$） 0. 5g

硫酸亚铁（$FeSO_4 \cdot 7H_2O$） 0. 01g

蔗糖 5g

制法：取上述成分加入 1000mL，0. 05% 润湿剂水溶液中，加热溶解后，用 0. 1mol/L NaOH 溶液调节 pH 值使灭菌后为 6. 0 ~6. 5，分装后置压力蒸汽灭菌器内 115℃灭菌 30min。

B. 2. 3. 2 营养盐琼脂培养基

1000mL 培养盐培养液中加入 15g 琼脂，加热熔化，用 0. 1mol/L NaOH 溶液调节 pH 值使灭菌后为 6. 0 ~6. 5，分装后置压力蒸汽灭菌器内 115℃灭菌 30min。

B. 2. 3. 3 马铃薯 - 葡萄琼脂培养基（PDA）

马铃薯用水洗净，去皮切成小块。称取 200g，加 1000mL 蒸馏水，加热煮沸 1h。然后用双层纱布挤出滤液，将滤液加蒸馏水 1000mL，加入葡萄糖 20g，琼脂 20g，加热熔化，用 0. 1 mol/L NaOH 溶液调节 pH 值使灭菌后为 6. 0 ~ 6. 5，115℃ 灭菌 30min。

B. 2. 3. 4 试剂

B. 2. 3. 4. 1 消毒剂

70% 乙醇溶液。

B. 2. 3. 4. 2 洗脱液

吐温 80、N-甲基乙磺酸（N-methyltaurine）和二辛磺化丁二酸钠（Dioctyl Sodiun Sulphosucci-nate），以上润湿剂任选一种，制成含 0. 05% 润湿剂水溶液，调节 pH 值使灭菌后为 6. 0 ~6. 5，115℃灭菌 30min。

B.2.4 检测菌种

序号	名 称	菌 号
1	黑曲霉（*Aspergillus niger*）	AS3.4463
2	土曲霉（*Aspergillus terreus*）	AS3.3935
3	宛氏拟青霉（*Paecilomyces Varioti*）	AS3.4253
4	绳状青霉（*Penicillium funicolosum*）	AS3.3875
5	出芽短梗霉（*Aureobasium Pullulans*）	AS3.3894
6	球毛壳（*Chaetoomium globsum*）	AS3.4254

根据产品的使用要求，可增加选用其他菌种作为检测菌种，但菌种应由国家级菌种保藏管理中心提供。

B.3 操作步骤

B.3.1 菌种保藏

将菌种分别接种在马铃薯—葡萄糖琼脂培养基（PDA）斜面上，在28~30℃下培养了7~14d后，在5~10℃下保藏（不得超过4个月），作为保藏菌。

B.3.2 菌种活化

将保藏菌接种在PDA斜面培养基试管中，培养培养7~14d，使生成大量孢子。未制备孢子悬液时，不得拔去棉塞。每打开1支只供制备1次悬液，每次制备孢子悬液必须使用新培养的霉液孢子。

B.3.3 孢子悬液制备

在培养7~14d内B.3.2的PDA斜面培养基中加入少量无菌蒸馏水，用灭菌接种针轻轻刮取表面的新鲜灭菌孢子，将孢子悬液置于50mL锥形瓶内，然后注入40mol洗脱液。

锥形瓶中加入直径5mm的玻璃珠10~15粒与孢子混合，密封后置水浴振荡器中不断振荡使成团的孢子散开，然后用层纱布棉过滤以除去菌丝。将其装入灭菌离心管中，用离心机分离沉淀孢子。去上清液，再加入40mL洗脱液，重复离心操作3次。用营养盐培养液稀释孢子悬液，用血球计数板计数，制成浓度为(1×106±2×105)spores/mL的霉菌孢子悬液。

6种霉菌均用以上方法制成孢子悬液，6种孢子悬液等量混合在一起，充分振荡使其均匀分散。混合孢子悬液应在当天使用，若不在当天使用，应在3～7℃保存，4日内使用。

B.3.4　平板培养基制备

无菌平皿中均匀注入营养盐琼脂培养基，厚度3～6mm，凝固后待用（48h内使用）。

B.3.5　霉菌活性控制

阴性对照样品（无菌滤纸）铺在平板培养基上，用装有新制备的混合孢子悬液的喷雾器喷孢子悬液，使其充分均匀地喷在培养基和滤纸上。

在温度28℃，相对湿度90%RH以上的条件下培养7d，滤纸条上应明显有菌生长，否则试验应被认为无效，应重新进行试验。

B.3.6　样品试验

同时空白对照样品A、抗菌涂料试板B也分别铺在培养基上，喷孢子悬液，使其充分均匀地喷在培养基和样品上。每个样品做5个平行试验。

在温度28℃，相对湿度90%RH以上的条件下培养28d，若样品长霉面积大于10%，可提前结束实验。

B.4　检验结果

取出样品需立即进行观察，空白对照样品A长霉面积应不小于10%，否则不能作为该试验的空白对照样品。每种样品5个平行中以3个以上同等级的定为该样品的长霉等级。

样品长霉等级：

0级　不长，即显微镜（放大50倍）下观察未见生长。

1级　痕迹生长，即肉眼可见生长，但生长覆盖面积小于10%。

2级　生长覆盖面积大于10%。

附录 4

中华人民共和国国家标准

金属材料在表面海水中常规暴露腐蚀试验方法

UDC 669：620.19

GB 5776 — 1986

本标准适用于金属材料（包括黑色、有色金属）在表面海水（海水深度在 10m 之内）中全浸、潮差及飞溅条件下的腐蚀试验，为海水腐蚀试验应遵循的一般程序，以统一试验条件和评价指标。

1 试样的制备和要求

试验材料必须有完整的原始记录，如冶炼、加工工艺、化学成分、力学性能和热处理状态等。

1.2 试验材料的表面要求

试验材料的表面要求无明显的缺陷，如麻点、裂纹、划伤、分层等。

1.3 试样尺寸

试样尺寸如图 1 所示。根据材料和试验周期不同，厚度可为 1.5 ~ 10mm，试样所有边缘不得有巨刺。

1.4 取样方法

取样可用剪切和气割等方法，气割边缘要去掉热影响区 20 ~ 30mm 剪切样边缘应保留 5 ~ 10mm 加工余量。取样时，试样的纵方向要垂直于轧制方向。所取试样都要按材料牌号分类

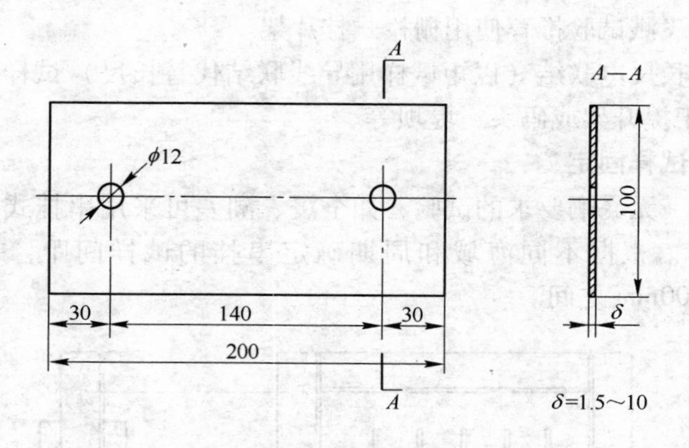

图 1　试样尺寸

作出临时标记。

1.5　试样加工

碳钢和低合金钢试样表面粗糙度一般 *R*a 为 3.2μm 根据需要可以保持原始表面或其他表面状态。有色金属和不锈钢一般保持原始表面，其四边加工表面粗糙度 *R*a 为 3.2μm。

1.6　试样标记

一般的金属材料用坐标穿孔法表示试样的材料牌号、试验地点、试验周期、试验条件和平行样序号。耐蚀材料短周期的试样也可以打印标记。

2　试验装置

2.1　全浸及潮差试验在满足 4.1、4.2 要求的前提下，可以采用下列设施。

2.1.1　固定式：如全浸吊笼、潮差平台及码头栈桥吊挂等。

2.1.2　浮动式：如浮筏、浮筒等。

2.1.3　试样框架：试样框架要坚固耐用，可采用金属材料制作，配用塑料隔套绝缘，在整个试验期间不得更换。铜合金框架不得挂铝试样。

2.2 飞溅试验推荐使用栅栏式挂片架。

2.3 长尺电联结（以矩试样用导线联结代替长尺）试样架，可固定于提升架或码头、堤坝等。

2.4 试样固定

2.4.1 无暴晒要求的试验，如全浸、潮差可采用串挂式，如图 2 所示。根据不同海域和周期确定串挂的试样间距，一般在 20～100mm 之间。

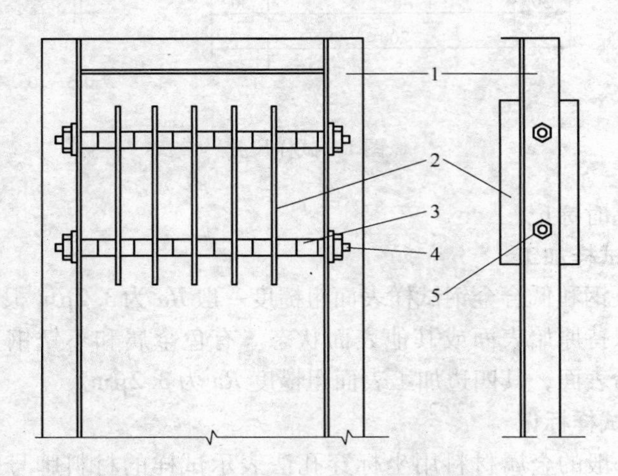

图 2 试样串挂法示意图

1—椎架；2—试样；3—塑料隔套；4—螺杆；5—螺帽

2.4.2 飞溅和电联结试样采用单挂式，如图 3 所示。

3 试验地点要求

3.1 水质要干净，符合 GB 3097—1982《海水水质标准》的要求。

3.2 防止大浪冲击，中潮位波高小于 0.5m。有潮汐引起的自然海流，一般流速在 1m/s 以下。

3.3 随季节变化有一定温差，有海生物生长季节，无冰冻期。

3.4 附近无大的河口，防止大量淡水注入。

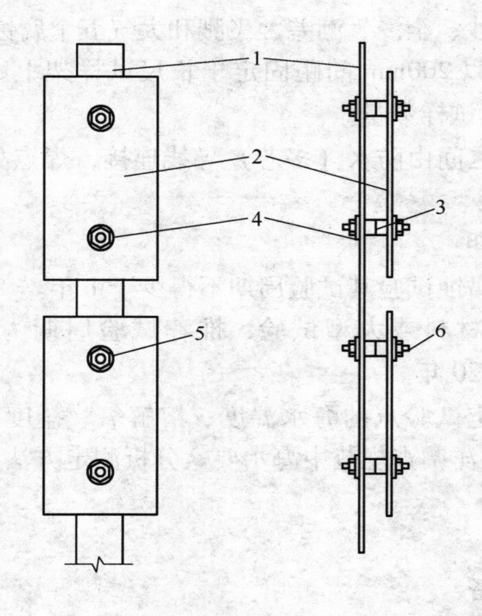

图3　试样单挂法示意图

1—试样架；2—试样；3—塑料隔套；4—塑料垫片；5—螺帽；6—螺杆

3.5　具有进行全浸、潮差、飞溅和长尺等不同腐蚀试验的条件。

4　试验条件

4.1　全浸试验

4.1.1　固定式全浸：试样距海底不小于0.8m，最低潮位时距水面不小于0.2m。

4.1.2　浮动式全浸：试样在水面下0.2～2m。

4.2　潮差试验

平均中潮位±0.30m。

4.3　飞溅带试验

平均最高潮位上0～0.6m，同时有阳光的暴晒。

4.4　长尺电联结试验

4.4.1 有泥沙、全浸、潮差、飞溅和大气五个腐蚀带。

4.4.2 试样以200mm间距固定于长尺试样架上。根据试验要求，确定平行试样数量。

4.4.3 试样之间由防水（多芯）导线连接，焊点处用防水黏合剂封涂。

4.5 试验周期

4.5.1 常规腐蚀试验其试验周期不得少于1年。

4.5.2 定型材料或大型试验，推荐试验周期为1年、2年、5年、10年、20年。

4.6 定期测定试验点的海水温度、溶解氧、盐度和pH值。测定方法参照海洋调查规范中海水要素分析测定方法。

5 试验程序

5.1 试验准备

5.1.1 加工好的试样按1.6做好标记。

5.1.2 按附录A对试样进行表面清洗。

5.1.3 试样称重，普碳钢及低合金钢准确到10mg，耐蚀材料准确到1mg。

5.1.4 测以尺寸，精度准确到0.05mm。

5.1.5 按2.4将试样固定于框架中，严格保证试样之间和框架间的绝缘。

5.1.6 将试样标记、质量、尺寸及试样挂放位置详细记录建档。

5.2 暴露试验

5.2.1 试样垂直于海面，平行于水流方向。

5.2.2 铝及铝合金试验，严禁和铜试样挂放在一起，应保持一定距离，以不影响试验结果为宜。

5.2.3 有色金属及不锈钢试样的中间检查，可根据试验要求确定初试检查和中间检查时间。在检查过程中，全浸试验离水时间不得超过30min。

5.3 试验后处理

5.3.1 按预定时间取出试样，观察记录腐蚀产物和海生物附着情况，根据需要进行拍照。

5.3.2 用机械方法去掉腐蚀产物（不要损伤基体），然后按附录 B 进行处理。

5.3.3 称重同 5.1.3。

5.3.4 详细观察记录腐蚀形貌，典型试样应进行拍照。

5.3.5 计算腐蚀率及测量局部腐蚀深度，按附录 C 规定进行。

5.3.6 有色金属材料及不锈钢等需测定强度损失及晶间腐蚀。

6 试验结果评定

6.1 腐蚀特征。

6.2 平均腐蚀速度，以 mm/a 表示。

6.3 局部腐蚀深度，包括平均深度及最大深度，以 mm 表示。

6.4 点蚀密度，以点数/m^2 表示。

6.5 力学性能损失，以力学性能损失百分率表示。

6.6 晶间腐蚀，用金相法观察。

7 试验报告

7.1 试验材料、牌号、化学成分、力学性能、热处理状态及试样制备处理方法等。

7.2 试验地点、试验条件、试验时间和海洋环境因素等。

7.3 腐蚀特征、平均腐蚀率、局部腐蚀深度等。

7.4 力学性能损失及其他腐蚀分析等。

附　录　A

试验前试样表面清洗

（补充件）

A.1　铝及铝合金

A.1.1　用有机溶剂除去试样表面油脂。

A.1.2　在50～60℃10%氢氧化钠溶液中侵蚀1～2min。有包铝层的，除去包铝层厚度的2倍。

A.1.3　取出用自来水冲洗。

A.1.4　浸入30%硝酸中净化2～6min。

A.1.5　取出用自来水冲洗。

A.1.6　浸入于70～90℃蒸馏水中清洗。

A.1.7　最后吹干并放在干燥器中保存备用。

A.2　钛、铜及不锈钢

A.2.1　用有机溶剂除去试样表面油脂。

A.2.2　用污水酒精洗后吹干，放干燥器中保存备用。

A.3　钢、铸铁

A.3.1　用洗净剂或有机溶剂等除去表面油污。

A.3.2　用自来水冲洗。

A.3.3　放入无水酒精中浸泡脱水。

A.3.4　取出吹干，放在干燥器中保存备用。

附 录 B

试验后试样表面清洗处理

（补充件）

B.1 钢、铸铁

B.1.1 浸入酸中清洗腐蚀产物，酸液配比：盐酸（HCl 比重 1.1）500mL，六次甲基四胺 20g，加水至 1L，在 50℃ 下除净为止。

B.1.2 取出用自来水冲洗干净。

B.1.3 放入无水酒精中浸泡脱水。

B.1.4 取出及时吹干，放在干燥器中 24h 后再称重。

B.2 不锈钢

B.2.1 硝酸（HNO_3，密度 1.42g/cm^3）100mL，加水至 1L。

B.2.2 在 60℃ 下浸泡 20min。

B.2.3 取出后用自来水冲洗干净，吹干后放在干燥器中 24h 后称重。

B.3 铝及铝合金

B.3.1 磷酸（H_3PO_4，密度 1.70g/cm^3）100mL，铬酐（CrO_3）20g，加水至 1L。

B.3.2 在 80～90℃ 下浸泡 10min。

B.3.3 取出后用自来水冲洗干净，吹干后放在干燥器中 24h 后称重。

B.4 铜及铜合金

B.4.1 硫酸（H_2SO_4，密度 1.84g/cm^3）100mL，加水至 1L。

B.4.2 在室温下浸泡 1～3min。

B.4.3 取出后用自来水冲洗干净，吹干后放在干燥器中 24h 后称重。

B. 5　钛及钛合金

B. 5. 1　盐酸（HCl，密度 1. 19g/cm^3）50mL，加水至 1L。

B. 5. 2　在室温下浸泡几分钟。

B. 5. 3　取出后用自来水冲洗干净，吹干后放在干燥器中 24h 后称重。

附　录　C

腐蚀率计算及局部腐蚀深度测量

（补充件）

C.1　平均腐蚀速率

平均腐蚀速率(mm/a) = $(K \times W)/(A \times T \times D)$

式中　$K = 3.65 \times 10^3$；

W——试样腐蚀失重，g；

T——试验时间，d；

A——试样面积，cm^2；

D——材料密度，g/cm^3。

C.2　局部腐蚀深度测量

C.2.1　每块试样的两个面选 10 个最深的蚀坑（每面选 5 个），距边缘 5mm 以内的蚀坑不得选取。

C.2.2　测量基准面

C.2.2.1　不锈钢、铝合金等比较典型局部腐蚀的材料，以蚀坑周围 5mm 以内的表面作为测量基准面。

C.2.2.2　碳钢及低合金钢测量坑深基准面的选择，可采用标准板。

标准板可用玻璃或耐蚀硬质合金制作。厚度均匀，其公差 ±0.01mm。尺寸 80mm × 30mm。

C.2.3　平均局部腐蚀深度：三块平行样上所测 30 个蚀坑的深度平均值。

C.2.4　最大坑深：三块平行样上所测 30 个蚀坑的最大值。

C.2.5　点蚀密度：用 200mm × 100mm（有机玻璃）划有方格的罩板（方格尺寸可取 2 ~ 3cm^2）在试样两面计数点蚀数量。然后再计算成点数/m^2。

附加说明：

本标准由中华人民共和国冶金工业部提出。

本标准由冶金部钢铁研究总院青岛海洋腐蚀研究所负责起草。

本标准主要起草人王相润。

本标准参照采用美国试验与材料协会标准 ASTMG52—1976《金属及合金表面海水暴露试验推荐实施标准》。

参 考 文 献

[1] Dexter S C，Gao G Y. Effect of seawater biofilms on corrosion potential and oxygen reduction of stainless steel，Corrosion，1988，44(10)：717.

[2] Zhang H J，Dexter S C. Effect of biofilms on crevice corrosion of stainless steels in coastal Seawater，Corrosion，1995，51(1)：56.

[3] Dexter S C，LaFontaine J P. Effect of natural marine biofilms on galvanic corrosion，Corrosion，1998，54(11)：851.

[4] Little B J，Wagner P. Myths related to microbiologically influenced corrosion. Materials Performance，1997，36(6)：40.

[5] Little B J，Wagner P，Maki J S，Walch M，Mitchell R. Factors influencing the adhesion of microorganisms to surfaces. The Journal of Adhesion，1986，20(3)：187.

[6] 吴建华，刘光洲，于辉，钱建华．海洋微生物腐蚀的电化学研究方法[J]．腐蚀与防护，1999，20(5)：231.

[7] 李相波，王伟，王佳，刘五一．海水中微生物膜的生长对金属腐蚀过程的影响[J]．腐蚀科学与防护技术，2002，14(4)：218.

[8] Jung H G，Yoo J Y，Woo J S. The microbiologically influenced corrosion behavior of C-Mn ship structural steel with different manufacturing processes[J]. ISIJ International，2003，43(10)：1603.

[9] Mathiyarasu J，Palaniswamy N，Muralidharan V S. Corrosion resistance of Cupronickels-An overview[J]. Corrosion Reviews，2000，18(1)：65.

[10] Walsh D，Pope D，Danford M，Huff T. The effect of microstructure on microbiologically influenced corrosion[J]. The Journal of The Minerals，Metals & Materials Society，1993，45(9)：22.

[11] Ewald H，Hans-Curt F，Wolfgang S，et al. Microbially influenced corrosion of materials：scientific and engineering aspects [M]. Springer-Verlag in Berlin，New York，1996.

[12] Gerhardus H K，Michiel P H B，Neil G T. Corrosion cost and preventive strategies in the united states[M]. New York：Y. Paul Virmani，2002.

[13] 朱素兰，侯保荣．微型生物与金属腐蚀的研究[J]．海洋环境科学，2000，19(4)：27~30.

[14] 徐桂英．金属微生物腐蚀的电化学机理[J]．辽宁师范大学学报：自然科学版，1994，17(2)：173~176.

[15] Audouard J P，Compere C，Dowling N J E，et al. Effect of marine biofilms on stainless steel：Results of European Exposure Program. European workshop on seawater

corrosion of stainless steels-mechanisms and Experiences. Institute of Materials, Carlton House Terrace, London, UK. 1996: 9 ~22.

[16] Busalmen J P, Vázquez M, de Sánchez S R. New evidences on the catalase mechanism of microbial corrosion[J]. Electrochimica Acta, 2002, 47(12): 1857.

[17] de Damborenea J J, Cristóbal A B, Arenas M A, López V, Conde A. Selective dissolution of austenite in AISI 304 stainless steel by bacterial activity[J]. Materials Letters, 2007, 61(3): 821.

[18] Cristóbal A B, Arenas M A, Conde A, de Damborenea J J. Corrosion of stainless steels covered by exopolymers[J]. Electrochimica Acta, 2006, 52(2): 546.

[19] Wolfgang Sand. Microbial mechanisms of deterioration of inorganic substrates—A general mechanistic overview[J]. International Biodeterioration & Biodegradation, 1997, 40(2 ~4): 183.

[20] Mansfeld F, Little B. A technical review of electrochemical techniques applied to microbiologically influenced corrosion[J]. Corrosion Science, 1991, 32(3): 247.

[21] Franklin M J, White D C. Biocorrosion[J]. Current opinion in biotechnology, 1991, 2(3): 450.

[22] Ibars J R, Moreno D A, Ranninger C. MIC of stainless steels: A technical review on the influence of microstructure[J]. International Biodeterioration & Biodegradation, 1992, 29(3 ~4): 343.

[23] McNeil M B, Jones J M, Little B J. Production of sulfide minerals by sulfate-reducing bacteria during microbiologically influenced corrosion of copper[J]. Corrosion, 1991, 47(9): 674.

[24] Sarioglu F, Javaherdashti R, Aksöz N. Corrosion of a drilling pipe steel in an environment containing sulfate-reducing bacteria[J]. International Journal of Pressure Vessels and Piping, 1997, 73(2): 127.

[25] 徐文杰，孙成，韩恩厚．海泥中硫酸盐还原菌对1Cr13不锈钢腐蚀的影响[J]．材料保护，2002，35(11)：3.

[26] 林晶，阎永贵，马力，钱建华．304不锈钢在硫酸盐还原菌环境中的腐蚀电化学特性研究[J]．全面腐蚀控制，2006，20(2)：9.

[27] 刘光洲，钱建华，马焱，吴建华．B10合金的硫酸盐还原菌腐蚀研究[J]．电化学，2002，8(2)：191.

[28] 孙成，韩恩厚．海泥中硫酸盐还原菌对碳钢腐蚀行为的影响[J]．腐蚀科学与防护技术，2003，15(2)：104.

[29] 李国华，孙成，韩恩厚．含硫酸盐还原菌土壤中阴极保护对Q235钢腐蚀的影响[J]．腐蚀科学与防护技术，2005，17(6)：379.

[30] von Wolzogen Kuhr C A H, van der Vlugt L S. The graphitization of cast iron as an

electrochemical process in anaerobic soils[J]. Water, 1934, 18: 147.
[31] McNeil M B, Little B J. Mackinawite formation during microbial corrosion. Corrosion, 1990, 46(7): 599.
[32] King R A, Miller J D A, Smith J S. Corrosion of mild steel by iron sulphides[J]. British Corrosion Journal, 1973, 8(3): 137.
[33] Iverson W P. Research on the mechanisms of anaerobic corrosion[J]. International Biodeterioration & Biodegradation, 2001, 47(2): 63.
[34] Muthukumar N, Mohanan S, Maruthamuthu S, Subramanian P, Palaniswamy N, Raghavan M. Role of *Brucella* sp. and *Gallionella* sp. in oil degradation and corrosion [J]. Electrochemistry Communications, 2003, 5(5): 421.
[35] Tatnall R E. Fundamentals of bacteria-induced corrosion[J]. Materials Performance, 1981, 20(9): 32.
[36] Cloete T E, Brozel V S, Holy A V. Practical aspects of biofouling control in industrial water systems[J]. International Biodeterioration & Biodegradation, 1992, 29(3 ~ 4): 299.
[37] Kajiyama F, Koyama Y. Statistical analyses of field corrosion data for ductile cast iron pipes buried in sandy marine sediments[J]. Corrosion, 1997, 53(2): 156.
[38] Rao T S, Sairam T N, Viswanathan B, Nair K V K. Carbon steel corrosion by iron oxidising and sulphate reducing bacteria in a freshwater cooling system[J]. Corrosion Science, 2000, 42(8): 1417.
[39] Xu C M, Zhang Y H, Cheng G X, Zhu W S. Localized corrosion behavior of 316L stainless steel in the presence of sulfate-reducing and iron-oxidizing bacteria[J]. Materials Science and Engineering: A, 2007, 443(1~2): 235.
[40] Starosvetsky J, Starosvetsky D, Armon R. Identification of microbiologically influenced corrosion (MIC) in industrial equipment failures[J]. Engineering Failure Analysis, 2007, 14(8): 1500.
[41] Emerson D, Moyer C. Isolation and characterization of novel iron-oxidizing bacteria that grow at circumneutral pH[J]. Applied and Environmental Microbiology, 1997, 63(12): 4784.
[42] Li S M, Zhang Y Y, Liu J H, Yu M. Corrosion behavior of steel A3 influenced by *Thiobacillus Ferrooxidans*[J]. Acta Physico-Chimica Sinica, 2008, 24(9): 1553.
[43] Bondonno A, von Holy A, Baecker A A W. Effects of *Desulfovibrio* and *Thiobacillus* biofilms on the corrosion of electroless nickel plated mild steel[J]. International Biodeterioration, 1989, 25(4): 285.
[44] Coleman R N, Gaudet I D. *Thiobacillus neopolitanus* implicated in the degradation of concrete tanks used for potable water storage[J]. Water Research, 1993, 27(3): 413.

[45] Obuekwe C O, Westlake D W S, Plambeck J A. Evidence that available energy is a limiting factor in the bacterial corrosion of mild steel by a *Pseudomonas* sp[J]. Canadian Journal of Microbiology, 1987, 33(3): 272.

[46] Hernandez G, Kucera V, Thierry D, Pedersen A, Hermansson M. Corrosion inhibition of steel by bacteria[J]. Corrosion, 1994, 50(8): 603.

[47] Jayaraman A, Sun A K, Wood T K. Characterization of axenic *Pseudomonas fragi* and *Escherichia coli* biofilms that inhibit corrosion of SAE 1018 steel[J]. Journal of Applied Microbiology, 1998, 84(4): 485.

[48] Yuan S J, Pehkonen S O. Microbiologically influenced corrosion of 304 stainless steel by aerobic *Pseudomonas* NCIMB 2021 bacteria: AFM and XPS study[J]. Colloids and Surfaces B: Biointerfaces, 2007, 59(1): 87.

[49] Perez E J, Cabrera-Sierra R, Gonzalez I, Ramirez-Vives F. Influence of *Desulfovibrio* sp. biofilm on SAE 1018 carbon steel corrosion in synthetic marine medium[J]. Corrosion Science, 2007, 49(9): 3580.

[50] Cheng S, Tian J T, Chen S G, Lei Y H, Chang X T, Liu T, Yin Y S. Microbially influenced corrosion of stainless steel by marine bacterium *Vibrio natriegens*: (I) Corrosion behavior[J]. Materials Science and Engineering: C, 2009, 29(3): 751.

[51] Yin Y S, Cheng S, Chen S G, Tian J T, Liu T, Chang X T. Microbially influenced corrosion of 303 stainless steel by marine bacterium *Vibrio natriegens*: (II) Corrosion mechanism[J]. Materials Science and Engineering: C, 2009, 29(3): 756.

[52] Heitz E. Mechanistically based prevention strategies of flow-induced corrosion[J]. Electrochemica Acta, 1996, 41(4): 503 ~ 509.

[53] Little B J, Wagner P, Mansfeld F. Microbiologically influenced corrosion of metals and alloys[J]. International Materials Reviews, 1991, 36: 253 ~ 272.

[54] 李相波. 海洋环境中微生物附着的电化学特征及检测与控制方法研究[D]. 青岛：中国科学院研究生院博士毕业论文，2004.

[55] Pedersen A, Hermansson M. Inhibition of metal corrosion by bacteria[J]. Biofouling, 1991, 3(1): 1 ~ 11.

[56] David S, Robert A, Josef Y, et al. Pitting corrosion of carbon steel caused by iron bacteria[J]. International Biodeterioration & Biodegradation, 2001, 47(2): 79 ~ 87.

[57] 樊友军，皮振邦，华萍，等. 微生物腐蚀的作用机制与研究方法现状[J]. 材料保护，2001，34(5)：18 ~ 21.

[58] 张英，戴明安，王秋. 两种硫氧化细菌诱导钢铁腐蚀的电化学评估[J]. 中国腐蚀与防护学报，1994，14(2)：168 ~ 174.

[59] King R A, Miller J D A, Wakerley D S. Corrosion of mild steel in cultures of Sulfate-

Reducing Bacteria: effect of changing the soluble iron concentration during growth [J]. Br corros, 1973, 8: 89 ~ 94.

[60] Moosavi A N, Pirrie R S, Hamilton W A. Effect of sulfate-reducing bacteria activity on performance of scarified anodes[J]. Corrosion, 1990, 10(25): 413 ~ 428.

[61] Dickinson W H, Caccavo F, Lewandowski Z. The ennoblement of stainless steel by manganic oxide biofouling[J]. Corrosion Science, 1996, 38(8): 1407 ~ 1422.

[62] Chandrasekaran P, Dexter S C. Bacterial metabolism in biofilm consortia: consequence for potential ennoblement[J]. NACE Corrosion/94, Houston, 276.

[63] Geesey G G, Mittelman M W, Iwaoka T, et al. Role of bacterial exopolymer in the deterioration of metallic copper surfaces[J]. Materials Performance, 1986, 25: 37 ~ 40.

[64] Chen G, Kagwade S V, French G E, et al. Metal ion and exopolymer interaction: a surface analytical study[J]. Corrosion, 1996, 52(12): 891 ~ 899.

[65] Papapetropoulou M. Anaerobes in waters[J]. Anaerobe, 1997, 3(2 ~ 3): 111 ~ 115.

[66] Booth G H, Tiller A K. Cathodic characteristics of mild steel in suspensions of sulphate-reducing bacteria[J]. Corrosion Science, 1968, 8(8): 583 ~ 600.

[67] 郭稚弧．硫酸盐还原菌导致的碳钢厌氧腐蚀[J]．油田化学，1988，5(4)：319.

[68] Daumas S, Massiani Y, Crousier J. Microbiological battery induced by sulphate-reducing bacteria[J]. Corrosion Science, 1988, 28(11): 1041 ~ 1050.

[69] 周顺贵，王世梅，余素萍，等．污泥中氧化亚铁硫杆菌的分离及其应用效果[J]．环境科学，2003，24(3)：56 ~ 60.

[70] 布坎南 R E，吉本斯 N E 编．中国科学院微生物研究所译，伯杰细菌鉴定手册(第八版)[M]．北京：科学出版社，1984.

[71] 尹宝俊，赵文轸，史交齐．金属微生物腐蚀的研究[J]．四川化工，2004，7(1)：30 ~ 33.

[72] 李勇，杨肖曦，赵磊，等．现河注水井井筒腐蚀及其机理研究[J]．腐蚀科学与防护技术，2007，19(1)：66 ~ 68.

[73] 陈金龙，陈思作，葛帆．碳钢的微生物腐蚀[J]．建筑技术开发，2005,32(4)：43 ~ 45.

[74] 王升坤．硫酸盐还原菌检测技术综述[J]．石油与天然气化工，1998，27(3)：192 ~ 193.

[75] 刘宏芳，黄茁．不同种类硫酸盐还原菌的鉴定方法探讨[J]．华中理工大学学报，1999，27(7)：111 ~ 112.

[76] Delong E F, Wickham G S, Pace N R. Phylogenetic stains: ribosomal RNA-based probes for the identification of single cells[J]. Science, 1989, 243(4896): 1360 ~

1363.
[77] Geesey G G, Iwaoka T, Griffiths P R. Characterization of interfacial phenomena occurring during exposure of a thin copper film to an aqueous suspension of an acidic polysaccharide[J]. Journal of Colloid and Interface Science, 1987, 120(2): 370 ~ 376.
[78] 张远声．电化学技术在微生物腐蚀研究中的应用[J]. 化工腐蚀与防护, 1993, 21(1): 2 ~9.
[79] Johnsen R, Bardal E. Cathodic properties of different stainless steels in natural sea water[J]. Corrosion, 1985(41): 296.
[80] Scotto V, Cintio R D, Marcenaro G. The Influence of marine aerobic microbial film on stainless steel corrosion behaviour[J]. Corrosion Science, 1985, 25(3): 185 ~ 194.
[81] Ignatiadis I, Amalhay M. Experimental study of corrosion of two stainless steels during the oxidative bacterial dissolution of pyrite using mass loss and electrochemical techniques[J]. International Journal of Mineral Processing, 2001, 62(1 ~4): 199 ~ 215.
[82] Kasahara K, Kajiyama F. Role of sulfate-reducing bacteria in the localized corrosion of buried pipes. In Biologically Induced Corrosion, Editor S. C. Dexter, Proceedings of the International Conference on Biologically Induced Corrosion, NACE, 1985.
[83] Gunasekaran G, Chongdar S, Gaonkar S N, et al. Influence of bacteria on film formation inhibiting corrosion[J]. Corrosion Science, 2004, 46(8): 1953 ~1967.
[84] Fonseca I T E, Jose F M, Ana R L, et al. The influence of the media on the corrosion of mild steel by desulfovibrio desulfuricans bacteria: an electrochemical study [J]. Electrochemical Acta, 1998, 43(1 ~2): 213 ~222.
[85] Nagiub A, Mansfeld F. Evaluation of microbiologically influenced corrosion inhibition using electrochemical noise analysis[J]. Corrosion Science, 2001, 43(11): 2001 ~ 2009.
[86] Zaveri N, Sun R, Zufelt N, et al. Evaluation of microbially influenced corrosion with electrochemical noise analysis and signal processing[J]. Electrochimica Acta, 2007, 52(19): 5795 ~5807.
[87] Angell P, Luo J S, White D C. Use of 2-D vibrating electrode technique in MIC studies[J]. Corrosion 94, paper 266, National Association of Corrosion Engineers, Houston, Texas, USA.
[88] Beech I B, Cheung C W S, Johnson D B, et al. Comparative studies of bacterial biofilms on steel surfaces using atomic force microscopy and environmental scanning electron microscopy[J]. Biofouling, 1996, 10(1 ~3): 65 ~77.

[89] Xu L, Fang H H P, Chan G K Y. Atomic force microscopy study of microbiologically influenced corrosion of mild steel[J]. Journal of Electrochemical Society, 1999, 146(12): 4455 ~ 4460.

[90] Geiser M, Avci R, Lewandowski Z. Microbially initiated pitting on 316L stainless steel[J]. International Biodeterioration & Biodegradation, 2002, 49(4): 235 ~ 243.

[91] Xu L C, Chan K Y, Fang H H P. Application of atomic force microscopy in the study of microbiologically influenced corrosion[J]. Materials Characterization, 2002, 48(2 ~ 3): 195 ~ 203.

[92] Goddard D T, Steele A, Beech I B. Towards in situ atomic force microscopy imaging of biofilm growth on stainless steel[J]. Scanning Microscopy, 1996, 10: 983 ~ 988.

[93] Telegdi J, Keresztes Z, Palinkas G, et al. Microbially influenced corrosion visualized by atomic force microscopy[J]. Applied Physics A Materials Science & Processing, 1998, 66: 639 ~ 642.

[94] Guiamet P S, Gomez De Saravia S G, Videla H A. An innovative method for preventing biocorrosion through microbial adhesion inhibition[J]. International Biodeterioration & Biodegradation, 1999, 43(1 ~ 2): 31 ~ 35.

[95] Little B, Wagner P, Ray R, et al. Biofilms: An ESEM evaluation of artifacts introduced during SEM preparation[J]. Journal of Industrial Microbiology, 1991, 8: 213 ~ 222.

[96] Geesey G G, Stupy M W, Bremer P J. The dynamics of biofilms[J]. International Biodeterioration & Biodegradation, 1992, 30(2 ~ 3): 135 ~ 154.

[97] Schmitt J, Flemming H C. FTIR-Spectroscopy in microbial and material analysis[J]. International Biodeterioration and Biodegradation, 1998, 41(1): 1 ~ 11.

[98] 夏兰廷，黄桂桥，张三平，等. 金属材料的海洋腐蚀与防护[M]. 北京：冶金工业出版社，2003.

[99] 王庆飞，宋诗哲. 金属材料海洋环境生物污损腐蚀研究进展[J]. 中国腐蚀与防护学报，2002，22(3)：184 ~ 188.

[100] 陈德斌，胡裕龙，陈学群. 舰船微生物腐蚀研究进展[J]. 海军工程大学学报，2006，18(1)：79 ~ 84.

[101] 刘大扬，魏开金，李文军，曹付炎. 南海榆林海域环境因素对钢局部腐蚀的影响[J]. 中国腐蚀与防护学报，2003，23(4)：211 ~ 216.

[102] Sreekumari K R, Nandakumar K, Takao K, et al. Silver containing stainless steel as a new outlook to abate bacterial adhesion and microbiologically influenced corrosion[J]. ISIJ International, 2003, 43(11): 1799.

[103] Little B, Wagner P, Mansfeld F. An overview of microbiologically influenced corrosion[J]. Electrochim Acta, 1992, 37: 2185.

[104] 刘大扬，宋文桑．碳钢和低合金钢在厦门海域 8 年腐蚀行为研究．“材料自然环境腐蚀”研究工作总结，1996：6.

[105] Eashwar M，Chandrasekaran P，Subramanian G，et al. Microbiologically Influenced Corrosion of Steel during putrefaction of seawater：evidence for a new mechanism [J]. Corrosion，1993，49(2)：108 ~113.

[106] Roberge P R. 吴荫顺，李久青，曹备．等译．腐蚀工程手册[M]. 北京：中国石化出版社，2003.

[107] Biezma M V. The role of hydrogen in microbiologically influenced corrosion and stress corrosion cracking[M]. International Journal of Hydrogen Energy，2001，26(5)：515 ~520.

[108] Jayaraman A，Cheng E T，Earthman J C，et al. Importance of biofilm formation for corrosion inhibition of SAE 1018 steel by axenic aerobic biofilms[J]. Journal of Industrial Microbiology & Biotechnology，1997，18(6)：396 ~401.

[109] Grubner R，Zinkevich V，Hanjangsit L，et al. The effect of Pseudomonas NCIMB 2021 biofilm on the formation of passive layers on UNS K14675 stainless steel. Corrosion 99，1999，4：25 ~30.

[110] Yuan S J，Choong A M F，Pehkonen S O. The influence of the marine aerobic Pseudomonas strain on the corrosion of 70/30Cu-Ni alloy[J]. Corrosion Science，2007，49(12)：4352 ~4385.

[111] 应一梅，周瑞云，杨崇豪，等．循环冷却水输水管壁生物膜生长发育及微生物腐蚀问题研究[J]. 给水排水，2008，34(6)：117 ~121.

[112] 曾昭琪．循环冷却水中的微生物腐蚀危害及其控制[J]. 工业用水与废水，1984，4：1 ~19.

[113] 朱绒霞．钢筋混凝土微生物腐蚀[J]. 装备环境工程，2010，2：50 ~52.

[114] 张燕，李颖．输油气管线的微生物腐蚀与防护[J]. 装备环境工程，2008，5(5)：45 ~48.

[115] 张小伟，张雄．混凝土微生物腐蚀的作用机制和研究方法[J]. 建筑材料学报，2006，9(1)：52 ~58.

[116] 刘宏芳，徐智谋，郑家举，许立铭，杨吴鹏．几种材料的微生物腐蚀[J]. 材料保护，1999，32(11)：3 ~4.

[117] 乔尚琪，滕凤云，乔宏，刘丰．油田注水系统微生物的腐蚀及其防治[J]. 山东科学，1999，12(3)：61 ~64.

[118] 李凤林，宁树枫，郑平(编译). 注水井的微生物腐蚀与防护[J]. 国外油田工程，1996(8)：34 ~35.

[119] 王伟，王佳，徐海波，李相波．微生物腐蚀研究方法中的表面分析技术[J]. 中国腐蚀与防护学报，2007，27(1)：60 ~64.

[120] 赵斌，何绍红．微生物学实验[M]．北京：科学出版社，2004.
[121] 曹楚南．中国材料的自然环境腐蚀[M]．北京：化学工业出版社，2005.
[122] 华东理工大学化学系，四川大学化工学院编．分析化学(第5版)[M]．北京：高等教育出版社，2003.
[123] 南京大学《无机及分析化学》编写组编．无机及分析化学(第3版)[M]．北京：高等教育出版社，1998.
[124] 武汉大学主编．分析化学(第4版)[M]．北京：高等教育出版社，2000.
[125] Harris W E，Kratochvil B. An Introduction to Chemical Analysis. Philadelphia：Saunders[M]. College Publishing，1981.
[126] 杜岱春．分析化学[M]．上海：复旦大学出版社，1993.
[127] 吴刚．材料结构表征及应用[M]．北京：化学工业出版社，2002.
[128] 余焜．材料结构分析基础[M]．北京：科学出版社，2002.
[129] Pearson W B. A Handbook of Lattice Spacings and Structures of Metals and Alloys [M]. Pergamon Press，1958.
[130] 朱明华．仪器分析(第3版)[M]．北京：高等教育出版社，2000.
[131] Price W J. Spectrochemical analysis by atomic absorption [M]. Heyden & Son，1979.
[132] 万家亮．现代光谱分析手册[M]．武汉：华中师范大学出版社，1987.
[133] 马成龙，王忠厚，刘国范，等．近代原子光谱分析[M]．沈阳：辽宁大学出版社，1989.
[134] 魏全金．材料电子显微分析[M]．北京：冶金工业出版社，1990.
[135] 白春礼．扫描隧道显微技术及其应用[M]．北京：上海科学技术出版社，1994.
[136] E. 利弗森．材料科学与技术丛书（第2B卷），“材料的特征检测（第Ⅱ部分）”[M]．北京：科学出版社，1994.
[137] 白春礼．原子和分子的观察与操纵[M]．长沙：湖南教育出版社，1994.
[138] 王海迁．原子尺度下的世界[M]．中国科学技术大学出版社，2006.
[139] 白春礼，田芳，罗克．扫描力显微术[M]．北京：科学出版社，2000.
[140] 杜建波，尹衍升，滕少磊，常雪婷，程莎．海洋微生物腐蚀研究进展[J]．山东冶金．2007，29：1～3.
[141] Dahms H U，Ying X，Pfeiffer C. Antifouling potential of cyanobacteria：a mini-review[J]. Biofouling，2006，22(5/6)：317～327.
[142] 疏秀林，施庆珊，欧阳友生，陈仪本．几种高分子材料微生物腐蚀的研究进展[J]．塑料工业，2009，37(10)：1～4，15.
[143] 蒋波，杜翠薇，李晓刚，弓爱军．典型微生物腐蚀的研究进展[J]．石油化工腐蚀与防护，2008，25(4)：1～4.

[144] 疏秀林，施庆珊，冯静，欧阳友生，陈仪本．高分子材料微生物腐蚀的研究概况[J]．腐蚀与防护，2008，29(8)：499～502.

[145] 赵莉，葛红花，申晶，宋飞．三种不同体系的微生物腐蚀及控制[J]．腐蚀与防护，2011，33(3)：200～205.

[146] 倪怀英．油田注水系统微生物腐蚀及其控制[J]．石油与天然气化工，1984，13(6)：37～46.

[147] 陆春慧．牙科金属材料的微生物腐蚀[J]．国际口腔医学杂志，2010，37(1)：89～97.

[148] 刘期松．微生物对金属构筑物的腐蚀、堵塞和防治[J]．环境保护科学，1992，18(3)：6～10，21.

[149] 吕人豪，李栋，刘琦．土壤腐蚀网站硫酸盐还原菌的研究[J]．微生物学报，1992，32(1)：56～62.

[150] 门洪，张静，张丽华，徐志明．工业冷却水中硫酸盐还原菌诱导腐蚀研究进展[J]．化工自动化及仪表，38(7)：777～780.

[151] 黄桂桥，郭鹏，邢辉斌．微生物对碳钢海水腐蚀影响的电化学研究[J]．腐蚀与防护，2011，32(5)：331～334.

[152] 董言治，任建存，刘振杰．霉菌和微生物对舰船的腐蚀及其涂料防护研究[J]．现代涂料与涂装，2006，7：30～32.

[153] 孙成，韩恩厚．土壤湿度变化对Q235钢的硫酸盐还原菌腐蚀影响[J]．中国腐蚀与防护学报，2005，25(5)：307～311.

[154] 杜翠薇，李晓刚，武俊伟，宋义全，徐憬．三种土壤对X70钢腐蚀行为的比较[J]．北京科技大学学报，2004，26(5)：529～532.

[155] 刘晓方，陈桂明，王汉功．地下环境中电子设备的腐蚀与防护[J]．腐蚀科学与防护技术，2004，16(5)：318～321.

[156] 何斌，孙成，韩恩厚，郭思琪．不同湿度土壤中硫酸盐还原菌对碳钢腐蚀的影响[J]．腐蚀科学与防护技术，2003，15(1)：1～4.

[157] 孙成，韩恩厚．不同土壤湿度下硫酸盐还原菌对锌腐蚀的影响[J]．中国有色金属学报，12(6)：1109～1112.

[158] 韩静云，戴超，郜志海，陈忠汉．混凝土的微生物腐蚀[J]．材料导报，2002，16(10)：42～44.

[159] 韩静云，田永静，陈忠汉．污水中好氧菌对混凝土排污管管壁腐蚀的研究[J]．混凝土与水泥制品，2001，3：23～25.

[160] 韩静云，张小伟，陈忠汉．混凝土排污管的微生物腐蚀[J]．混凝土与水泥制品，2000，6：28～30.

[161] Todd J T，Zimmerman R C，Crews P. The antifouling activity of natural and synthetic phenolic acid sulphate eaters[J]. Phytochemistry，1993，34(2)：401～404.

[162] Denys R, Steinberg P D, Willemsen P, Dworjanyn S A, Gabelish C L, King R J. Broad spectrum effects of secondary metabolites from the red alga Delisea pulchra in antifouling assays[J]. Biofouling, 1995, 8: 259 ~ 271.
[163] Mary S A, Mary S V, Rettschof D, Nagabhushanam R. Bacterial-barnacle interaction: potential using juncellins and antibiotica to alter structure of bacterial communities[J]. Journal of Chemical Ecology, 1993, 19: 2155 ~ 2164.
[164] Holmstrom C, Egan S. Antifouling activities expressed by marine surface associated Pseudoalteromonas species[J]. Fems Microbiology Ecology, 2002, 41(1): 47 ~ 58.
[165] Etoh H, Kondoh T, Noda R, Singh I P, Sekiwa Y, Morimitsu K, Kubota K. Shogaols from zingiber officinale as promising antifouling angents[J]. Bioscience Biotechnology and Biochemistry, 2002, 66(8): 1748 ~ 1750.
[166] Stupak M E, García M T, Pérez M C. Non-toxic alternative compounds for marine antifouling paints[J]. International Biodeterioration & Biodegradation, 2003, 52(1): 49 ~ 52.
[167] Lin T, Hu Z, Zhang G, Li X D, Xu W H, Tang J H, Li J Levels. and Mass Burden of DDTs in Sediments from Fishing Harbors: The Importance of DDT-Containing Antifouling Paint to the Coastal Environment of China[J]. Environmental Science & Technology, 2009, 43(21): 8033 ~ 8038.
[168] Parks R, Donnier-Marechal M, Frickers P E, Turner A, Readman J W. Antifouling biocides in discarded marine paint particles[J]. Marine Pollution Bulletin, 2010, 60(8): 1226 ~ 1230.
[169] Fusetani N. Antifouling marine natural products[R]. Natural Product Reports, 2011, 28: 400 ~ 410.
[170] 李佳利，郭年华，桂亮，陈绍平．无锡自抛光型防污损漆[J]．涂料工业，2003，33(11)：25 ~ 27.
[171] 王贤明，王华进，王力，刘登良．无毒低表面能防污涂料[J]．涂料工业，2004，34(1)：40 ~ 43.
[172] 刘顺强，刘登良．低表面能防污涂料的研究及表征[J]．涂料技术，1998，3：11 ~ 14.
[173] 田军，薛群基．有机硅涂层表面能对海生物附着的影响[J]．海洋学报，1998，20(5)：61 ~ 64.
[174] 田军，宰志俊．低表面能材料上海洋生物附着的研究[J]．涂料工业，1998，28(1)：11 ~ 14.
[175] 宇佐美，王教源．用导电涂膜防止海洋生物附着的技术[J]．涂料技术，1994，1：44 ~ 48.

[176] 王华进，王贤明，管朝祥，刘登良．海洋防污涂料的发展[J]．涂料工业，2000，3：35~38.

[177] 杨婷婷，陈艳军，彭慧，程时远．低表面能海洋船舶防污涂料及制备方法．专利号：02138736.2.

[178] 王钧宇．仿生无毒舰船防污涂料及其制法．专利号：02132491.3.

[179] 田军，周兆福，徐锦芬．无毒海洋防污涂料．专利号：93108558.6.

[180] 田军，周兆福，徐锦芬．海洋防污涂料．专利号：93108436.9.

[181] 王华进，王贤明，管朝祥，刘登新，金钢．硅酸盐复合防污涂料．专利号：98119956.9.

[182] 王伯初，梁华民，袁凤伟，郑超，陈双扣，刘玮琦．缓释型生物防污涂料．专利号：200710092627.4.

[183] 姚宝书，雷鹏．辣椒碱防污涂料．专利号：200510013553.1.

[184] 张占平，齐育红．一种导电海洋防污涂料及其制备方法．专利号：200810012176.3.

[185] Goecke F，Labes A，Wiese J，Imhoff J F. Chemical interactions between marine macroalgae and bacteria[J]. Marine Ecology-process Series，2010，409：267~299.

[186] Kobayashi N，Okamura H. Effects of new antifouling compounds on the development of sea urchin[J]. Marine Pollution Bulletin，2002，44(8)：748~751.

[187] Martinez K，Ferrer I，Hernando M D，Fernάndez-Alba A R，Marcé R M，Borrull F，Barceló D. Occurrence of antifouling biocides in the Spanish Mediterranean marine environment[J]. Environmental Technology，2001，22(5)：543~552.

[188] Trouillon R，Combs Z，Patel B A，O' Hare D. Comparative study of the effect of various electrode membranes on biofouling and electrochemical measurements[J]. Electrochemistry Communications，2009，11：1409~1413.

[189] Pérez-Roa R E，Anderson M A，Rittschof D，Orihuela B，Wendt D，Kowalke G L，Noguera D R. Inhibition of barnacle (Amphibalanus amphitrite) cyprid settlement by means of localized，pulsed electric fields[J]. Biofouling，2008，24(3)：177~184.

[190] Robert B C. Pulsed electric field method and apparatus for preventing biofouling on aquatic surfaces. US Patent Publication，Publication No. US 7241374 B2.

[191] 李松梅，刘建华，武海燕，杨应广．一种控制腐蚀微生物的新方法——电化学杀菌[J]．腐蚀与防护，2004.，25(6)：256~259，262.

[192] Okochi M，Matsunaga T. Electrochemical disinfection of bacteria in drinking water using activated carbon fibers[J]. Biotechnology and Bioengineering，1994，43：429~433.

[193] Abou-Ghazala A，Schoenbach K H. Biofouling prevention with pulsed electric fields

[J]. IEEE Transactions on Plasma Science 2000, 28(1): 115 ~121.

[194] Saleem M. Biofouling management in the cooling circuit of a power industry using electrochemical process[J]. Journal of the Chemical Society of Pakistan, 2011, 33(3): 295 ~304.

[195] Jeyamkondan S, Jayas D S, Holiey R A. Pulsed electric field processing of foods: a review[J]. Joural of Food Protection, 1999, 62(9): 1088 ~1096.

[196] Jayaram S H. Sterilization of liquid foods by pulsed electric fields[J]. Electrical Insulation Magazine, IEEE, 2000, 16(6): 17 ~25.

[197] Aronsson K, Rönner U, Borch E. Inactivation of Escherichia coli. Listeria innocua and Saccharomyces cerevisiae in relation to membrane permeabilization and subsequent leakage of intracellular compounds due to pulsed electric field processing[J]. International Journal of Food Microbiology, 2005, 99: 19 ~32.

[198] 章银珠，姚卫蓉．陈化黄酒产酸菌的特性研究及高压脉冲电场杀菌初探[J]. 中国酿造，2010，7：20 ~23.

[199] 祖国仁，孔繁东，刘阳，季英，但果，邹积岩．高压方波脉冲电场对微生物的致死作用[J]. 高电压技术，2004，30(8)：47 ~49.

[200] 黄宗国，蔡如星．《海洋污损生物及其防除》，上册[M]. 北京：海洋出版社，1984.

[201] 陈卓元，林志坚，宋文桑，张颖，东海．南海海域海洋环境因素研究[J]. 腐蚀与防护，2000，21(6)：248 ~251.

[202] 马士德，孙虎元，黄桂桥，朱相荣．海洋污损生物对碳钢腐蚀的影响[J]. 中国腐蚀与防护学报，2002，20(3)：177 ~182.

[203] 严涛，严文侠，董钰，王华接，严岩，梁冠和，田兴礼．海南岛东部海域生物污损研究[J]. 海洋与湖沼，1998，29 (4)：374 ~380.

[204] 黄宗国，蔡尔西，蔡如星．清澜港的附着生物[J]. 海洋学报，1982，4(2)：215 ~221.

[205] Mchael Judge, Sean F, Craig J, Positive flow dependence in the initial colonization of a fouling community: results from in situ water current manipulations[J]. Exp. Mar. Biol. Ecol., 1997, 210: 209 ~222.

[206] Eric R. Holm, Cail Cannon. The influence of initial surface chemistry on development of the fouling community at Beaufort [J]. North Carolina. J. Exp. Mar. Biol. Ecol., 1997, 215: 189 ~203.

[207] 黄英，柯才焕，周时强．国外对藤壶幼体附着的研究进展[J]. 海洋科学，2001，25(3)：30 ~32.

[208] Hunter E, Shi mizu K, Fusetani N. Role of protein in larval swimming and metamorphosis of Bugula neritina (Bryozoa: Cheilostomatida) [J]. Mar. Biol., 1999,

133：701 ~707.

[209] Shi mizu K，Satuito C G. Larval storage protein of the barnacle，Balanus amphitrite-NCBI[J]. J. Exp. Zool.，1996，276：87 ~94.

[210] Chiang W C，Wu J K. Corrosion behaviour and biofouling of carbon and stainless steels in Keelung Harbour[J]. Corrosion Prevention & Control，2001，48(2)：71 ~78.

[211] Luciana de Brito V R，Ricardo Coutinho，Eduardo Cavalcanti H S，Marlene Benchimol. The influence of macrofouling on the corrosion behaviour of API 5L X65 carbon steel[J]. Biofouling，2007，23(3)：193 ~201.

[212] 马士德，谢肖勃，黄修明，李言涛，尹建德，彭树杰．藤壶附着对海水中金属腐蚀的影响[J]．中国腐蚀与防护学报，1995，15(1)：74 ~78.

[213] Ma Shide. The corrosive effect of barnacles on low alloy steels[J]. China. J. Oceanol. Limnol.，1989，7(3)：271 ~273.

[214] Eashwar M，Chandrasekaran P. Mechanism for barnacle-induced crevice corrosion in stainless steel[J]. Corrosion，1992，48(7)：608 ~612.

[215] 吴进怡，肖伟龙，柴柯，杨雨辉．热带海洋环境下海水中微生物对45钢腐蚀行为的单因素影响[J]．金属学报，2010，46(1)：118 ~122.

[216] 吴进怡，柴柯，肖伟龙，杨雨辉，韩恩厚．25钢在海水中的微生物单因素腐蚀[J]．金属学报，2010，46(6)：755 ~760.

[217] 肖伟龙，柴柯，吴进怡，杨雨辉．25钢在热带海洋环境下海水中的微生物腐蚀及其对力学性能的影响[J]．中国腐蚀与防护学报，2010，30(5)：359 ~363.

[218] 杨雨辉，肖伟龙，柴柯，吴进怡．碳含量和浸泡时间对碳钢热带自然海水腐蚀产物中细菌组成的影响[J]．中国腐蚀与防护学报，2011，31(4).

[219] Obuekwe C O，Westlake D W S，Plambeck J A. Evidence that available energy is a limiting factor in the bacterial corrosion of mild steel by a *Pseudomonas* sp[J]. Canadian Journal of Microbiology，1987，33(3)：272 ~275.

[220] Li S M，Zhang Y Y，Bai R B，Liu J H，Yu M. Corrosion behavior of steel A3 under the combined effect of *Streptomyces* and *Nocardia* sp[J]. Acta Physico-Chimica Sinica，2009，25(5)：921 ~927.

[221] 李松梅，王彦卿，刘建华，梁馨．假单胞菌对A3钢在枝孢霉菌溶液中腐蚀行为的影响[J]．物理化学学报，2007，23(12)：1963 ~1968.

[222] 段冶，李松梅，杜娟，刘建华．Q235钢在假单胞菌和铁细菌混合作用下的腐蚀行为[J]．物理化学学报，2010，26(12)：3203 ~3211.

[223] Wu J Y，Xiao W L，Yang Y H，Cao Y，Chai K. Influence of pseudomonas on the corrosion and mechanical properties of carbon steel in seawater[J]. Corrosion Engi-

neering Science and Technology, 2012, 47(2): 91 ~95.
[224] 吴进怡，肖伟龙，柴柯，曹阳．海水环境中弧菌对45钢腐蚀行为及力学性能的影响[J]．中国腐蚀与防护学报，2012：4.
[225] 杨慧，薛小平，傅增祥，王伟，宋凯，呼延霆，汪桦．海洋环境中微生物腐蚀及其防护研究进展[J]．化学与生物工程，2010，27(1)：1 ~5.
[226] Sale A J H, Hamilton W A. Effect of high electric fields on microorganisms. I. Killing of bacteria and yeast[J]. Biochimica et Biophysica Acta, 1967, 148(3): 781 ~788.
[227] Wang L M, Shi Z N, Guan Z C. Study of nonthermal microorganism inactivation by pulsed electric field[J]. High Voltage Engineering, 2005, 31(2): 64 ~66.
[228] Alexander A U, Volker H, Dietrich K. Effects of pulsed electric fields on cell membrances in real food systems[J]. Innovative Food Science and Emerging Technologies, 2000, 1(2): 135 ~149.
[229] 丁宏伟，殷涌光，崔彦如．高压脉冲电场（PEF）对发酵乳的非热杀菌研究[J]．乳业科学与技术，2005，112(3)：100 ~102.
[230] 杜存臣，颜惠庚．高压脉冲电场非热杀菌技术研究进展[J]．现代食品科技，2005，85(3)：151 ~154.
[231] MacGregor S J, Farish O, Fouracre R. Inactivation of pathogeni and spoilage microorganisms in a test liquid using pulsed electric field[J]. IEEE Trans on Plasma Science, 2000, 28(1): 144 ~149.
[232] 肖更生，梁多，曾新安．高压脉冲电场处理桑果汁的初步研究[J]．广州食品工业科技，2004，20(1)：30 ~31.
[233] 陈健．液态食品的高强度脉冲电场杀菌技术[J]．冷饮与速冻食品工业，1998(1)：20 ~21.
[234] 菊地靖志，张毅译．抗菌功能型金属材料[J]．上海钢研，2003，3：75 ~78.
[235] 段继周．海水和海泥环境中厌氧细菌对海洋用钢微生物腐蚀行为的影响[D]．中国科学院海洋研究所博士毕业论文，2003.
[236] 林晶．海水中微生物膜下金属材料初期腐蚀行为[D]．哈尔滨工程大学博士毕业论文，2006.